21 世纪全国本科院校土木建筑类创新型应用人才培养规划教材

钢结构设计

（附施工图）

主　　编　　胡习兵　　张再华
副主编　　尹志明　　袁智深
主　　审　　舒兴平

U0230775

北京大学出版社
PEKING UNIVERSITY PRESS

内 容 简 介

本书着重讲述钢屋盖结构设计、单层工业厂房钢结构设计、多高层钢框架结构设计、钢管结构设计和钢网架结构设计等内容。各章还列举了必要的设计例题、软件操作、施工图表达和工程应用的相关知识，以便学习和掌握。

本书主要依据土木工程专业本科生培养方案进行编写，并对相关知识点的教学内容进行了适当调整。本书可作为土木工程专业本科生或专科生的教材，还可作为工程设计人员的参考书。

图书在版编目(CIP)数据

钢结构设计/胡习兵，张再华主编. —北京：北京大学出版社，2013.11
(21世纪全国本科院校土木建筑类创新型应用人才培养规划教材)
ISBN 978-7-301-23344-3

Ⅰ. ①钢… Ⅱ. ①胡… ②张… Ⅲ. ①钢结构—结构设计—高等学校—教材 Ⅳ. ①TU391.04

中国版本图书馆 CIP 数据核字(2013)第 245751 号

书　　　　　名：	钢结构设计(附施工图)
著作责任者：	胡习兵　张再华　主编
策划编辑：	卢　东　吴　迪
责任编辑：	卢　东
标准书号：	ISBN 978-7-301-23344-3/TU·0370
出版发行：	北京大学出版社
地　　　址：	北京市海淀区成府路 205 号　　100871
网　　　址：	http://www.pup.cn　新浪官方微博：@北京大学出版社
电子信箱：	pup_6@163.com
电　　　话：	邮购部 62752015　发行部 62750672　编辑部 62750667　出版部 62754962
印刷者：	北京鑫海金澳胶印有限公司
经销者：	新华书店
	787 毫米×1092 毫米　　16 开本　　21.25 印张　　348 千字
	2013 年 11 月第 1 版　　2022 年 7 月北京第 8 次印刷
定　　　价：	42.00 元(附施工图)

前　言

近年来，随着我国经济迅速腾飞，钢结构在我国的应用也越来越广泛。钢结构具有结构轻、强度大等优点，但同时也存在易腐蚀、耐火性差等缺点，为解决好这些问题，工程界的学者和技术人员进行了不懈的努力，取得了丰硕的成果，积累了丰富的经验，促使新技术、新方法不断涌现，由此，钢结构的设计方法以及应用技术都得到了飞速的发展。

按照高等学校土木工程专业指导委员会关于"土木工程专业本科（四年制）培养方案"的要求，钢结构设计原理是高等院校土木类专业四年制本科教育的一门专业课。本书主要作为高等院校土木工程专业钢结构设计课程的教材，严格按照新修订的钢结构设计课程教学大纲要求和新的国家规范编写，分别介绍了常用钢结构的特点、组成、结构与构件的设计计算方法，相应钢结构设计软件的介绍与操作，以及相应结构形式的工程应用等。

本书内容一共有 5 章，包括钢屋盖结构设计、单层工业厂房钢结构设计、多高层钢框架结构设计、钢管结构设计和钢网架结构设计。本书以《钢结构设计规范》（GB 50017—2003）、《门式刚架轻型房屋钢结构技术规程》（CECS 102：2002）、《网架结构设计与施工规程》（JGJ 7—1991）为依据，深入浅出地阐述了各种类型的钢结构设计理论和计算方法，较为系统地介绍了各种结构类型的软件设计方法和施工图表达方法，强调适用性和可操作性，以达到解决工程实际问题的目的。

本书由中南林业科技大学胡习兵和湖南城市学院张再华主编，编写人员具体分工如下：第 1 章、第 3 章由湖南城市学院张再华编写；第 2 章由湘潭大学尹志明编写；第 4 章由中南林业科技大学袁智深编写；第 5 章由中南林业科技大学胡习兵编写。全书由中南林业科技大学胡习兵统稿。

本书在编写过程中，得到中南林业科技大学许多教师的大力支持，研究生易飞华和张大龙对本书的图片和算例编辑做了大量工作，在此一并表示感谢。

最后，编者向本书的主审舒兴平教授、本书参考文献的所有作者、同行和相关结构设计软件单位表示感谢。

由于编者水平有限，书中不妥之处在所难免，恳请读者批评指正！

编　者

2013 年 6 月

目　　录

第1章
钢屋盖结构设计

教学目标

主要讲述钢屋盖结构设计的基本理论和方法。通过本章学习，应达到以下目标。

(1) 了解钢屋盖的结构特点和形式。

(2) 掌握钢屋盖支撑系统的组成与布置方式。

(3) 掌握钢屋盖的结构分析和设计方法。

(4) 掌握钢屋盖施工图绘制方法。

(5) 能够较好地运用相关钢结构设计软件进行钢屋盖结构设计。

教学要求

知识要点	能力要求	相关知识
钢屋盖体系	(1) 了解钢屋盖体系的结构特点与组成形式 (2) 掌握钢屋盖支撑体系的作用与布置要求	(1) 屋盖支撑系统组成 (2) 屋盖支撑系统作用于布置要求
钢屋架设计	(1) 了解钢屋架的选型要点 (2) 掌握钢屋架的结构分析与设计方法	(1) 不同类型钢屋架的特点及使用范围 (2) 钢桁架杆件计算长度的确定方法 (3) 屋架杆件截面的确定方法 (4) 屋架节点设计方法
设计软件的应用	能较为熟练地进行相关软件的操作	(1) 钢桁架结构设计的相关参数 (2) 软件操作的基本步骤

基本概念

普通钢屋架，轻型钢屋架，支撑系统，桁架杆件计算长度，节点设计

引例

平面桁架式钢屋盖结构是钢结构工程的一个非常传统的结构类型，作为单层厂房结构、多层框架顶楼大空间结构的屋盖系统应用十分广泛，它的跨越能力较大，而加工制作又相对比较简单，基本上是先工厂预制然后再现场安装，工业化程度高，施工周期短。

该类型结构通常由屋面、屋架、支撑三部分组成。要使结构能正常良好地工作，必须整体考虑屋面、屋架和支撑三部分的配合，如考虑不当，往往会引发严重的工程事故。图1.1所示为一跨度为38m的屋盖结构在施工过程中发生垮塌后的照片，照片显示该屋盖结构为一平面桁架式屋盖系统，该结构的屋架已经整体垮塌。

图1.1　屋盖坍塌现场

引起钢屋盖结构工程发生事故的原因多种多样，有设计选型、结构布置与设计计算等方面的原因，也有施工质量控制不严、施工工序不合理等方面的原因。希望通过本章的学习，大家对这类传统结构形式有较全面的了解，在以后的工程实际中避免发生类似的工程事故。

1.1 屋盖结构组成与体系分类

典型的钢屋盖结构由屋面板、檩条、屋架、托架、天窗架、支撑等构件组成。依据屋面板形式的不同，钢屋盖结构分为有檩体系与无檩体系两种类型，图1.2分别显示了这两种钢屋盖体系的基本组成形式。

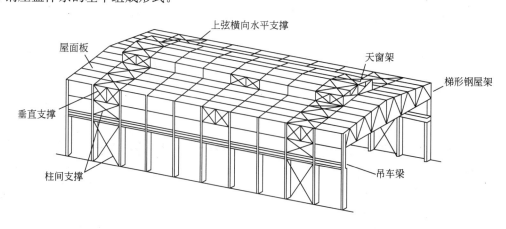

(a) 无檩体系钢屋盖

图1.2　两种体系钢屋盖结构

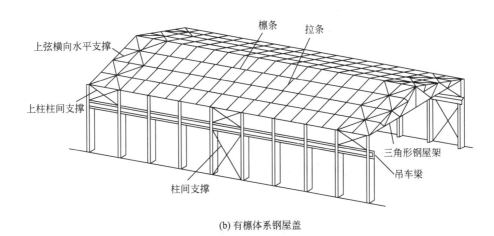

(b) 有檩体系钢屋盖

图 1.2 两种体系钢屋盖结构(续)

钢屋盖结构中,屋架的跨度和间距取决于柱网布置,柱网布置取决于建筑物的工艺要求和经济要求。钢屋架跨度较大时,为了采光和通风,屋盖上通常设置天窗。柱网间距较大时,超出屋面板长度,应设置中间屋架和柱间托架,中间屋架的荷载通过托架传给柱。

无檩钢屋盖和有檩钢屋盖各自均具有一定的优点与不足:无檩钢屋盖的屋面荷载直接通过大型屋面板传递给屋架 [图 1.2(a)],屋盖横向刚度大,整体性好,构造简单,施工方便等,但屋盖自重大,不利于抗震,多用于有桥式吊车的厂房屋盖中;有檩钢屋盖适用于轻型屋面板(如石棉瓦、瓦楞铁、压型钢板和铁丝网水泥槽板等),屋面荷载通过檩条传递给屋架 [图 1.2(b)],构件重量轻,用料省,但屋盖构件数量较多,构造较复杂,整体刚度较差。

1.2 钢屋架的选型与结构特点

钢屋架是由各种直杆相互连接组成的一种平面桁架结构。在竖向节点荷载作用下,各杆件产生轴心压力或轴心拉力,因而杆件截面应力分布均匀,材料利用充分,具有用钢量小、自重轻、刚度大和便于加工成型等特点。

1.2.1 钢屋架选型基本原则

钢屋架选型的基本原则如下。

(1) 使用要求。应满足排水坡度、建筑净空、天窗、天棚以及悬挂吊车等的需要。

(2) 受力合理性要求。从受力的角度看,屋架的外形应与弯矩图相近,杆件受力均匀;应尽可能使短杆受压、长杆受拉;荷载作用在节点上,以减少弦杆局部弯矩;屋架中部应有足够高度,以满足刚度要求。

(3) 施工要求。屋架的杆件和节点数量宜减少,规格、构造宜简单,尺寸应划一,夹角在 30°~60°,跨度和高度要避免超宽、超高。

设计时应按照上述基本原则和钢屋架的主要结构特点,在全面分析的基础上根据具体情况进行综合考虑,从而确定钢屋架的合理形式。

1.2.2 不同形式钢屋架的结构特点

1. 三角形钢屋架

三角形钢屋架适用于陡坡屋面(坡度>1/3)的有檩屋盖体系,且通常与柱子铰接连接。因这种屋架在荷载作用下的弯矩图是抛物线分布,与屋架的三角形外形相差悬殊,致使屋架弦杆受力不均,支座处内力较大,跨中内力较小,弦杆的截面不能充分发挥作用,而且支座处上、下弦杆夹角过小,内力又较大,支座节点构造比较复杂。

三角形钢屋架的腹杆布置常采用芬克式[图 1.3(a)、(b)]和人字式[图 1.3(c)、(d)]。芬克式的腹杆虽然较多,但它的压杆短、拉杆长,受力相对合理,且可分为两个小桁架制作与运输,使用较为方便。人字式腹杆的节点较少,但受压腹杆较长,适用于跨度较小($L \leqslant 18m$)的情况。但是,人字式屋架的抗震性能优于芬克式屋架,所以在地震烈度较高的地区,即使跨度大于 18m,也常采用人字式腹杆的屋架。单斜式腹杆的屋架[图 1.3(c)],其腹杆和节点数目均较多,只适用于下弦需要设置天棚的屋架,一般情况较少采用。由于某些屋面材料要求檩条的间距很小,不可能将所有檩条都放置在节点上,从而使上弦产生局部弯矩,因此,三角形屋架在布置腹杆时,要同时处理好檩距和上弦节点之间的关系。

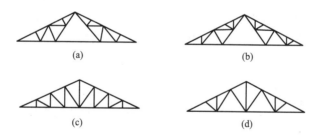

(a)   (b)

(c)   (d)

图 1.3 三角形屋架

从内力分配的观点来看,三角形钢屋架的外形尽管存在着明显的不合理性,但是从建筑物的整个布局和用途出发,在屋面材料为石棉瓦、瓦楞铁皮以及短尺压型钢板等,且需要上弦坡度较陡的情况下,往往还是采用三角形屋架。当屋面坡度为 1/3~1/2 时,三角形钢屋架的高度取 $H=(1/6 \sim 1/4)L$。

2. 梯形钢屋架

梯形钢屋架适用于屋面坡度较为平缓的无檩屋盖体系,它与简支受弯构件的弯矩图比较接近,弦杆受力较为均匀。梯形屋架与柱的连接可以做成铰接也可以做成刚接。刚性连接可提高建筑物的横向刚度。

梯形钢屋架的腹杆体系可采用单斜式、人字式和再分式(图 1.4)。人字式按支座斜杆与弦杆组成的支承点在上弦或在下弦分为下承式[图 1.3(a)]和上承式[图 1.4(b)]两种。一般情况下,与柱刚接的屋架宜采用下承式;与柱铰接时下承式或上承式均可采用。

由于下承式使排架柱计算高度减小又便于在下弦设置屋盖纵向水平支撑，故以往较多采用；上承式使屋架重心降低，支座斜腹杆受拉，且给安装带来很大的方便，故近年来逐渐得到推广使用。当桁架下弦要做天棚时，需设置吊杆［图 1.3(a)中虚线所示］或者采用单斜式腹杆［图 1.4(a)］，当上弦节间长度为 3m，而大型屋面板宽度为 1.5m 时，常采用再分式腹杆［图 1.4(d)］将节间减小至 1.5m，有时也采用 3m 节间而使上弦承受局部弯矩（虽然构造较为简单，但因耗钢量增多，一般很少采用）。

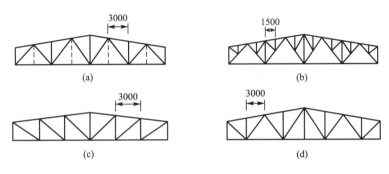

图 1.4　梯形屋架

3. 平行弦钢屋架

当屋架的上、下弦杆相平行时，称为平行弦屋架(图 1.5)。这种形式多用于单坡屋盖和双坡屋盖［图 1.5(a)、(b)］，或用作托架、支撑体系［图 1.5(c)、(d)、(e)、(f)］。平行弦屋架的腹杆体系可采用人字式、单斜杆式、菱形、K 形和交叉式。单斜杆式［图 1.5(c)］斜长杆受拉，短腹杆受压，较经济。菱形［图 1.4(d)］两根斜杆受力，腹杆内力较小，用料多。K 形腹杆［图 1.5(e)］用在桁架高度较高时，可减小竖杆的长度。交叉式［图 1.5(f)］常用于受反复荷载的桁架中，有时斜杆可用柔性杆。平行弦屋架的同类杆件长度一致、节点类型少、符合工业化制作要求，有较好的效果。

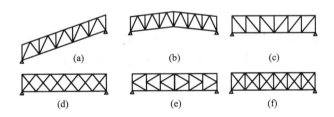

图 1.5　平行弦屋架的腹杆体系

4. 三铰拱钢屋架

三铰拱钢屋架由两根斜梁(桁架梁)和一根水平拱拉杆组成，其形式如图 1.6(a)所示。斜梁的截面形式可分为平面桁架和空间桁架两种［图 1.6(b)］。这种屋架的特点是杆件受力合理，斜梁的腹杆长度一般为 0.6～0.8m，这对杆件受力和截面的选择十分有利。这种结构能充分利用普通圆钢和小角钢，且具有便于拆装运输和安装的特点。但由于三铰拱屋架的杆件多数采用圆钢，不用节点板连接，故存在节点偏心，设计中应予注意。

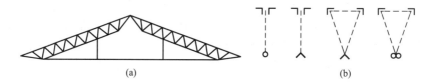

图 1.6　三铰拱屋架形式

1.3 钢屋盖支撑系统

大型钢屋面板与屋架牢固连接，则屋面板的面内刚度可以保证上弦平面的几何不变。但由屋架、檩条和屋面材料等构件组成的有檩屋盖是几何可变体系。钢屋架的受压上弦杆虽然用檩条连接，但所有屋架的上弦有可能向同一方向以半波的形式鼓曲(图 1.7)，这时上弦的计算长度就等于屋架的跨度，所以承载能力极低。其次，钢屋架下弦虽是拉杆，但当侧向没有联系时，在某些不利因素作用下，如厂房吊车运行时的振动，会引起较大的水平振动和变位，增加杆件和连接中的受力。此外，房屋两端的屋架往往要传递由山墙传来的风荷载，仅靠屋架的弦杆来承受和传递风荷载是不够的。根据以上分析，要使钢屋架具有足够的承载能力，保证钢屋架结构有一定的空间刚度，应根据结构布置情况和受力特点设置各种支撑体系，把平面屋架联系起来，使屋架结构形成一个整体刚度较好的空间体系，所以，屋盖支撑是钢屋盖结构中不可缺少的组成部分。

1.3.1　钢屋盖支撑的类型、作用与布置

1. 钢屋盖支撑的类型及作用

钢屋盖的支撑体系包括：上弦横向水平支撑、下弦横向水平支撑、下弦纵向水平支撑、垂直支撑和系杆，图 1.7 所示为一典型的钢屋盖支撑系统布置情况。

屋盖支撑主要具有如下作用：①保证屋盖结构的整体稳定；②增强屋盖的刚度；③增强屋架的侧向稳定；④承担并传递屋盖的水平荷载；⑤便于屋盖的安装与施工。

2. 钢屋盖支撑的布置

1) 上弦横向水平支撑

上弦横向水平支撑是屋架上弦弦杆的侧向支承点，它减小了弦杆在平面外的计算长度，减小了动力荷载作用下的屋架平面外的受迫振动。它是以斜杆和檩条作为腹杆，两榀相邻屋架的上弦作为弦杆组成的水平桁架，它将两榀竖放屋架在水平方向联系起来。在没有横向支撑的开间，则通过系杆的约束作用将屋架在水平方向联成整体，以保证屋架的侧向刚度和屋盖的空间刚度，减少上弦在平面外的计算长度以及承受并传递山墙的风荷载。

在屋盖体系中，一般都应设置屋架上弦横向水平支撑(包括天窗架的横向水平支撑)。上弦横向水平支撑布置在房屋两端或在温度缝区段两端的第一柱间或第二柱间；如果布置

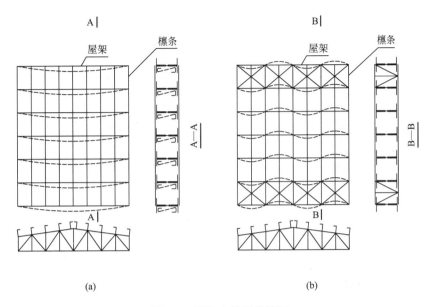

图 1.7 屋架上弦屈曲情况

在第二开间，则必须用刚性系杆将端屋架与横向支撑的节点连接，以保证端屋架的稳定和传递风荷载。横向水平支撑的间距不宜大于 60m，房屋长度大于 60m 时，还应另加设水平支撑。

2）下弦横向水平支撑

下弦横向水平支撑能作为山墙抗风柱的支点，承受并传递水平风荷载、悬挂吊车的水平力和地震引起的水平力，减少下弦的计算长度，从而减少下弦的振动。

凡属下列情况之一者，宜设置屋架下弦横向水平支撑。

（1）屋架跨度大于等于 18m。

（2）屋架跨度小于 18m，但屋架下弦设有悬挂吊车。

（3）厂房内设有吨位较大的桥式吊车或其他振动设备。

（4）山墙抗风柱支承于屋架下弦。

（5）屋架下弦设有通长的纵向支撑。

下弦横向水平支撑应与上弦横向水平支撑在同一柱间内，以便形成稳定的空间体系。

3）下弦纵向水平支撑

下弦纵向支撑的作用主要是与横向支撑一起形成封闭体系，以增强屋盖的空间刚度，并承受和传递吊车的横向水平制动力。当有托架时，在托架处必须布置下弦纵向支撑，并由托架两端各延伸一个柱间（图 1.8），以保证托架在平面外的稳定。

凡属下列情况之一者，宜设置屋架下弦纵向支撑。

（1）厂房内设有重级工作制吊车或起重吨位较大的中、轻级工作制吊车。

（2）厂房内设有锻锤等大型振动设备。

（3）屋架下弦设有纵向或横向吊轨。

（4）设有支承中间屋架的托架和无柱间支撑的中间屋架（图 1.9）。

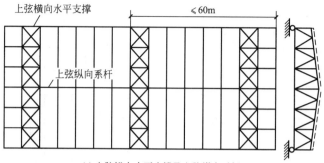

(a) 上弦横向水平支撑及上弦纵向系杆

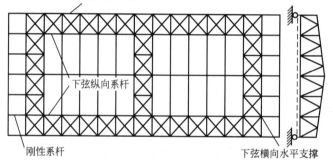

(b) 下弦横向和纵向水平支撑及下弦纵向系杆

(c) 垂直支撑

图 1.8　屋盖支撑布置

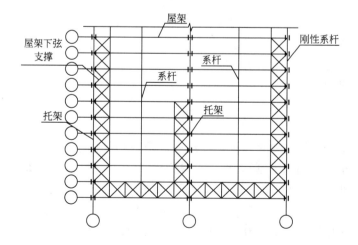

图 1.9　托架处下弦纵向支撑布置

（5）房屋较高，跨度较大，空间刚度要求高。

下弦纵向水平支撑设在屋架下弦端节间内，与下弦横向水平支撑组成封闭的支撑体系，以提高屋盖的整体刚度。

4）垂直支撑

垂直支撑的作用是使相邻两榀屋架形成空间几何不变体系，保证钢屋架在使用与安装时的侧向稳定。垂直支撑应布置在设有上弦横向支撑的开间内，并按下列要求布置。

（1）对梯形屋架。

① 当跨度≤30m 时，应在屋架跨中和两端的竖杆平面内各布置一道垂直支撑。

② 当跨度＞30m，无天窗时，应在屋架跨度 1/3 处和两端的竖杆平面内各布置一道垂直支撑；有天窗时，垂直支撑应布置在天窗架侧柱的两侧(图 1.10)。

（2）对三角形屋架。

① 当跨度≤18m 时，应在跨中竖杆平面内布置一道垂直支撑。

② 当跨度＞18m 时，应根据具体情况布置两道垂直支撑(图 1.10)。

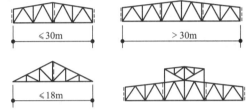

图 1.10 垂直支撑布置

屋架安装时，每隔 4～5 个柱间设置一道垂直支撑，以保持安装稳定。

5）系杆

系杆的作用是充当钢屋架上下弦的侧向支撑点，保证无横向支撑的其他屋架的侧向稳定。

系杆有刚性系杆和柔性系杆两种，能承受压力的为刚性系杆，只能承受拉力的为柔性系杆。系杆在上、下弦杆平面内按如下原则布置。

（1）在一般情况，垂直支撑平面内的屋架上、下弦节点处应设置通长的系杆。

（2）在屋架支座节点处和上弦屋脊节点处应设置通长的刚性系杆。

（3）当屋架横向支撑设在厂房两端的或温度缝区段的第二开间时，则在支撑节点与第一榀屋架之间应设置刚性系杆，其余可采用柔性或刚性系杆。

在屋架支座节点处如设有纵向连系钢梁或钢筋混凝土圈梁，则支座处下弦刚性系杆可以省去。在有檩钢屋盖中，檩条可以代替上弦水平系杆。在无檩钢屋盖中大型屋面板可以代替上弦刚性系杆。

1.3.2 钢屋盖支撑的形式、计算和构造

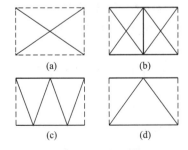

图 1.11 屋盖支撑形式

钢屋盖支撑一般均为平行弦桁架形式(图 1.11)。屋架上弦横向支撑、下弦横向支撑和下弦纵向支撑的腹杆大多采用十字交叉体系。纵向水平支撑桁架的节间，以组成正方形为宜(一般为 6m×6m)，或长方形(如 6m×3m)；横向水平支撑节点距离为屋架上弦节点距离的 2～4 倍。支撑斜腹杆按拉杆设计，可采用单角钢；对于跨度较小、起重量不大的厂房也可用圆钢，圆钢直径 $d \geqslant 16$mm，且宜用花篮螺栓拉紧。

垂直支撑的腹杆形式见图 1.11，图 1.11(a)、(b)的交叉斜腹杆按拉杆计算。上、下弦杆应采用双角钢组成 T 形截面，上弦也可由檩条代替。支撑中的刚性系杆按压杆计算，采用双角钢组成十字形或 T 形截面；柔性系杆可按拉杆计算，采用单角钢即可。

屋架支撑的受力较小，截面尺寸大多由杆件的容许长细比和构造要求而定。按压杆设计的容许长细比为 200，按拉杆设计的容许长细比为 400，但有重级工作制吊车的厂房中拉杆的容许长细比为 350。

当屋架跨度较大，屋架下弦标高大于 15m，基本风压大于 0.5kN/m² 时，屋架各部位的支撑杆件除满足容许长细比的要求外，还应根据所受的荷载按桁架体系计算出内力，杆件截面按所得的内力确定。计算支撑杆件内力时，可将屋面支撑展开为平面桁架，假定在水平荷载作用下，每个节间只有一个受拉的斜杆参加工作(图 1.12)。图中 W 为支撑节点上的水平节点荷载，由风荷载或吊车荷载引起。

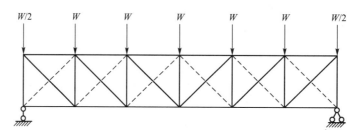

图 1.12　水平荷载作用下支撑内力计算简图

支撑与屋架的连接构造要简单，安装应方便。角钢支撑与屋架一般采用粗制螺栓连接，螺栓一般为 M20，杆件每端至少有两个螺栓。在有重级工作制吊车或较大振动设备的厂房，除粗制螺栓外，还应加安装焊缝。施焊时，不容许屋架满载，焊缝长度应大于等于 80mm，焊脚尺寸 $h_f \geqslant 6mm$。仅采用螺栓连接而不加焊缝时，在构件校正固定后，可将外露螺纹打毛或将螺栓与螺母焊接以防松动。

1.4　钢屋盖设计内容与步骤

按照上述内容并结合钢结构设计的一般规律，平面桁架钢屋盖结构体系设计的全部工作可归结为如下几个步骤。

(1) 根据建筑设计及相关要求，选取合适的结构方案。内容包括：确定合适的钢屋盖体系(有檩或无檩)、相应的主桁架结构形式、檩条及托架的结构形式、屋盖支撑体系、天窗架的结构形式及屋面材料(板)等。

(2) 完成主要结构布置。内容包括：钢屋架的平面布置、檩条布置(根据屋面板的规格)、托架布置和天窗架布置等。

(3) 完成钢屋盖的支撑布置。内容包括：屋架上弦横向水平支撑布置(无条件设置)、屋架下弦横向水平支撑布置(有条件设置)、屋架下弦纵向水平支撑布置(有条件设置)、屋架垂直支撑布置(无条件设置)、系杆布置(无条件设置，但可由可靠连接的檩条代替，含刚性和柔性两种）及天窗架的有关支撑布置（含上弦横向水平支撑、垂直支撑和系杆）等。

（4）钢屋面板布置。内容包括：对无檩体系采用大型屋面板，并可替代部分支撑和系杆的作用；有檩体系则采用轻型屋面板。

（5）确定各结构单元的计算模型。内容包括：按照上述钢屋盖的结构组成确定各结构单元的计算模型。具体有主桁架（屋架）的计算模型、天窗架计算模型、托架计算模型、檩条计算模型、系杆计算模型及各支撑单元计算模型。

（6）荷载计算。内容包括：针对上述每一个结构单元，分别确定各计算单元所承担的所有荷载的标准值。荷载类型包括恒载、活载和风载等。

（7）设计所有构件。一般构件的设计条件包括强度条件、稳定条件和刚度条件，且要按照最不利工况进行内力组合，其中强度和稳定条件验算时所采用的最大内力要按荷载设计值组合确定，而验算刚度条件所采用的内力则按荷载标准值组合计算。此外，对于轴心受力构件，如支撑杆和系杆，通常按长细比要求确定或初选截面规格，但一定要严格区分柔性拉杆和刚性压杆的差异。

平面桁架钢屋盖结构体系所包括的基本构件有：主桁架的所有杆件、天窗架的所有杆件、托架的所有杆件、檩条、刚性系杆、柔性系杆、所有支撑杆件及屋面板。

（8）节点设计。根据各构件的连接模型，确定所有节点的构造形式，并按照已经确定的构件内力进行节点设计。内容包括：连接件计算、焊缝计算与螺栓计算。按照上述结构组成的分析，结构的主要节点有：主桁架（屋架）杆件之间的所有连接点、天窗架杆件之间的所有连接点、屋架与托架（梁）的连接点、檩条（系杆）与屋架上弦的连接点、系杆与屋架下弦的连接点、拉条与檩条（系杆）的连接点、所有支撑杆与屋架杆件的连接点、天窗架与屋架的连接点、天窗架支撑杆与天窗架的连接点、屋面板与檩条或屋架上弦杆的连接点等。

（9）按照设计结果绘制结构施工图。内容包括：屋盖结构布置图（含支撑布置图）、主屋架施工图（含节点详图）、天窗架施工图（含节点详图）、托架施工图（含节点详图）、支撑连接详图和其他连接详图等。

1.5 钢屋架结构施工图的绘制

钢结构施工图包括构件布置图和构件详图两部分，并包括材料表的编制。它们是钢结构制作和安装的主要依据，必须绘制正确，表达详尽。构件布置图是表达各类构件（如柱、吊车梁、屋架、墙架、平台等系统）位置的整体图，主要用于钢结构安装。其内容一般包括平面图、侧面图和必要的剖面图，另外还有安装节点大样、构件编号、构件表（包括构件编号、名称、数量、单重、总重和详图图号等）及总说明等。

构件详图是表达所有单体构件（按构件编号）的详细图，主要用于钢结构制作，其主要内容和绘制要点如下。

（1）钢屋架详图一般应按运输单元绘制，但当屋架对称时，可仅绘制半榀屋架。

（2）主要图面应绘制屋架的正面图、上下弦的平面图、必要的侧面图和剖面图，以及某些安装节点或特殊零件的大样图。屋架施工图通常采用两种比例尺绘制，杆件的轴线一

11

一般用 1:20~1:30;节点和杆件截面尺寸用 1:10~1:15。重要节点大样,比例尺还可加大,以清楚地表达节点的细部尺寸为准。

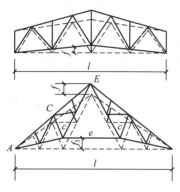

图 1.13 屋架的起拱

(3) 在图面左上角用合适的比例绘制钢屋架简图。图中一半注明杆件的几何长度(mm),另一半注明杆件的内力设计值(kN)。当梯形屋架 $l \geq 24m$,角形屋架 $l \geq 15m$ 时,挠度值较大,为了不影响使用和外观,须在制作时起拱。拱度 f 一般取屋架跨度的 $l/500$,并在钢屋架简图中注明(图 1.13)。

(4) 应注明各部件(型钢和钢板)的规格和尺寸,包括加工尺寸(宜取为 5mm 的倍数)、定位尺寸、孔洞位置以及对工厂制造和工地安装的要求。定位尺寸主要有:轴线至角钢肢背的距离、节点中心至各杆杆端和至节点板上、下和左、右边缘的距离等。螺孔位置要符合型钢容许线距和螺栓排列的最大、最小容许距离的要求。对制作和安装的其他要求,包括部件切斜角、孔洞直径和焊缝尺寸等都应注明。拼接焊缝要注意标出安装焊缝符号,以适应运输单元的划分和拼装。

(5) 应对部件详细编号,编号按主次、上下、左右顺序逐一进行。完全相同的部件用同一编号。如果两个部件的形状和尺寸完全一样,仅因开孔位置或因切斜角等原因有所不同,但为镜面对称时,也采用同一编号(可在材料表中注明正或反字样,以示区别)。有些屋架仅在少数部位的构造略有不同,如连接支撑的屋架和不连接支撑的屋架只在螺栓孔上有区别,可在图上螺栓孔处柱明所属屋架的编号,这样数个屋架可绘在一张施工图上。

(6) 材料表应包括各部件的编号、截面、规格、长度、数量(正、反)和重量等,材料表的作用不但可归纳各部件以便备料和计算用钢量,同时也可供配备起重运输设备时参考。

(7) 文字说明应包括钢号和附加条件、焊条型号、焊接方法和质量要求,图中未注明的焊缝和螺栓孔尺寸、油漆、运输、安装和制造要求,以及一些不易用图表达的内容。

1.6 普通钢屋架设计

普通钢屋架一般由角钢作杆件,通过节点板焊接连成整体。屋盖承受较大荷载时,也可用 H 型钢、工字钢作构件。现以角钢杆件为例介绍普通钢屋架的设计。

1.6.1 钢屋架主要尺寸的确定

确定钢屋架的主要几何尺寸包括钢屋架的跨度、高度和节间宽度。

钢屋架跨度按使用和工艺要求确定,一般以 3m 为模数,有 12m、15m、18m、21m、24m、27m、30m、36m 等几种,也可设计成更大的跨度。三角形有檩钢屋架结构比较灵活，不受 3m 模数的限制。钢屋架计算跨度是指屋架两端支座反力间的距离，一般取支柱轴线之间的距离减去 300mm。

钢屋架高度按经济、刚度和建筑等要求以及运输界限、屋面坡度等因素来确定。

三角形钢屋架高度通常取 $h=(1/4\sim1/6)L(L$ 为跨度)，以适应钢屋架材料要求屋架具有较大的坡度。

梯形钢屋架坡度较平坦，屋架跨中高度应满足刚度要求，当上弦坡度为 $1/8\sim1/12$ 时，跨中高度一般为 $(1/6\sim1/10)L$，跨度大(或屋面荷载小)时取小值，反之则取大值。端部高度当屋架与柱铰接时为 1.6～2.2m，刚接时为 1.8～2.4m；端弯矩大时取大值，反之取小值，跨中高度根据端部高度和屋面坡度来计算。

钢屋架上弦节间的划分应根据屋面材料来定。当采用大型屋面板时，上弦节间长度等于屋面板宽度，一般取 1.5m 或 3m；当采用檩条时，则根据檩条的间距来定，一般取 0.8～3.0m。要尽量使屋面荷载直接作用在屋架节点上，避免上弦杆产生局部弯矩。

1.6.2 钢屋架内力计算及基本假定

1. 钢屋架内力计算应遵循的假定

(1) 钢屋架的节点为铰接。

(2) 钢屋架所有杆件的轴线平直，且都在同一平面内相交于节点的中心。

(3) 荷载作用在节点上，且都在屋架平面内。

如果上弦有节间荷载，应先将荷载换算成节点荷载，才能计算各杆件的内力。在设计上弦时，还应考虑节间荷载在上弦引起的局部弯矩，上弦按压弯杆件计算。

2. 钢屋架的荷载分析与组合

钢屋架荷载应根据国家标准《建筑结构荷载规范》(GB 50009—2012)计算。钢屋架的自重可以直接按屋面的水平投影面积计算，常用估算经验公式为：

$$g=0.12+0.011L \tag{1-1}$$

式中 L——屋架的跨度，以 m 计(式中未包括天窗架，但已包括支撑自重在内)。

钢屋架内力应根据使用过程和施工过程可能出现的最不利荷载组合计算。荷载可以分为永久荷载和可变荷载两大类。在屋架设计时，以下三种荷载组合可能导致屋架内力的最不利情况。

(1) 永久荷载+全跨可变荷载。

(2) 永久荷载+半跨可变荷载。

(3) 屋架、支撑和天窗架自重+半跨屋面板重+半跨屋面活荷载。这项组合在采用大型预制钢筋混凝土屋面板时应予考虑，但如果安装过程中在屋架两侧对称均匀铺设屋面板，则可不考虑这种荷载组合。

对梯形屋架设计，屋架上、下弦杆和靠近支座的腹杆常按第一种组合计算；跨中附近的腹杆在第二、三种荷载组合下可能内力为最大而且可能变号。

对于风荷载，当屋面与水平面的倾角小于 30°时，风荷载对屋面产生吸力，起着卸载的作用，一般不予考虑，但对于采用轻质屋面材料的三角形屋架，在风荷载和永久荷载作用下可能使原来受拉的杆件变为受压。故计算杆件内力时，应根据荷载规范的规定，计算风荷载的作用。

3. 钢屋架内力计算

1) 轴向力

钢屋架杆件的轴向力可用数解法或图解法求得，也可通过计算机分析求出。在某些结构设计手册中有常用屋架的内力系数表。利用手册计算屋架内力时，只要将屋架节点荷载乘以相应杆件的内力系数，即得该杆件的内力。

2) 上弦局部弯矩

上弦有节间荷载时，除轴向力外，还有局部弯矩。可近似地按简支梁计算出跨中最大弯矩 M_0，然后再乘以调整系数。端节点的正弯矩取 $M_1 = 0.8M_0$，其他节间的正弯矩和节点负弯矩取 $M_2 = 0.6M_0$，如图 1.14 所示。

当钢屋架与柱刚接时，除上述计算的钢屋架内力外，还应考虑分析时所得的钢屋架端弯矩对屋架杆件内力的影响(图 1.15)。按图 1.15 的计算简图算出的屋架杆件内力与按铰接屋架计算的内力进行组合，取最不利情况的内力设计钢屋架的杆件。

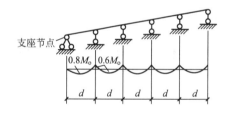

图 1.14 局部弯矩计算简图

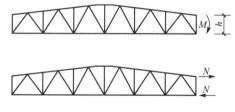

图 1.15 屋架端弯矩的作用

1.6.3 钢屋架杆件计算长度与长细比

1. 钢屋架平面内

节点不是真正的铰接，而是一种介于刚接和铰接的弹性嵌固。节点上的拉杆数量越多，拉力和拉杆的线刚度越大，则嵌固程度也越大，压杆的计算长度就越小。

(1) 上下弦杆、支座斜杆和竖杆：内力大，受其他杆件约束小，这些杆件在屋架中较重要，可偏安全地视为铰接。屋架平面内，计算长度取节点间的轴线长度，即 $l_{ox} = l$ (图 1.16)。

(2) 其他腹杆：一端与上弦杆相连，嵌固作用不大，可视为铰接；另一端与下弦杆相连，受其他受拉杆件的约束嵌固作用较大，计算长度取 $l_{ox} = 0.8l$ (图 1.16)。

2. 钢屋架平面外

上、下弦杆的计算长度应取钢屋架侧向支撑节点或系杆之间的距离，即 $l_{oy} = l_1$。腹杆

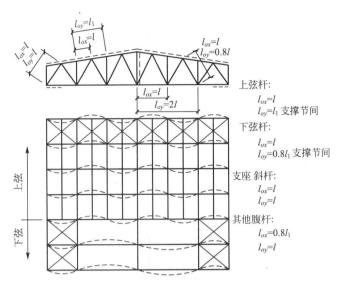

图 1.16 屋架杆件的计算长度

的计算长度为两端节点间距离 $l_{oy}=l$。

1）钢屋架上弦杆

在有檩钢屋盖中檩条与支撑的交叉点不相连时（图 1.16），此距离为 $l_{oy}=l_1$，l_1 是支撑节点的距离；当檩条与支撑交叉点用节点板连牢时，$l_{oy}=$ 檩距。

在无檩钢屋盖中，大型屋面板不能与屋架上弦的焊牢时，上弦杆在平面外的计算长度取为支撑节点之间的距离；反之，可取屋面板宽度，但不大于 3m。

2）钢屋架下弦杆

钢屋架下弦杆的计算长度取 $l_{oy}=l_1$，l_1 是侧向支撑节点的距离（由下弦支撑及系杆设置而定）。

3）钢屋架弦杆内力不相等

芬克式三角屋架和再分式梯形屋架，当弦杆侧向支承点间的距离为节间长度的两倍且两个节间弦杆的内力不相等时（图 1.17），弦杆在平面外的计算长度按下式计算：

$$l_{oy}=l_1\left(0.75+0.25\frac{N_2}{N_1}\right) \tag{1-2}$$

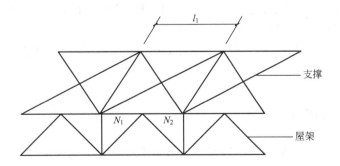

图 1.17 弦杆轴心压力在侧向支承点间有变化的屋架简图

式中　N_1——较大的压力；

　　　N_2——较小的压力或拉力，计算时取压力为正，拉力为负；

　　　l_1——两节间距离。

按式(1-2)算得的 $l_{oy} < 0.5 l_1$ 时，取 $l_{oy} = 0.5 l_1$。

3. 其他杆件的计算长度

1) 芬克式、再分式腹杆体系、K 形竖腹杆

芬克式屋架和再分式腹杆体系中的受压杆件及 K 形腹杆体系中的竖杆 [图 1.18(a)、(b)、(c)] 在钢屋架平面外的计算长度也按式(1-2)计算。

在钢屋架平面内的计算长度则取节间长度。

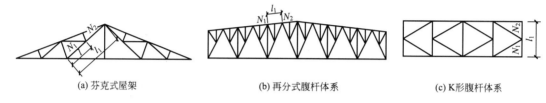

| (a) 芬克式屋架 | (b) 再分式腹杆体系 | (c) K形腹杆体系 |

图 1.18　其他杆件在屋架平面外的计算长度简图

2) 单角钢杆件和双角钢组成的十字形杆件

对于单角钢杆件和双角钢组成的十字形杆件，由于主轴不在钢屋架平面内，有可能发生斜平面屈曲，考虑到杆件两端对其有一定的嵌固作用，故其平面外计算长度取 $l_{oy} = 0.9 l_1$。

3) 交叉腹杆

在钢屋架平面内的计算长度应取节点中心到交叉点间的距离，其计算长度与杆件的受力性质和交叉点的连接有关。

(1) 压杆。

① 相交的另一杆受拉，两杆在交叉点均不中断时，$l_{oy} = 0.5 l$。

② 相交的另一杆受拉，两杆中有一杆在交叉点中断但与节点板搭接时，$l_{oy} = 0.7 l$。

③ 其他情况：$l_{oy} = l$。

(2) 拉杆：均取 l。

以上 l 为节点中心间的距离。当确定交叉腹杆中单角钢杆件斜平面内的长细比时，计算长度应取节点中心至交叉点间的距离。

钢屋架杆件长细比控制为：压杆一般为 150，拉杆为 350；受压支撑杆件一般为 200，受拉支撑杆件为 400。

1.6.4　钢屋架杆件截面形式

普通钢屋架的杆件一般采用等肢或不等肢角钢组成的 T 形截面或十字形截面。组合截面的两个主轴回转半径与杆件在屋架平面内和平面外的计算长度相配合，使两个方向长细比接近，用料经济、连接方便。钢屋架杆件的截面形式，如图 1.19 所示。

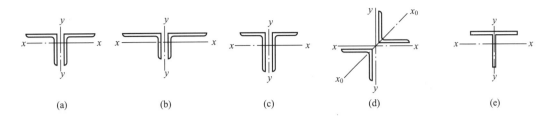

图 1.19 杆件截面形式

1. 屋架上弦杆

因屋架平面外计算长度往往是屋架平面内计算长度的两倍，要满足等稳性要求，即 $\lambda_x \approx \lambda_y$ 必须使 $i_y \approx 2i_x$。

（1）上弦宜采用两个不等肢角钢短肢相并而成的 T 形截面形式［图 1.18(b)］，因为其特点是 $i_y \approx (2.6 \sim 2.9)i_x$，因此，采用这种截面可使两个方向的长细比比较接近。

（2）当有节间荷载作用时，为提高上弦在屋架平面内的抗弯能力，宜采用不等肢角钢长肢相并的 T 形截面［图 1.19(c)］。

2. 受拉下弦杆

平面外的计算长度比较大，此时可采用两个不等肢角钢短肢相并或等肢角钢组成的 T 形截面［图 1.19(a)或(b)］。

3. 支座斜杆及竖杆

由于它在屋架平面内和平面外的计算长度相等，应使截面的 $i_x \approx i_y$，因而可采用两个不等肢角钢长肢相并而成的 T 形截面［图 1.19(c)］，因其特点是 $i_y \approx (0.75 \sim 1.0)i_x$，这样可使两个方向的长细比比较接近。

4. 其他腹杆

因为 $l_{ax} = 0.8l$，$l_{oy} = l$ 即 $l_{oy} = 1.25l_{ax}$，所以宜采用两个等肢角钢组成的 T 形截面［图 1.19(a)］，因其特点是 $i_y \approx (1.3 \sim 1.5)i_x$，这样可使两个方向的长细比比较接近。

与竖向支撑相连的竖腹杆宜采用两个等肢角钢组成的十字形截面［图 1.19(d)］，使竖向支撑与钢屋架节点连接不产生偏心作用。对于受力特别小的腹杆，也可采用单角钢截面。

为使两个角钢组成的杆件共同作用，应在两角钢相并肢之间每隔一定距离设置垫板，并与角钢焊接(图 1.20)。垫板厚度与节点板相同，宽度一般取 60mm，长度伸出角钢肢 15～20mm，以便于与角钢焊接。垫板间距在受压杆件中不大于 $40i$(同时注意受压杆件在两个侧向支撑点范围内至少设置两块垫板)，在受拉杆件中不大于 $80i$，i 为回转半径，按如下规定取值：在 T 形截面中，i 为平行于垫板的单肢回转半径［图 1.20(a)］；在十字形截面中，i 为一个角钢的最小回转半径［图 1.20(b)］。

目前在国内外也有用焊接或轧制的 T 形截面或用 H 型钢一分为二，取代双角钢组成的 T 形截面。其优点是翼缘的宽度大，可达到等稳定性要求，另外可减小节点板尺寸和省去垫板等，比较经济。一些跨度和荷载较大的桁架还可以采用钢管和宽翼缘 H 型钢截面。

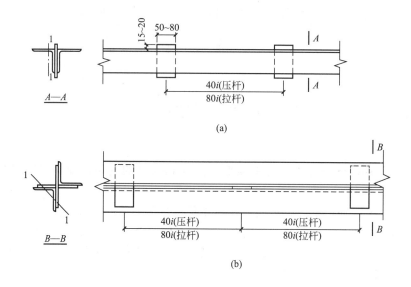

图 1.20　屋架杆件的垫板布置

1.6.5　杆件截面选择

杆件截面应选用肢宽而壁薄的角钢，以增大其回转半径。为保证其局部稳定，角钢厚度≥4mm，钢板厚度≥5mm，因此，角钢规格不宜小于∠45×5 或∠56×36×4。弦杆一般采用等截面，跨度大于 24m 时，可在适当节间处变截面，改变一次为宜。变截面时，角钢厚度不变而改变肢宽，便于连接。在同一榀屋架中角钢规格不宜过多，一般为5～6 种。

杆件内力按结构力学方法求得，根据受力性质选择截面和进行验算。

1. 轴心拉杆

强度验算公式为：

$$\sigma = \frac{N}{A_\mathrm{n}} \leqslant f \qquad (1-3)$$

式中　N——轴向拉力；

A_n——杆件的净截面面积；

f——钢材的抗压、抗拉强度设计值。

2. 轴心压杆

强度验算公式同轴心拉杆。

稳定验算公式为：

$$\sigma = \frac{N}{\phi A} \leqslant f \tag{1-4}$$

式中　N——轴向压力;

　　　A——杆件的毛截面面积;

　　　ϕ——轴心压杆稳定系数。

选择截面时,拉杆可根据内力和材料强度设计值求出所需的净截面面积,然后从角钢规格表中选出合适的角钢。压杆由于式(1-4)中 A、ϕ 都是未知值,不能直接计算出所需截面。可先假定长细比 $\lambda = 70 \sim 100$(弦杆)或 $\lambda = 100 \sim 120$(腹杆),由 λ 查材料表得到 ϕ 值,代入式(1-4)即得截面面积 A。同时算出 $i_x = l_{ox}/\lambda$,$i_y = l_{oy}/\lambda$,然后从角钢规格表中选择合适的角钢,查得实际所用角钢的 A、i_x 和 i_y,并按实际情况进行稳定验算。若不合适,则还需重新选择角钢,直到合适为止。

3. 压弯或拉弯杆件

1) 强度计算

承受静力荷载或间接承受动力荷载的压弯或拉弯的弦杆(如有节间荷载的弦杆)强度计算公式:

$$\frac{N}{A_n} \pm \frac{M_x}{\gamma_x W_{nx}} \leqslant f \tag{1-5}$$

式中　γ_x——截面塑性发展系数;

　　　M_x——所考虑节间上、下弦杆的跨中正弯矩或支座负弯矩;

　　　W_{nx}——弯矩作用平面内受压或受拉最大纤维的净截面模量。

当直接承受动力荷载时,不能考虑塑性,按式(1-5)计算强度时,取 $\gamma_x = 1.0$。

2) 稳定计算

(1) 压弯弦杆在弯矩作用平面内的稳定计算公式为:

$$\frac{N}{\phi_x A} + \frac{\beta_{mx} M_x}{\gamma_x W_{1x}\left(1 - 0.8\frac{N}{N'_{Ex}}\right)} \leqslant f \tag{1-6}$$

式中　ϕ_x——弯矩作用平面内的轴心受压构件稳定系数;

　　　N'_{Ex}——考虑抗力分项系数的欧拉临界力,$N'_{Ex} = \dfrac{\pi^2 EA}{1.1\lambda_x^2}$;

　　　W_{1x}——弯矩作用平面内受压最大纤维的毛截面模量;

　　　β_{mx}——等效弯矩系数,当节间有一个横向集中荷载作用时,$\beta_{mx} = 1 - 0.2\dfrac{N}{N_{Ex}}$;其他情况,$\beta_{mx} = 1.0$。

(2) 在弯矩作用平面外的稳定计算公式为:

$$\frac{N}{\phi_y A} + \eta\frac{\beta_{tx} M_x}{\phi_b W_{1x}} \leqslant f \tag{1-7}$$

式中　ϕ_y——弯矩作用平面外的轴心受压构件稳定系数;

　　　η——调整系数,箱形截面 $\eta = 0.7$,其他截面 $\eta = 1.0$;

ϕ_b——受弯构件整体稳定系数;

β_{tx}——等效弯矩系数,当节间端弯矩和横向集中荷载作用使构件产生反向曲率时, $\beta_{tx}=0.85$;产生同向曲率时,取 $\beta_{tx}=1.0$;构件无端弯矩,只有横向集中荷载时,取 $\beta_{tx}=1.0$。

3) 长细比计算

(1) 所有杆件截面都应满足容许长细比的要求。

(2) 对于双轴对称或极对称的截面。

$$\lambda_x = \frac{l_{ox}}{i_x} \leqslant [\lambda], \quad \lambda_y = \frac{l_{oy}}{i_y} \leqslant [\lambda] \tag{1-8}$$

(3) 对双轴对称十字形截面,λ_x 或 λ_y 取值不得小于 $5.07b/t$(其中 b/t 为悬伸板件宽厚比)。

(4) 对于单轴对称截面,失稳属于弯扭失稳,绕对称轴(设为 y 轴)的稳定应取计及扭转效应的下列换算长细比 λ_{yz} 代替 λ_y,并由 λ_{yz} 确定 ϕ_y。

$$\lambda_{yz} = \frac{1}{\sqrt{2}} \left[(\lambda_y^2 + \lambda_z^2) + \sqrt{(\lambda_y^2 + \lambda_z^2)^2 - 4(1 - e_0^2/i_0^2)\lambda_y^2\lambda_z^2} \right]^{1/2} \leqslant [\lambda] \tag{1-9}$$

$$\lambda_z^2 = i_0^2 A / (I_t / 25.7 + I_w / l_w^2) \tag{1-10}$$

$$i_0^2 = e_0^2 + i_x^2 + i_y^2$$

式中　e_0——截面形心至剪心的距离;

i_0——截面对剪心的极回转半径;

λ_y——构件对对称轴的长细比;

λ_z——扭转屈曲的换算长细比;

I_t——毛截面抗扭惯性矩;

I_w——毛截面扇性惯性矩,对 T 形截面(轧制、双板焊接、双角钢组合)、十字形截面和角形截面,近似取 $I_w = 0$;

A——毛截面面积;

l_w——扭转屈曲的计算长度,对两端铰接端部可自由翘曲或两端嵌固端部截面的翘曲完全受到约束的构件,取 $l_w = l_{oy}$。

4) 单角钢截面和双角钢组合 T 形截面,确定 λ_{yz} 简化方法

对于单角钢截面和双角钢组合 T 形截面绕对称轴的 λ_{yz} 可采用下列简化方法确定。

(1) 等边单角钢截面 [图 1.21(a)]。

当 $b/t \leqslant 0.54 l_{oy}/b$ 时:

$$\lambda_{yz} = \lambda_y \left(1 + \frac{0.85b^4}{l_{oy}^2 t^2} \right) \tag{1-11a}$$

当 $b/t > 0.54 l_{oy}/b$ 时:

$$\lambda_{yz} = 4.78 \frac{b}{t} \left(1 + \frac{l_{oy}^2 t^2}{13.5b^4} \right) \tag{1-11b}$$

式中　b, t——分别为角钢肢宽度和厚度。

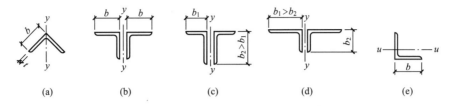

图 1.21　单角钢截面和双角钢 T 形组合截面

（2）等边双角钢截面［图 1.21(b)］：

当 $b/t \leqslant 0.58 l_{oy}/b$ 时：
$$\lambda_{yz} = \lambda_y \left(1 + \frac{0.475b^4}{l_{oy}^2 t^2}\right) \tag{1-12a}$$

当 $b/t > 0.58 l_{oy}/b$ 时：
$$\lambda_{yz} = 3.9 \frac{b}{t} \left(1 + \frac{l_{oy}^2 t^2}{18.6b^4}\right) \tag{1-12b}$$

（3）长肢相并的不等边双角钢截面［图 1.21(c)］：

当 $b_2/t \leqslant 0.48 l_{oy}/b_2$ 时：
$$\lambda_{yz} = \lambda_y \left(1 + \frac{1.09b_2^4}{l_{oy}^2 t^2}\right) \tag{1-13a}$$

当 $b_2/t > 0.48 l_{oy}/b_2$ 时：
$$\lambda_{yz} = 5.1 \frac{b_2}{t} \left(1 + \frac{l_{oy}^2 t^2}{17.4b_2^4}\right) \tag{1-13b}$$

（4）短肢相并的不等边双角钢截面［图 1.21(d)］，可近似取 $\lambda_{yz} = \lambda_y$。否则，应取：
$$\lambda_{yz} = 3.7 \frac{b_1}{t} \left(1 + \frac{l_{oy}^2 t^2}{52.7b_1^4}\right) \tag{1-13c}$$

5）单轴对称的轴心压杆在绕非对称主轴以外的任一轴失稳时，应按照弯扭屈曲计算其稳定性

当计算等边单角钢构件绕平行轴［图 1.20(e)］ u 轴稳定时，可用式(1-14)计算其换算长细比 λ_{uz}，并按 b 类截面确定 ϕ 值：

当 $b/t \leqslant 0.69 l_{ou}/b$ 时：
$$\lambda_{uz} = \lambda_u \left(1 + \frac{0.25b^4}{l_{ou}^2 t^2}\right) \tag{1-14a}$$

当 $b/t > 0.69 l_{ou}/b$ 时：
$$\lambda_{uz} = 5.4b/t \tag{1-14b}$$
$$\lambda_u = l_{ou}/i_{ou}$$

式中　　l_{ou}——构件对 u 轴的计算长度；

　　　　i_u——构件截面对 u 轴的回转半径。

6）对于屋架中内力很小的腹杆和按构造需要设置的杆件，可按容许长细比来选择截面而无须验算

1.6.6　钢屋架节点设计

1. 节点设计的一般原则

（1）钢屋架是通过节点板把汇交于各节点的杆件连接在一起，各杆件的内力通过节点板上的角焊缝取得互相平衡。节点板应力分布比较复杂，其厚度通常不作计算，而根据经

验确定。一般情况下根据腹杆(梯形屋架)或弦杆(三角形屋架)的最大内力按表1-1选用。

表1-1 节点板厚度选用表

节点板 钢号	Q235	梯形屋架腹杆最大 内力或三角形尾架 弦杆最大内力/kN	≤150	160~ 250	260~ 400	410~ 550	560~ 750	760~ 950
	Q345		≤200	210~ 300	310~ 450	460~ 600	610~ 800	810~ 1000
中间节点板厚度(mm)			6	8	10	12	14	16
支座节点板厚度(mm)			8	10	12	14	16	18

(2) 为了避免杆件偏心受力,各杆件的重心线应与屋架的轴线重合,但考虑制作上的方便,通常把角钢肢背到屋架轴线的距离调整为5mm的倍数。当弦杆沿长度改变截面时,截面改变的位置应设在节点处。在上弦,为了便于搁置屋面构件,应使肢背齐平,并取两角钢重心线之间的中线作为弦杆轴线(图1.22),如轴线变动不超过较大弦杆截面高度的5%时,可不考虑其偏心影响。

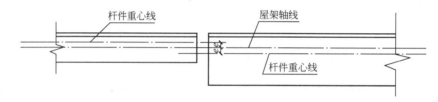

图1.22 弦杆截面变化时的轴线位置

当不符合上述要求或节点处有较大的偏心弯矩时,应根据交汇于节点的各杆件线刚度,将偏心弯矩分配到各杆件(图1.23)。

图1.23 弦杆轴线偏心较大时的计算简图

$$M_i = \frac{K_i}{\sum K_i} M \qquad (1-15)$$

式中 M_i——所计算杆件承担的弯矩;

  K_i——所计算杆件的线刚度, $K_i = EI_i/l_i$;

  $\sum K_i$——汇交于该节点的各杆件线刚度之和;

  M——节点偏心弯矩, $M = (N_1 + N_2)e$。

在计算得各 M_i 后,按偏心受力杆件计算各杆的强度及稳定。

(3) 为了避免焊缝过于密集导致节点板材质变脆,节点板上各杆件端部之间需留15~20mm的空隙。节点板一般伸出弦杆角钢肢背10~15mm(图1.26)以便施焊,在屋架上弦,为了支承屋面构件,可将节点板缩进弦杆5~10mm,并用塞焊缝连接 [图1.27(a)]。

(4) 角钢端部的切割面宜垂直于杆件轴线 [图 1.24(a)], 当角钢较宽时, 为了减少节点板尺寸, 也可采用如图 1.24(b)、(c)所示的形式斜切, 但绝不能采用如图 1.24(d)所示的形式斜切, 因为机械切割无法做到, 端部焊缝分布不合理。

(5) 节点板的尺寸, 主要取决于所在连接杆件的大小和所敷设焊缝的长短。板的形状应力求简单而规则, 至少有两边平行, 如矩形、平行四边形和直角梯形等, 以便切割钢板时能充分利用材料和减少切割次数。节点板不应有凹角, 以免产生严重的应力集中现象。此外, 确定节点板外形时, 应注意使其受力情况良好, 节点板边缘与杆件轴线的夹角 α 不应小于 15°[图 1.25(a)], 还应考虑使连接焊缝中心受力, 如图 1.25(b)所示的节点板使连接杆件的焊缝偏心受力, 应尽量避免采用。

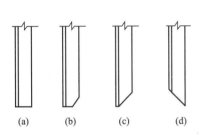

图 1.24 角钢端部的切割形式

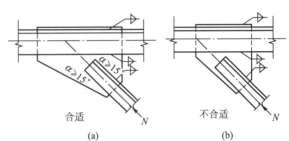

图 1.25 节点板的焊缝位置

2. 节点的计算与构造

节点设计包括确定节点构造、计算连接焊缝长度和焊脚尺寸以及节点板的形状和尺寸。包括如下内容。

(1) 按正确角度画出交汇于该节点的各杆轴线。

(2) 按比例画出与各轴线相应的角钢轮廓线, 并依据杆件间距离要求, 确定杆端位置。

(3) 根据已计算出的各杆件与节点板的连接焊缝尺寸, 布置焊缝, 并绘于图上。

(4) 确定节点板合理形状和尺寸。

(5) 适当调整。

(6) 绘制大样图。

下面具体介绍钢屋架各典型节点的计算。

1) 下弦的一般节点(图 1.26)

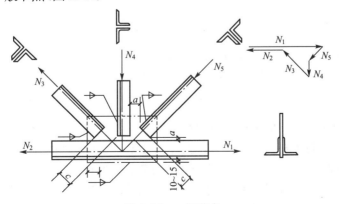

图 1.26 一般节点

如图 1.26 所示为一般下弦节点，它是指节点无集中荷载也无弦杆拼接的节点。各腹杆与节点板之间的传力（即 N_3、N_4 和 N_5），一般用两侧角焊缝实现，也可用 L 形围焊缝或三面围焊缝实现。腹杆与节点板间焊缝按受轴心力角钢的角焊缝计算。由于弦杆是连续的，本身已传递了较小的力（即 N_2），弦杆与节点板之间的焊缝只传递差值 $\Delta N = N_1 - N_2$，按下列公式计算其焊缝长度：

肢背焊缝：
$$l'_w = \frac{K_1 \Delta N}{2 \times 0.7 h_f f_f^w} + 2h_{f1} \qquad (1-16)$$

肢尖焊缝：
$$l''_w = \frac{K_2 \Delta N}{2 \times 0.7 h_f f_f^w} + 2h_{f2} \qquad (1-17)$$

式中　K_1、K_2——角钢肢背、肢尖焊缝内力分配系数（等肢角钢 $K_1 = 0.7$，$K_2 = 0.3$；不等肢角钢长肢相并，$K_1 = 0.65$，$K_2 = 0.35$；不等肢角钢短肢相并，$K_1 = 0.75$，$K_2 = 0.25$）；

　　　　h_{f1}、h_{f2}——肢背、肢尖焊缝焊脚尺寸；

　　　　f_f^w——角焊缝强度设计值。

由 ΔN 算得的焊缝长度往往很小，此时可按构造要求在节点板范围内进行满焊。节点板的尺寸应能容下各杆焊缝的长度。各杆之间应留有空隙 ［图 1.27(a)］，以利装配与施焊。节点板应伸出弦杆 10~15mrn，以便施焊。在保证间隙的条件下，节点应设计紧凑。

2）一般上弦节点（图 1.27）

如图 1.27 所示为有集中荷载作用的一般上弦节点。该节点受有屋面传来的集中荷载 P 的作用，计算上弦与节点板的连接焊缝时，应考虑节点荷载 P 与上弦杆相邻节间的内力差 $\Delta N = N_1 - N_2$ 的作用。上弦节点因需搁置屋面板或檩条，故常将节点板缩进角钢肢背而采用塞焊缝 ［图 1.27(a)］。塞焊缝可近似地按两条焊脚尺寸为 $h_f = \delta/2$（δ 为节点板厚）的角焊缝来计算。节点板缩进角钢背的距离不少于 $\delta/2 + 2$mm 但不大于 δ。计算时假定集中荷载与上弦杆垂直，略去上弦杆坡度的影响，角钢肢背与节点板角焊缝所受剪应力为：

$$\tau_{\Delta N} = K_1 (\Delta N/2) \times 0.7 h_f l_w \qquad (1-18)$$

式中　K_1——角钢肢背的分配系数。

在 P 的作用下，上弦杆与节点板连接的四条焊缝平均受力。若焊脚的尺寸相同，则焊缝应力为：

$$\sigma_P = P/(4 \times 0.7 h_f l_w) \qquad (1-19)$$

肢背焊缝受力最大，其应力应按下式计算：

$$\sqrt{\left(\frac{\sigma_P}{1.22}\right)^2 + \tau_{\Delta N}^2} \leqslant f_f^w \qquad (1-20)$$

上弦节点也可按下述近似方法进行验算：

考虑到塞焊缝质量不易保证，常假设塞焊缝"K"只承受 P 的作用。由于 P 力一般不大，"K"缝可按构造满焊不必计算。角钢肢尖与节点板的连接焊缝"A"承受 ΔN 及其产生的偏心力矩 $M = \Delta N \cdot e$（e 为角钢肢尖至弦杆轴线的距离）。于是，"A"焊缝两端的合应力最大 ［图 1.27(a)］，按下式进行验算：

$$\sqrt{\left(\frac{\sigma_M}{1.22}\right)^2 + \tau_{\Delta N}^2} \leqslant f_f^w \qquad (1-21)$$

$$\sigma_M = \frac{6M}{2 \times 0.7 h_w (l_w)^2}$$

$$\tau_{\Delta N} = \frac{\Delta N}{2 \times 0.7 h_f l_w}$$

式中 h_f, l_w——"A"焊缝的焊脚尺寸和每条焊缝长度。

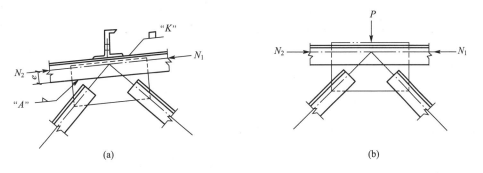

图 1.27 一般上弦节点

3）下弦跨中拼接节点

角钢长度不足以及桁架分单元运输时弦杆经常要拼接。前者常为工厂拼接，拼接点可在节间也可在节点；后者为工地拼接，拼接点通常在节点。这里叙述的是工地拼接。

图 1.28 是下弦跨中工地拼接节点。弦杆内力比较大，单靠节点板传力不适宜，且节点在平面外的刚度很弱，所以弦杆经常用拼接角钢来拼接。拼接角钢采取与弦杆相同的规格，并切去部分竖肢及直角边缘。切肢 $\Delta = t + h_f + 5mm$，以便施焊，其中 t 为拼接角钢肢厚，h_f 为角焊缝焊脚尺寸，5mm 为余量以避开肢尖圆角；切棱的目的是使之与弦杆贴紧。切肢切棱引起的截面削弱不太大（一般不超过原面积的 15%），在需要时可由节点板传一部分力来补偿。也有将拼接角钢选成与弦杆同宽但肢厚稍大一点的。当为工地拼接时，为便于现场拼装，拼接节点要设置安装螺栓。同时，拼接角钢与节点板应各焊于不同的运输单元，以避免拼装中双插的困难。也有的将拼接角钢单个运输，拼装时用安装焊缝焊于两侧。

弦杆拼接节点的计算包括两部分，即弦杆自身拼接的传力焊缝（如图 1.28 中的"C"焊缝）和各杆与节点板间的传力焊缝（如图 1.28 中的"D"焊缝）。

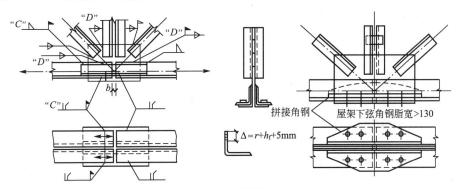

图 1.28 下弦拼接节点

图 1.28 中，弦杆拼接焊缝"C"应能传递两侧弦杆内力中的较小值 N，或者偏于安全地取截面承载能力 $N = f \cdot A_n$（式中，A_n 为弦杆净截面，f 为强度设计值）。考虑到截面形心处的力与拼接角钢两侧的焊缝近于等距，故力 N 由两根拼接角钢的四条焊缝平分传递。

弦杆和连接角钢连接一侧的焊缝长度为：

$$l_1 = \frac{N}{4 \times 0.7 h_f f_f^w} + 2h_f \qquad (1-22)$$

拼接角钢长度为 $L = 2l_1 + b$，其中 b 为间隙，一般取 $10 \sim 20\text{mm}$。

下弦杆与节点板的连接焊缝，除按拼接节点两侧弦杆的内力差进行计算外，还应考虑到拼接角钢由于削棱和切肢，截面有一定的削弱，所以下弦与节点板的连接焊缝按下弦较大内力的 15% 和两侧下弦的内力差两者中的较大者进行计算。这样，下弦杆肢背与节点板的连接焊缝长度计算如下。

肢背焊缝： $$\frac{0.15K_1 N_{max}}{2 \times 0.7 h_f l_w} \leqslant f_f^w \qquad (1-23)$$

肢尖焊缝： $$\frac{0.15K_2 N_{max}}{2 \times 0.7 h_f l_w} \leqslant f_f^w \qquad (1-24)$$

式中　$N_{max} = \max$（两侧下弦较大内力的 15%，两侧下弦的内力差）。

4）上弦跨中拼接节点

上弦拼接角钢的弯折角度热弯形成，在屋脊节点处用两根拼接角钢与截面相等的上弦进行工地拼接，如图 1.29 所示。当屋面较陡需要弯折角度较大且角钢肢较宽不易弯折时，可将竖肢开口弯折后对焊，如图 1.29(b) 所示。为了使拼接角钢和弦杆之间能贴紧而便于施焊，需将拼接角钢的棱角削圆或削平。竖肢还要切去 $\Delta = t + h_f + 5\text{mm}$（式中，$t$ 为角钢壁厚，h_f 为连接焊缝的焊脚尺寸）。拼接角钢的截面削弱可由节点板来补偿，其焊缝算法与下弦跨中拼接相同。计算拼接角钢长度时，屋脊节点所需间隙较大，常取 $b = 50\text{mm}$ 左右。弦杆与节点板间的焊缝所承受的竖向力应为 $P - (N_1 + N_2)\sin\alpha$（$\alpha$ 为 N_1、N_2 的坡度角）。

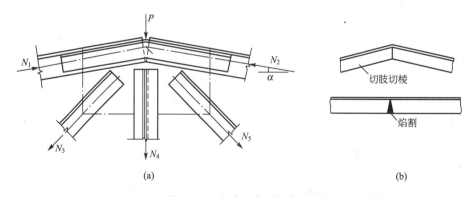

图 1.29　上弦跨中拼接节点

拼接角钢的长度由焊缝长度计算确定。焊缝计算长度按被连弦杆的最大内力计算，并平均分配给四条连接焊缝。每条焊缝的计算长度为：

$$l_w = \frac{N}{4 \times 0.7 h_f f_f^w} \qquad (1-25)$$

焊缝的实际长度应为计算长度加 10mm，因而拼接角钢的长度应为两倍的焊缝实际长度加上 50mm，此 50mm 是空隙尺寸。一般拼接角钢的长度不小于 600mm。

5）支座节点

钢屋架与柱子的连接可以设计成铰接或刚接。支承于钢筋混凝土柱的屋架一般都按铰接设计（图 1.30），钢屋架与钢柱的连接可铰接也可刚接。三角形屋架端部高度小，通常与柱形成铰接，如图 1.30(b)所示。梯形屋架和平行弦屋架的端部有足够的高度，既可与柱铰支［图 1.30(a)］，也可通过两个节点与柱相连而形成刚接（图 1.32）。

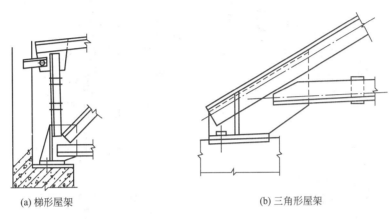

(a) 梯形屋架　　　　　　　　　　　(b) 三角形屋架

图 1.30　屋架铰接支座

（1）屋架铰接支座节点。

铰接屋架的支承节点多采用平板式支座（图 1.31）。平板式支座由支座节点板、支座底板、加劲肋和锚栓组成。加劲肋设在支座节点的中线处，焊在节点板和支座底板上，它的作用是提高支座节点的侧向刚度，使支座底板受力均匀，减少底板的弯矩，使加劲肋的高度和厚度分别与节点板的高度和厚度相等。

为了便于下弦角钢肢背施焊，下弦角钢水平肢的底面和支座底板之间的净距不应小于130mm，底板厚度由计算确定，一般取 20mm 左右。

铰接屋架支座底板的面积按下式计算：

$$A_n = \frac{R}{f_c} \tag{1-26}$$

式中　R——屋架支座反力设计值；

　　　f_c——混凝土轴心抗压强度设计值；

　　　A_n——支座底板净面积。支座底板所需的面积为：$A = A_n +$ 锚栓孔面积。

边长尺寸 $a \geqslant \sqrt{A}$。当 R 不大时计算出的 a 值较小，构造要求底板短边尺寸 $\geqslant 200$mm。宽度一般取 200～360mm，长度（垂直于屋架方向）取 200～400mm。底边边长应取厘米的整倍数，在图 1.30 的构造中还应使锚栓与节点板、肋板的中线之间的距离不小于底板上的锚栓孔径。

底板的厚度按均布荷载下板的抗弯计算。将基础的反力看成均布荷载 q［图 1.31(a)］，底板的计算原则及底板厚度的计算公式与轴心受压柱脚底板相同。例如，图 1.30(b)的节点板和加劲肋将底板分隔成四块两相邻边支承的板，其单位宽度的弯矩为：

$$M = \beta q \alpha_1^2 \tag{1-27}$$

式中　q——底板下的平均压应力，$q=\dfrac{R}{A_{\mathrm{n}}}$；

$\quad\quad\ \beta$——系数，按 b_1/a_1 比值由表 1 - 2 查得（近似采用三边简支板系数）；

$\quad\quad\ a_1$，b_1——板块对角线长度及角点到对角线的距离。

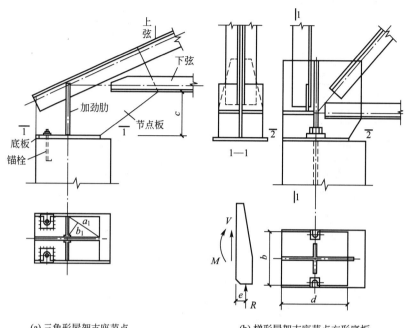

(a) 三角形屋架支座节点　　　　　　(b) 梯形屋架支座节点方形底板

图 1.31　铰接支座节点

表 1 - 2　节点板厚度选用表

b_1/a_1	0.2	0.3	0.4	0.5	0.6	0.7	0.8	0.9	1.0	1.2	≥1.4
β	0.0100	0.0273	0.0439	0.0602	0.0747	0.0871	0.0972	0.1053	0.1117	0.1205	0.1258

支座底板的厚度计算与轴心受压柱的底板计算相同，计算公式为：

$$t \geqslant \sqrt{\dfrac{6M}{f}} \qquad\qquad (1-28)$$

式中　M——支座底板单位板宽的最大弯矩，$M=\beta q a_1^2$。

为使柱顶混凝土均匀受压，底板不宜太薄，支座底板的厚度还应满足：当屋架跨度≤18m 时，$t\geqslant 16$mm；当屋架跨度＞18m 时，$t\geqslant 20$mm。

计算加劲肋与节点板的连接焊缝时，每块加劲肋假定承受屋架支座反力的 1/4，并考虑偏心弯矩 M（图 1.31）：

焊缝所受剪力：$V=R/4$

焊缝所受弯矩：$M=\dfrac{R}{4}e$

每块加劲肋与支座节点板的竖直连接焊缝计算公式为：

$$\sqrt{\left(\frac{V}{2\times0.7h_f l_w}\right)^2+\left(\frac{6M}{2\times0.7h_f l_w^2\times1.22}\right)^2}\leqslant f_f^w \qquad (1-29)$$

式中 h_f，l_w——分别为加劲肋与节点板连接焊缝的焊脚尺寸和焊缝计算长度。

节点板、加劲肋与支座底板的水平连接焊缝的计算公式为：

$$\sigma_f=\frac{R}{1.22\times0.7h_f\sum l_w}\leqslant f_f^w \qquad (1-30)$$

式中 $\sum l_w$——节点板、加劲助与支座底板的水平连接焊缝的总长度。

加劲肋的强度可近似按悬臂梁验算，固端截面剪力为 V，弯矩为 $M=V\cdot e$。加劲助的高度与节点板高度一致，厚度取等于或略小于节点板的厚度。

（2）刚性连接。图 1.32 为桁架与上部柱刚性连接的两种构造方式。这种连接方式的特点是柱上设支托承担竖向剪力，上弦节点的水平盖板及焊缝传递端弯矩引起的水平力。上弦的水平盖板上开有一条槽口，它与柱及上弦杆肢背间的焊缝都是俯焊缝，安装中在高空施焊时便于保证焊缝质量。

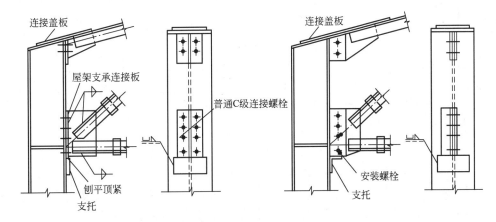

图 1.32 屋架与柱的刚性连接

【例 1-1】 普通钢屋架设计例题。

1. 设计资料

厂房总长度为 120m，檐口高度 15m，厂房为单层单跨结构，柱距 6m，跨度为 24m。车间内设有两台中级工作制桥式吊车。

屋面采用 1.5m×6.0m 预应力大型屋面板，屋面坡度为 $i=1:10$，上铺 80mm 厚泡沫混凝土保温层和三毡四油防水层等。屋面活荷载标准值为 0.7kN/m²，雪荷载标准值为 0.5kN/m²，积灰荷载标准值为 0.5kN/m²。屋架采用梯形钢屋架，其两端铰支于钢筋混凝土柱上。柱子截面为 400mm×400mm，所用混凝土强度等级为 C20。

钢材采用 Q235B，焊条采用 E43 型，手工焊接。构件采用钢板及热轧型钢，构件与支撑的连接用 M20 普通螺栓。屋架的计算跨度 $L_0=24-0.3=23.7(m)$，端部高度：$h=2m$（轴线处），$h=2.75m$（计算跨度处），屋架跨中起拱 50mm（$\approx L/500$）。

2. 结构形式与布置

屋架形式及几何尺寸如图 1.33 所示，屋盖支撑布置如图 1.34 所示。

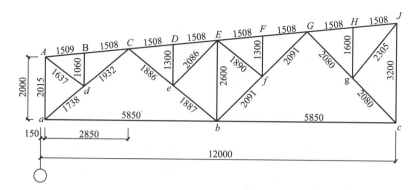

图 1.33　屋架形式及几何尺寸(图中杆件尺寸为未起拱前尺寸)

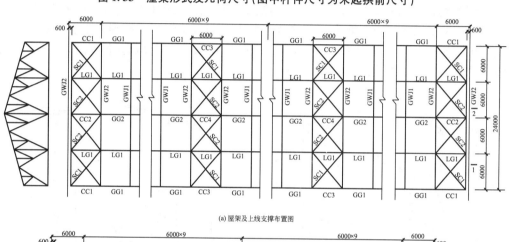

(a) 屋架及上线支撑布置图

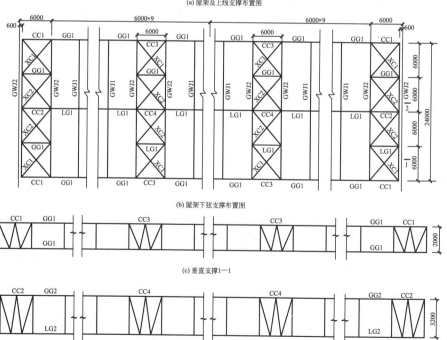

(b) 屋架下弦支撑布置图

(c) 垂直支撑1—1

(d) 垂直支撑2—2

图 1.34　屋架支撑布置图

符号说明：GWJ—钢屋架；SC—上弦支撑；XC—下弦支撑；GG—刚性系杆；LG—柔性系杆；CC—垂直支撑

3. 荷载计算

屋面活荷载与雪荷载不会同时出现，故取两者较大的活荷载计算。

永久荷载标准值

防水层（三毡四油上铺小石子）	0.35kN/m^2
找平层（20mm 厚水泥砂浆）	$0.02\times20=0.4(\text{kN/m}^2)$
保温层（80mm 厚泡沫混凝土）	0.50kN/m^2
预应力混凝土大型屋面板	140kN/m^2
钢屋架和支撑自重	$0.12+0.011\times24=0.38(\text{kN/m}^2)$
管道设备自重	0.10kN/m^2

总计　3.13kN/m^2

可变荷载标准值

屋面活荷载	0.70kN/m^2
积灰荷载	0.50kN/m^2

总计　1.2kN/m^2

永久荷载设计值	$1.2\times3.13=3.76(\text{kN/m}^2)$
可变荷载设计值	$1.4\times1.2=1.68(\text{kN/m}^2)$

4. 荷载组合

设计屋架时，应考虑以下三种组合。

组合一：全跨永久荷载＋全跨可变荷载

屋架上弦节点荷载 $P=(3.76+1.68)\times1.5\times6=48.96(\text{kN/m}^2)$

组合二：全跨永久荷载＋半跨可变荷载

屋架上弦节点荷载 $P_1=3.76\times1.5\times6=33.84(\text{kN/m}^2)$

$P_2=1.68\times1.5\times6=15.12(\text{kN/m}^2)$

组合三：全跨屋架及支撑自重＋半跨大型屋面板重＋半跨屋面活荷载

屋架上弦节点荷载 $P_3=0.38\times1.2\times1.5\times6=4.10(\text{kN/m}^2)$

$P_4=(1.4\times1.2+0.7\times1.4)\times1.5\times6=23.94(\text{kN/m}^2)$

5. 内力计算

本设计采用图解法计算杆件在单位节点力作用下各杆件的内力系数，见表 1-3。

表 1-3　屋架杆件内力组合表

杆件名称		内力系数（$P=1$）			组合一	组合二		组合三		计算内力
		全跨①	左半跨②	右半跨③	$P\times①$	$p_1\times①+p_2\times②$ $p_1\times①+p_2\times③$		$p_3\times①+p_4\times②$ $p_3\times①+p_4\times③$		（kN）
上弦杆	ABC	−0.79	−0.76	−0.4	−38.96	−50.17	−44.73	−21.43	−12.82	−50.17
	CDE	−14.02	−10.10	−5.05	−686.42	−627.15	−550.79	−299.28	−191.70	−686.42
	EFG	−14.00	−10.08	−5.05	−685.44	−626.17	−550.12	−298.92	−178.30	−685.44
	GHJ	−15.09	−8.69	−8.23	−738.81	−642.04	−635.08	−269.91	−258.90	−738.81

(续)

杆件名称		内力系数(P=1)			组合一	组合二		组合三		计算内力(kN)
		全跨①	左半跨②	右半跨③	P×①	$p_1×①+p_2×②$ $p_1×①+p_2×③$		$p_3×①+p_4×②$ $p_3×①+p_4×③$		
下弦杆	a—b	8.62	6.47	2.77	422.04	389.53	333.58	190.23	101.66	422.04
	b—c	15.03	9.77	6.77	735.87	656.34	610.98	295.52	223.70	735.87
斜腹杆	Ca	−11.03	−8.28	−3.54	−540.03	−498.45	−426.78	−129.97	−72.70	−540.03
	Ad	0.95	0.92	0.05	46.51	46.06	32.90	25.92	5.09	46.51
	Cb	6.71	4.5	2.84	328.52	295.11	170.01	135.24	95.50	328.52
	Ee	0.79	0.8	0	38.68	38.83	26.73	62.03	3.24	38.83
	Gb	−2.33	−0.42	−2.46	−114.08	−85.19	−116.04	−19.61	−68.45	−116.04
	Ef	0.71	0.71	0	34.76	34.76	24.03	19.91	17.00	34.76
	Gc	−0.67	−2.23	2.00	−32.80	−56.39	−7.66	−56.13	−45.13	−56.39 45.13
	Jg	0.71	0.71	0	34.76	34.76	24.03	19.91	17.00	34.76
竖杆	Aa	−1.62	−1.60	−0.03	−79.32	−79.01	−55.27	−44.95	−7.36	−79.32
	Bd	−1.00	−1.00	0	−48.96	−48.96	−33.84	−28.04	−4.10	−48.96
	De	−0.99	−0.99	0	−48.47	−48.47	−33.50	−27.76	−4.06	−48.47
	Eb	−2.01	−2.01	0	−98.41	−98.41	−68.02	−14.15	−8.24	−51.84
	Ff	−0.99	−0.99	0	−48.47	−48.47	−33.50	−27.76	−4.06	−48.47
	Hg	−1.00	−1.00	0	−48.96	−48.96	−33.84	−28.04	−4.10	−48.96
	Jc	0.95	0.16	0.16	46.51	34.57	34.57	7.73	7.73	46.51

注：表内负值表示压力；正值表示拉力。

由表内三种组合可见：组合一，对杆件计算主要起控制作用；组合三，可能引起中间几根斜腹杆发生内力变号。但如果施工过程中，在屋架两侧对称均匀铺设屋面板，则可避免内力变号，因此不用组合三。

6. 杆件截面设计

1) 上弦杆

整个上弦杆采用同一截面，按最大内力计算，N=738.81kN(压)。

计算长度：屋架平面内取节间轴线长度 l_{ax}=150.8cm；

屋架平面外根据支撑和内力变化取 l_{oy}=2×150.8=301.6(cm)。

因为 $2l_{ax}=l_{oy}$，故截面宜选用两个不等肢角钢，且短肢相并，见图1.35。

设λ=60，查轴心受力稳定系数表，φ=0.807

需要截面积：$A^*=\dfrac{N}{\varphi^* f}=\dfrac{738.81×10^3}{0.807×215}=4258(mm^2)$

需要回转半径：$i_x^*=\dfrac{l_{ax}}{\lambda}=\dfrac{1508}{60}=2.51(cm)$

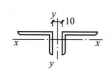

$i_y^*=\dfrac{l_{oy}}{\lambda}=\dfrac{3016}{60}=5.03(cm)$

图1.35 上弦杆截面

根据 A^*、i_x^*、i_y^* 查角钢型钢表，选用 $2 \llcorner 140 \times 90 \times 10$，$A = 4460\text{mm}^2$，$i_x = 2.56\text{cm}$，$i_y = 6.77\text{cm}$。

按所选角钢进行验算：

$$\lambda_x = \frac{l_{ox}}{i_x} = \frac{150.8}{2.56} = 58.91 < [\lambda] = 150 \quad \lambda_y = \frac{l_{oy}}{i_y} = \frac{301.6}{6.77} = 44.55 < [\lambda] = 150$$

满足允许长细比的要求。

由于 $\lambda_x > \lambda_y$，只需求出 $\varphi_{\min} = \varphi_x$，查轴心受力稳定系数表，$\varphi_x = 0.886$。

$$\frac{N}{\varphi_x A} = \frac{738.81 \times 10^3}{0.886 \times 4460} = 186.97\text{N/mm}^2 < 215\text{N/mm}^2$$

所选截面合适。

2）下弦杆

整个下弦杆采用同一截面，按最大内力计算，$N = 735.87\text{kN}$（拉）。

计算长度：屋架平面内取节间轴线长度 $l_{ox} = 3000\text{mm}$；

屋架平面外根据支撑布置取 $l_{oy} = 6000\text{mm}$。

需要净截面面积：

$$A_n^* = \frac{N}{f} = \frac{735.87 \times 10^3}{215} = 3423(\text{mm}^2)$$

选用 $2 \llcorner 125 \times 80 \times 10$，（短肢相并），见图 1.36。

$A = 3942\text{mm}^2$，$i_x = 2.26\text{cm}$，$i_y = 6.11\text{cm}$。

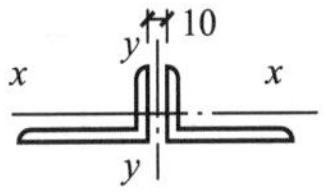

按所选角钢进行截面验算，取 $A_n = A$（若螺栓孔中心至节点板边缘距离大于 100mm，则不计截面削弱影响）。

图1.36 下弦截面

$$\frac{N}{A_n} = \frac{735.87 \times 10^3}{3942} = 186.67(\text{N/mm}^2) < 215\text{N/mm}^2$$

$$\lambda_x = \frac{l_{ox}}{i_x} = \frac{300}{2.26} = 132.74 < [\lambda] = 350$$

$$\lambda_y = \frac{l_{oy}}{i_y} = \frac{600}{6.11} = 98.2 < [\lambda] = 350$$

所选截面满足要求。

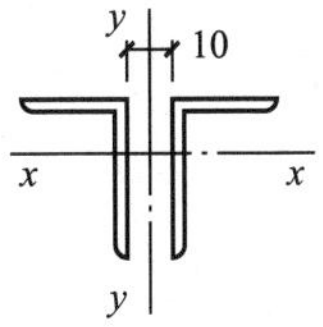

3）斜杆 Ca

已知 $N = 540.03\text{kN}$（压），$l_{ox} = l_{oy} = 367\text{cm}$，因为 $l_{ox} = l_{oy}$，故采用不等肢角钢，长肢相并，使 $i_x = i_y$，选用角钢 $2 \llcorner 140 \times 90 \times 10$，见图 1.37。

$A = 4460\text{mm}^2$，$i_x = 4.47\text{cm}$，$i_y = 3.73\text{cm}$。

图1.37 端斜杆截面 截面验算：

$$\lambda_x = \frac{l_{ox}}{i_x} = \frac{367}{4.47} = 82.10 < [\lambda] = 150$$

$$\lambda_y = \frac{l_{oy}}{i_y} = \frac{367}{3.73} = 98.39 < [\lambda] = 150$$

$$\varphi_{\min} = \varphi_y = 0.568$$

$$\frac{N}{\varphi_y A} = \frac{540.03 \times 10^3}{0.568 \times 4460} = 213.17(\text{N/mm}^2) < 215\text{N/mm}^2$$

所选截面满足要求。

4) 竖杆 Aa

已知：$N=79.32$kN（压），$l=0.9l=0.9×201.5=181.35$（cm）。

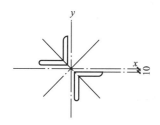

图 1.38 中竖杆截面

根据螺栓排布要求，中间竖杆最小应选用 $2\llcorner 50×4$ 的角钢，并采用十字形截面，$A=780$mm^2，$i_{ax}=1.94$cm，$i_{oy}=1.54$cm。见图 1.38。

$$\lambda_{x0}=\frac{l_o}{i_{0x}}=\frac{181.35}{1.94}=93.48<[\lambda]=150$$

查表得 $\varphi=0.60$

$$\frac{N}{\varphi A}=\frac{79.32×10^3}{0.60×780}=169.49(\text{N/mm}^2)<215\text{N/mm}^2$$

所选截面满足要求。

其余各杆件截面选择过程不一一列出，计算结果见表 1-4。

表 1-4　杆件截面选择表

杆件		内力 kN	截面规格	面积 (cm²)	计算长度 (cm)		回转半径 (cm)		长细比	[λ]	φ_{min}	应力 (N/mm²)
名称	编号				l_{ax}	l_{oy}	i_x	i_y	λ_{max}			
上弦		−738.87	⌐⌐ $2\llcorner 140×90×10$	44.6	150.8	301.6	2.54	6.77	58.91	150	0.886	−186.97
下弦		735.87	⌐⌐ $2\llcorner 125×80×10$	39.42	300	600	2.26	6.11	132.74	350		186.67
斜腹杆	Ca	−540.03	⌐⌐ $2\llcorner 140×90×10$	44.6	367.0		4.47	3.73	98.39	150	0.568	−213.17
	Ad	46.51	⌐⌐ $2\llcorner 50×32×4$	6.36	131.0	163.7	1.59	1.55	105.61	350		140.63
	Cb	328.5	⌐⌐ $2\llcorner 90×8$	27.88	301.8	377.2	2.76	4.09	109.35	350		117.83
	Ee	38.83	⌐⌐ $2\llcorner 63×5$	12.29	166.9	208.6	1.94	2.97	86.03	350		31.59
	Gb	−116.04	⌐⌐ $2\llcorner 80×6$	18.80	334.6	418.2	2.47	3.65	135.47	150	0.363	−170.03
	Ef	34.76	⌐⌐ $2\llcorner 63×5$	12.29	151.2	189.0	1.94	2.97	77.94	350		28.28
	Gc	45.13 −56.39	⌐⌐ $2\llcorner 80×6$	18.80	333.1	416.4	1.94	2.97	134.86	350		24.01 −82.18
	Jg	34.76	⌐⌐ $2\llcorner 63×5$	12.29	184.4	230.5	1.94	2.97	95.05	350		28.28
竖杆	Aa	−79.32	⌐⌐ $2\llcorner 50×4$	7.80	181.35		1.94	1.54	93.48	150	0.452	−169.49
	Bd	−48.96	⌐⌐ $2\llcorner 56×5$	10.83	84.8	106.0	1.72	2.69	49.3	150	0.861	−52.51
	De	−48.47	⌐⌐ $2\llcorner 56×5$	10.83	104.0	130.0	1.72	2.69	60.47	150	0.805	−55.60
	Eb	−51.84	⌐⌐ $2\llcorner 56×5$	10.83	208.0	260.0	1.72	2.69	120.93	150	0.437	−109.54
	Ff	−48.47	⌐⌐ $2\llcorner 56×5$	10.83	104.0	1300	1.72	2.69	60.46	150	0.805	−55.60
	Hg	−48.96	⌐⌐ $2\llcorner 56×5$	10.83	128.0	160.0	1.72	2.69	74.42	150	0.591	−76.49
	Jc	46.51	⌐⌐ $2\llcorner 56×5$	10.83	288.0		$i_{min}=2.17$		132	350		42.95

7. 节点设计

1) 下弦节点 *b*(图 1.39)

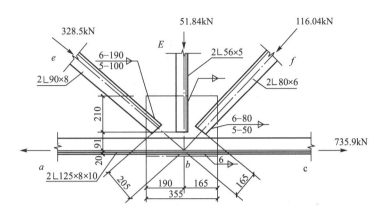

图 1.39 下弦节点 *b*

(1) 斜杆 *Cb* 与节点板连接焊缝计算：$N=328.5\text{kN}$。

设肢背与肢尖的焊脚尺寸分别为 6mm 和 5mm。所需焊缝长度为：

肢背：$l_\text{w}=\dfrac{0.7\times328.5\times10^3}{2\times0.7\times6\times160}+10=181.1(\text{mm})$，取 $l_\text{w}=190\text{mm}$

肢尖：$l_\text{w}'=\dfrac{0.3\times328.5\times10^3}{2\times0.7\times5\times160}+10=97.99(\text{mm})$，取 $l_\text{w}'=100\text{mm}$

(2) 斜杆 *Gb* 与节点板的连接焊缝的计算：$N=116.04\text{kN}$。

设肢背与肢尖的焊角尺寸分别为 6mm 和 5mm。所需焊缝长度为：

肢背：$l_\text{w}=\dfrac{0.7\times116.04\times10^3}{2\times0.7\times6\times160}+10=70.44(\text{mm})$，取 $l_\text{w}=80\text{mm}$

肢尖：$l_\text{w}'=\dfrac{0.3\times116.04\times10^3}{2\times0.7\times5\times160}+10=43.08(\text{mm})$，取 $l_\text{w}'=50\text{mm}$

(3) 竖杆 *Eb* 与节点板连接焊缝计算：$N=51.84\text{kN}$。

因其内力很小，焊缝尺寸可按构造确定，取焊角尺寸 $h_\text{f}=5\text{mm}$，焊缝长度 $l_\text{w}\geqslant50\text{mm}$。

(4) 下弦杆与节点板连接焊缝计算。

焊缝受力为左右下弦杆的内力差 $\Delta N=735.9-422.0=313.9(\text{kN})$，设肢背与肢尖的焊角尺寸为 6mm，所需焊缝长度为：

肢背：$l_\text{w}=\dfrac{0.75\times313.9\times10^3}{2\times0.7\times6\times160}+10=185.2(\text{mm})$，取 $l_\text{w}=190\text{mm}$

肢尖：$l_\text{w}'=\dfrac{0.25\times313.9\times10^3}{2\times0.7\times6\times160}+10=70.4(\text{mm})$，取 $l_\text{w}'=80\text{mm}$

(5) 节点板尺寸。

根据以上求得的焊缝长度，并考虑杆件之间应有的间隙和制作装配等误差，按比例作出构造详图，从而定出节点板尺寸。本设计确定节点板尺寸可在施工图中完成，校核各焊缝长度不应小于计算所需的焊缝长度。

2）上弦节点 C（图 1.40）

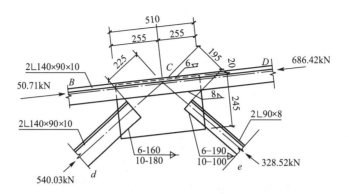

图 1.40　上弦节点 C

（1）斜杆 Cb 与节点板连接焊缝计算，与下弦节点 b 中 Cb 杆计算相同。

（2）斜杆 Cd 与节点板连接焊缝计算，$N=540.03$kN。

设肢背与肢尖的焊角尺寸分别为 10mm 和 6mm。所需焊缝长度：

肢背：$l_w=\dfrac{0.65\times540.03\times10^3}{2\times0.7\times10\times160}+10=166.7$(mm)，取 $l_w=170$mm

肢尖：$l'_w=\dfrac{0.35\times540.03\times10^3}{2\times0.7\times6\times160}+10=150.63$(mm)，取 $l'_w=160$mm

（3）上弦杆与节点板连接焊缝计算。

为了便于在上弦上搁置大型屋面板，上弦节点板的上边缘可缩进上弦肢背 10mm。用槽焊缝将上弦角钢和节点板连接起来。槽焊缝可按两条焊缝计算，计算时可略去屋架上弦坡度的影响，而假定集中荷载 P 与上弦垂直。

假定集中荷载 P 由槽焊缝承受，$P=48.96$kN，所需槽焊缝长度为：

$$l_w=\frac{P}{2\times0.7\times h_f\times f_f^w}+10=\frac{48.96\times10^3}{2\times0.7\times5\times160}+10=44.71\text{(mm)}$$

取 $l_w=50$mm。

上弦肢尖焊缝受力为左右上弦弦杆的内力差 $\Delta N=686.42-50.17=636.25$(kN)，偏心距 $e=90-21.2=68.8$mm，设肢尖焊脚尺寸 10mm。需焊缝长度为 410mm，则

$$\tau_f=\frac{\Delta N}{2h_e\sum l_w}=\frac{636.25\times10^3}{2\times0.7\times10\times(410-10)}=113.6\text{(mm)}$$

$$\sigma_f=\frac{M}{W_f}=\frac{6\times636.25\times10^3\times68.8}{2\times0.7\times10\times(410-10)^2}=117.25\text{(mm)}$$

$$\sqrt{(\sigma_f/1.22)^2+(\tau_f)^2}=148.82\text{(N/mm}^2)<160\text{N/mm}^2$$

（4）节点板尺寸：方法同前，在施工图上确定。

3）屋脊节点 J（图 1.41）

（1）弦杆与拼接角钢连接焊缝计算：

弦杆一般用与上弦杆同号的角钢进行拼接，为使拼接角钢与弦杆之间能够密合，并便

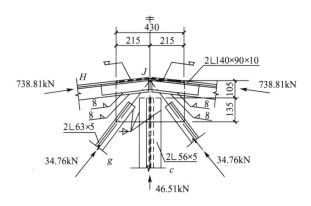

图 1.41　屋脊节点 J

于施焊，需将拼接角钢进行切肢、切棱。拼接角钢的这部分削弱可以靠节点板来补偿。拼接一侧的焊缝长度可按上弦弦杆内力计算，$N=738.81\text{kN}$。

设肢尖、肢背焊脚尺寸为 8mm，则需焊缝长度为：

$$l_\text{w}=\frac{N}{4\times0.7\times h_\text{f}\times f_\text{f}^\text{w}}+10=\frac{738.81\times10^3}{4\times0.7\times8\times160}+10=216.14(\text{mm})$$

取 $l_\text{w}=220\text{mm}$，拼接角钢长度取 $2\times220+50=490(\text{mm})$。

（2）弦杆与节点板的连接焊缝计算：上弦肢背与节点板用槽焊缝，假设承受节点荷载，验算从略。

上弦肢尖与节点板用角焊缝，按上弦杆内力的 15% 计算。$N=738.81\times15\%=110.8(\text{kN})$，设焊脚尺寸为 8mm，弦杆一侧焊缝长度为：200mm。

$$\tau_\text{f}=\frac{N}{2h_\text{e}\sum l_\text{w}}=\frac{110.8\times10^3}{2\times0.7\times8\times(200-10)}=52.1(\text{mm}),$$

$$\sigma_\text{f}=\frac{M}{W_\text{f}}=\frac{6\times110.8\times10^3\times68.8}{2\times0.7\times8\times(200-10)^2}=113.12(\text{mm}),$$

$$\sqrt{(\sigma_\text{f}/1.22)^2+(\tau_\text{f})^2}=\sqrt{(113.12/1.22)^2+52.1^2}=106.36(\text{N/mm}^2)<160\text{N/mm}^2$$

（3）中竖杆与节点板的连接焊缝计算：$N=46.51\text{kN}$。此杆内力很小，焊缝尺寸可按构造确定，取焊脚尺寸 $h_\text{f}=5\text{mm}$，焊缝长度 $l_\text{w}\geqslant50\text{mm}$。

4）下弦跨中节点 c（图 1.42）

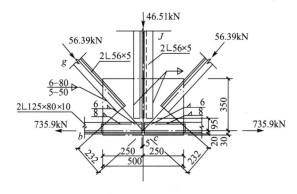

图 1.42　下弦跨中节点 c

（1）弦杆与拼接角钢连接焊缝计算。

拼接角钢与下弦杆截面相同，传递弦杆内力 $N=735.87$ kN，设肢尖、肢背焊脚尺寸为 8mm，则需焊缝长度为：

$$l_w=\frac{N}{4\times0.7\times h_f\times f_f^w}+10=\frac{735.87\times10^3}{4\times0.7\times8\times160}+10=215.32(mm)$$

取 $l_w=220$ mm，拼接角钢长度不小于 $2\times220+10=450(mm)$。

（2）弦杆与节点板连接焊缝计算。

按下弦杆内力的 15% 计算。$N=735.87\times15\%=110.4(kN)$，设肢背、肢尖焊脚尺寸为 6mm，弦杆一侧需焊缝长度为：

肢背　$l_w=\frac{0.75\times110.4\times10^3}{2\times0.76\times6\times160}+10=66.73(mm)$，取 $l_w=70$ mm

肢尖　$l_w'=\frac{0.25\times110.4\times10^3}{2\times0.7\times6\times160}+10=28.91(mm)$，按构造要求取值。

（3）腹杆与节点板连接焊缝计算，计算过程省略（内力较小可按构造要求设计）。

5）端部支座节点 a（图 1.43）

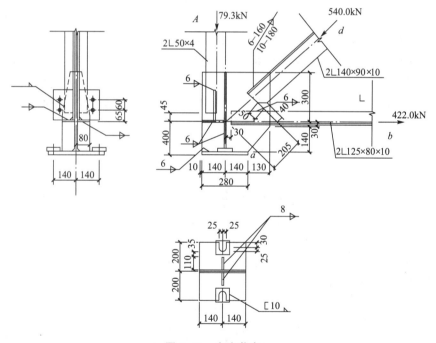

图 1.43　支座节点 a

为便于施焊，下弦角钢水平肢的底面与支座底板间的距离一般不应小于下弦伸出肢的宽度，故可取为 140mm。在节点中心线上设置加劲肋，加劲肋的高度与节点板的高度相同，厚度同端部节点板为 12mm。

（1）支座底板计算：支座反力 $R=\frac{48.96\times15+2\times0.5\times51.84}{2}=391.68(kN)$。

取加劲肋的宽度为 80mm，考虑底板上开孔，按构造要求去底板尺寸为 280mm×380mm。偏安全地取有加劲肋部分的底板承受支座反力，则承压面积为：

$$280\times(2\times180+12)=48160(\text{mm}^2)$$

验算柱顶混凝土的抗压强度：

$$\sigma=\frac{R}{A_\text{n}}=\frac{391.68\times10^3}{48160}=8.13(\text{N/mm})^2<f_\text{c}=12.5\text{N/mm}^2(满足)$$

底板的厚度按支座反力作用下的弯矩计算，节点板和加劲肋将底板分成四块，每块板为两边支承而另两边自由的板，每块板的单位宽度的最大弯矩为：

$$M=\beta\sigma a_1^2$$

式中　σ——底板下的平均应力，$\sigma=8.13\text{N/mm}^2$；

　　　a_1——两支承边对角线长，$a_1=\sqrt{(140-10/2)^2+80^2}=156.92(\text{mm})$；

　　　β——系数，由 b_1/a_1 决定。b_1 为两支承边的交点到对角线 a_1 的垂直距离。由相似

　　　　三角形的关系，得 $b_1=\dfrac{140\times80}{156.92}=71.37(\text{mm})$。

$b_1/a_1=0.43$，查表得 $\beta=0.0452$

故 $M=0.0452\times8.13\times156.92^2=9051.9(\text{N}\cdot\text{mm})$

底板厚度 $t=\sqrt{6M/f}=15.89\text{mm}$，取 $t=20\text{mm}$。

（2）加劲肋与节点板的连接焊缝计算：偏安全地假定一个加劲肋的受力为支座反力的 $1/4$，则焊缝受力：

$$V=\frac{391.68\times10^3}{4}=97.92\times10^3(\text{N})$$

$$M=Ve=97.92\times10^3\times47.5=4.651\times10^6(\text{N}\cdot\text{mm})$$

设焊脚尺寸为 6mm，焊缝长度 210mm，则焊缝应力为：

$$\sqrt{\left(\frac{\sigma_\text{f}}{1.22}\right)^2+\tau^2}=\sqrt{\left(\frac{6\times4.651\times10^6}{2\times0.7\times6\times200^2}\right)^2+\left(\frac{97.92\times10^3}{2\times0.7\times6\times200}\right)^2}=101.46(\text{N/mm}^2)<160\text{N/mm}^2$$

加劲肋高度不小于 210mm 即可。

（3）节点板、加劲肋与底板的连接焊缝计算：设底板连接焊缝传递全部支座反力 $R=391.68\text{kN}$。

节点板、加劲肋与底板的连接焊缝总长度：

$$\sum l_\text{w}=2\times(280-10)+4\times(80-10-20)=740(\text{mm})$$

设焊脚尺寸为 8mm，验算焊缝应力：

$$\sigma_\text{f}=\frac{R}{1.22h_\text{e}\sum l_\text{w}}=\frac{391.68\times10^3}{1.22\times0.7\times8\times740}=77.47(\text{N/mm}^2)<160\text{N/mm}^2$$

（4）下弦杆、腹杆与节点板的连接焊缝计算：杆件与节点板的计算同前，计算过程从略。

1.7　三铰拱钢屋架设计

1.7.1　三铰拱钢屋架的特点

（1）三铰拱钢屋架由两根斜梁和一根水平拱拉杆组成。斜梁的腹杆较短，一般为

0.6～0.8m，这样有利于杆件受力及截面选择，其用钢指标与三角形钢屋架相近。

（2）三铰拱钢屋架的杆件受力合理，能充分利用普通圆钢和小角钢，做到取材容易，小材大用。

（3）三铰拱钢屋架多用于屋面直坡度为1/2～1/3的石棉水泥中、小波瓦，黏土瓦或水泥平瓦屋面，但也有个别工程用于无檩屋盖体系。

（4）由于三铰拱钢屋架杆件多数采用圆钢，不用节点板连接，故存在节点偏心。

（5）三铰拱钢屋架杆件多数采用圆钢，不能承压，且无法设置垂直支撑及下弦水平支撑，故整个屋盖结构刚度较差，不宜用于有振动荷载及屋架跨度超过18m的工业厂房。

此外，为防止在风吸力作用下拱拉杆可能受压，当用于开敞式或风荷载较大的房屋中时，应进行详细验算。

1.7.2　三角拱钢屋架的外形

三铰拱轻型钢屋架主要由两根斜梁和一根拱拉杆组成。为使拱拉杆不致过分下垂，往往加1～2根竖直吊杆。斜梁的几何轴线一般取其上弦的形心线，有时也取斜梁的形心线。拱拉杆可与支座节点相连，也可与斜梁下弦弯折处相连，由于后者可改善斜梁弦杆的受力情况，故常采用。

按斜梁截面的不同，三铰拱屋架可分为两种：一种是平面桁架式，这种屋架杆件较少、构造简单、受力明确、用料较省，但其侧向刚度较差，只能用于小跨度屋盖中，如图1.44(a)所示；另一种是空间桁架式，它的斜梁截面为倒三角形，高度与长度之比为1/18～1/12，一般取1/15左右；宽高比为1/2.5～1/1.5，一般取1/2左右，满足上述尺寸要求的三铰拱斜梁，可不计算其整体稳定性。该种屋架杆件较多，侧向刚度较好，便于运输安装，宜用于大跨屋盖中，如图1.44(c)所示。

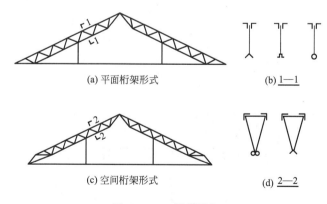

(a) 平面桁架形式　　　　(b) 1—1

(c) 空间桁架形式　　　　(d) 2—2

图1.44　三铰拱屋架

1.7.3　钢屋架杆件的选择

1. 斜梁

三铰拱钢屋架的斜梁有平面桁架式和空间桁架式两种，其杆件选择应符合下列规定。

(1)上弦杆。平面桁架式斜梁的上弦杆与一般三角形钢屋架相同,多采用由两角钢组成的 T 形截面。空间桁架式斜梁的上弦杆为由缀条相连的两个角钢组成的分离式截面。由于圆钢受压的性能不好,且与支撑连接构造较复杂,故不宜采用。

(2)腹杆。多采用 V 形腹杆,由于杆件的倾角大,故内力较小。杆件长度也较短,能较好地利用材料的强度,且规格划一,节点简单,为工厂制造提供了方便。大多数腹杆采用圆钢截面,加工时可以连续变成"蛇形",也可分别做成数个 V 形或 W 形。少数设计中,腹杆也选用了小角钢,与上、下弦直接焊接。三铰拱斜梁节间的划分应与檩条的间距相协调,避免上弦杆有节间荷载,腹杆的倾角以 40°~60° 为宜。

(3)下弦杆。斜梁的下弦杆可采用单角钢、单圆钢和双圆钢。单角钢截面的下弦杆,角钢肢应朝下布置(图 1.44)。圆钢截面的下弦杆,多用双圆钢并列组成,中间施以间断焊缝,便于与腹杆连接,避免节点外焊缝过于集中的现象。

2. 拱拉杆

拱拉杆为主要的受拉杆件,由单圆钢或双圆钢组成。大多数拱拉杆均有张紧装置,一般大跨中设置花篮螺栓。跨度较小时也可在拱拉杆端头用螺帽紧固。

为了防止拱拉杆下垂,三铰拱屋架应设置圆钢吊杆;当屋架跨度小于 12m 时设置一根,屋架跨度大于或等于 12m 时设置两根。圆钢吊杆的直径一般为 $\phi 12$。

3. 斜梁组合截面

为了保证斜梁整体稳定性,其组合截面尺寸应符合下列要求。

(1)截面高度与斜梁长度的比值不得小于 1/18。

(2)截面宽度与截面高度的比值不得小于 2/5。平面桁架式斜梁因其平面外的稳定性与一般三角形角钢屋架相同,由上弦支撑保证,故对其截面宽度无上述要求。

1.7.4 钢屋架的内力分析

1. 平面桁架式

平面桁架式斜梁可按一般结构力学的方法计算杆件内力。钢屋架的节点荷载用檩条传递到斜梁节点上,求出屋架支反力和拱拉杆内力后,可用图解法或数解法计算桁架杆件内力。

2. 空间桁架式

空间桁架式三铰拱斜梁是由两个平面桁架组成的,可以按假想平面桁架计算其杆件的内力。空间桁架的杆件可不认为是单面连接的单圆钢或单角钢杆件,即不考虑所规定的折减系数。其计算方法有以下两种。

(1)精确法。即将空间桁架分解为两个平面桁架分别计算。平面桁架的高度为 h,其节点荷载均为 $P/2$,如图 1.45(a)所示。

空间桁架节点的荷载:
$$P_2 = \frac{P}{2\cos\beta} = \frac{Ph'}{2h} \tag{1-31}$$

第 i 节间的剪力:
$$V_{ki} = a_1 P_2 = a_1 \frac{P}{2} \cdot \frac{h'}{h} \tag{1-32}$$

第 i 节间斜腹杆的轴心力：

$$S_{ki} = \frac{V_{ki}}{\sin\theta'} = \frac{V_{ki}l'}{h} = a_1\frac{Ph'}{2h}\cdot\frac{l'}{h'} = a_1\frac{Pl'}{2h} \tag{1-33}$$

第 i 节间一根上弦杆的轴心力：

$$N_{ki} = \frac{M_{ki}}{h'} = \frac{a_2P_2L}{h'} = a_2\frac{Ph'}{2h}\cdot\frac{L}{h'} = a_2\frac{PL}{2h} \tag{1-34}$$

式中　a_1，a_2——相应的剪力和弯矩系数。

为简化说明，图中把斜梁按水平放置，当为斜放时，上述分析原理相同，这种计算方法所得结果与实际较接近，但计算较麻烦。

（2）近似法。为了简化计算，可按假想的平面桁架计算。即将空间桁架看作高度为 h 的假想平面桁架，其荷载为 P，如图1.45（b）所示。

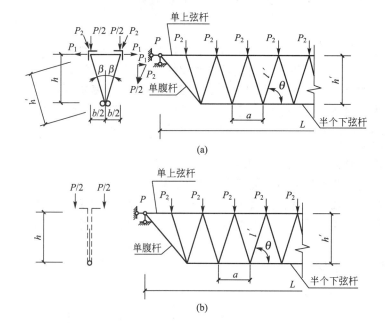

图 1.45　空间桁架计算图

i 节间的剪力：

$$V_{pi} = a_1P \tag{1-35}$$

i 节间一根斜腹杆的轴心力：

$$S_{pi} = \frac{V_{pi}}{2\sin\theta} = a_1\frac{Pl}{2h} \tag{1-36}$$

i 节间一根上弦杆的轴心力：

$$N_{pi} = \frac{M_{pi}}{h} = a_1\frac{PL}{2h} \tag{1-37}$$

两者相比，弦杆轴心力完全相同，腹杆轴心力的比值为：

$$\frac{S_{ki}}{S_{pi}} = \frac{l'}{l} = \frac{\sqrt{h^2+\left(\frac{b}{2}\right)^2+\left(\frac{a}{2}\right)^2}}{\sqrt{h^2+\left(\frac{a}{2}\right)^2}} = \sqrt{1+\frac{b^2}{4h^2+a^2}} \tag{1-38}$$

最不利情况取 $a=0$（相当于竖腹杆），$b/h=1/1.6$，得 $\dfrac{S_{ki}}{S_{pi}}=1.048$，说明误差小于 5%。

如取腹杆倾角 $\theta=60°$，$b/h=1/2$，则 $\dfrac{S_{ki}}{S_{pi}}=1.023$，误差小于 3%。因此，按假想平面桁架近似法计算的腹杆内力偏小，但误差不大，是一种简便可行的计算方法。

1.7.5 钢屋架的节点构造

1. 节点焊缝计算

节点偏心会使连接焊缝的工作条件恶化。当连接的节点受力较小时，一般可按构造确定焊缝尺寸。如受力较大，在计算焊缝时应考虑节点偏心的影响。

（1）三铰拱屋架斜腹杆为连续时，其节点的连接形式如图 1.46 所示。

① 焊缝所受到的轴心力为：

$$N=N_2-N_1 \quad 或 \quad N=D_1\cos a_1+D_2\cos a_2$$

② 焊缝所受到的弯矩为：

$$M=D_1\sin a_1 e_1+D_2\sin a_2 e_2+(D_1\cos a_1+D_2\cos a_2)e_3$$
$$=D_1\sin a_1 e_1+D_2\sin a_2 e_2+Ne_3$$

③ 焊缝所受到的应力可按下式计算求得：

$$\tau_f=\frac{N}{2l_w h_e} \tag{1-39}$$

$$\sigma_f=\frac{6M}{2l_w^2 h_e} \tag{1-40}$$

$$\tau=\sqrt{\tau_f^2+\left(\frac{\sigma_f}{\beta_f}\right)^2}\leqslant f_f^w \tag{1-41}$$

式中　f_f^w——角焊缝的抗剪强度设计值；

　　　β_f——正面角焊缝的强度设计值增大系数，取 1.22。

（2）斜腹杆断开时，其形式如图 1.47 所示。

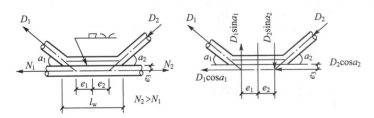

图 1.46　腹杆为连续的节点　　　　图 1.47　斜腹杆为断开的节点

① 焊缝所受轴心力、剪力和弯矩：

$$N=D_1\cos a_1 \tag{1-42}$$

$$V=D_1\cos a_1 \tag{1-43}$$

$$M=Ve_1=D_1\sin a_1 e_1 \tag{1-44}$$

② 焊缝应力：

$$\tau_f = \frac{N}{2l_w h_e} \qquad (1-45)$$

$$\sigma'_f = \frac{V}{2l_w h_e} \qquad (1-46)$$

$$\sigma_f = \frac{6M}{2l_w^2 h_e} \qquad (1-47)$$

$$\sqrt{\tau_f^2 + \left(\frac{\sigma'_f}{\beta_f}\right)^2} \leqslant f_f^w \qquad (1-48)$$

2. 节点构造

(1) 三铰拱屋架支座节点的做法如图 1.48 所示。

(2) 三铰拱钢屋架中间节点和屋脊节点做法分别如图 1.49、图 1.50 所示。

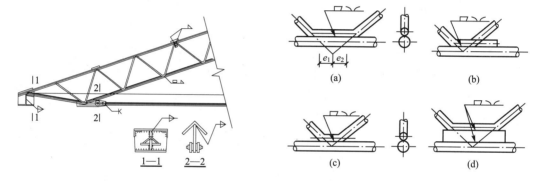

图 1.48 三铰拱屋架支座节点   图 1.49 三铰拱屋架支座节点

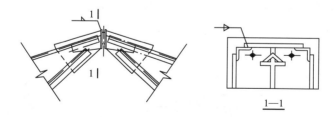

图 1.50 三铰拱屋架屋脊节点

3. 节点纠偏措施

在三铰拱轻型钢屋架中，圆钢腹杆与弦杆的连接很难避免偏心，一般采取下列措施以减小其不利影响。

(1) 采用围焊以缩短焊缝长度。

(2) 斜梁的上、下弦均宜采用角钢截面。

(3) 连接弯折的圆钢腹杆如果需断开时，应在上弦节点处断开。

（4）选择截面时，宜留有一定余量：上弦 5%～10%，下弦 5%～10%，腹杆 10%～20%。连接偏心较小时取较小余量，否则取较大余量。

1.8 结构设计软件应用

比较常用的钢屋盖结构设计软件有 PKPM-STS、3D3S 等计算软件，这两种软件有各自的特点。本章主要介绍中国建筑科学研究院研发的 PKPM-STS 钢结构分析与设计软件在钢屋盖结构分析与设计中的应用。

1.8.1 软件应用操作流程

采用 PKPM-STS 进行钢屋盖的分析与设计，基本的操作流程如图 1.51 所示。

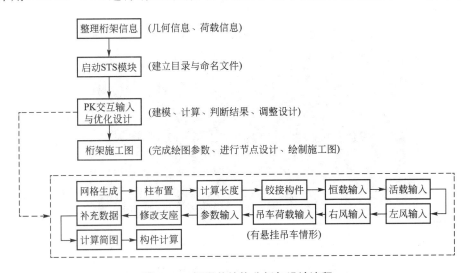

图 1.51 钢屋盖结构分析与设计流程

1.8.2 软件操作使用说明

1. 建立工作目录

在 PKPM 系列软件操作界面中，选取"钢结构"模块，显示 STS 软件操作界面，再点取"桁架"菜单，进入钢屋架的建模操作界面，如图 1.52 所示，单击"应用"，进入 PK 交互式数据输入界面，单击"新建工程文件"进入屋架建模界面（图 1.53）。

2. 屋架二维模型输入

1）轴网建立

利用"轴网生成"\"快速建模"\"桁架"，打开"桁架网线输入向导"对话框（图 1.54），单击"确定"按钮即可得到屋架杆件的轴网（图 1.55）。

图 1.52　钢屋架建模分析主界面

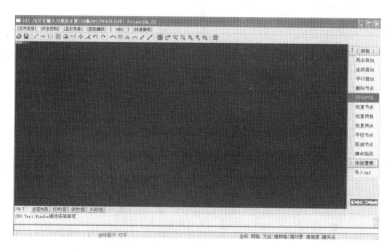

图 1.53　钢屋架 PK 交互输入与优化计算对话框

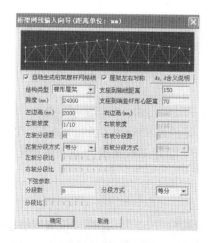

图 1.54　"桁架网线输入向导"对话框

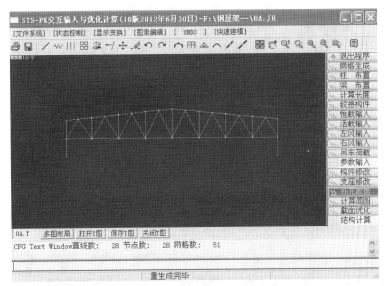

图 1.55 钢屋架轴网图

在图 1.55 中，跨度处输入的数值是屋架的标志跨度，屋架的实际跨度＝"标志跨度"－"支座到轴线距离"，其他参数根据实际填写即可。

STS 程序设定：桁架建模型时需要设置两根高度在 2～3m 的端立柱。使用快速建模方式形成网格线时程序会自动生成这两根立柱。如不是采用快速建模，则需要人工加上。

2）布置柱

应当注意：在钢屋架 STS 建模时，所有构件均需按柱输入。利用"柱布置"菜单可以完成杆截面的输入，先进行截面定义，后进行布置即可，如图 1.56 所示。本章算例初选截面见表 1－5。

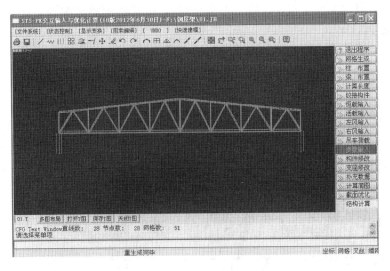

图 1.56 钢屋架杆件截面布置

表 1-5　屋架杆件截面初选表

项次	名称	截面规格	截面形式	l_{ox}/cm	l_{oy}/cm	i_{ox}/cm	i_{oy}/cm	λ_x	λ_y
1	上弦杆	2∟180×110×16	短肢相拼	150.8	300	3.055	8.76	49.4	34.2
2	下弦杆	2∟180×110×14	短肢相拼	300	1185	3.082	8.72	97.3	135.9
3	斜腹杆	2∟110×12		254.3	254.3	3.35	4.96	75.9	51.3
4	中竖杆	2∟50×5	十字形	320	320	$i_{min}=1.925$		$\lambda_{max}=166.2$	
	斜腹杆	2∟75×5		261.6	261.6	2.32	3.43	112.8	76.3
6	竖腹杆	2∟70×4		290	290	2.18	3.21	133.0	90.3

3）检查与修改计算长度

点取"计算长度"\"平面外"（图 1.57），修改上弦杆的平面外计算长度为 3000mm，同样可以修改下弦弦杆的计算长度为 11850mm。

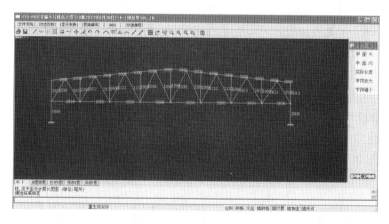

图 1.57　修改杆件计算长度

4）铰接构件

桁架所有节点均为铰接点，选择"布节点铰"，按 Tab 键转成窗选方式，布置即可。

5）恒载输入

通过选取"恒载输入"和"节点恒载"输入即可(图 1.58)。

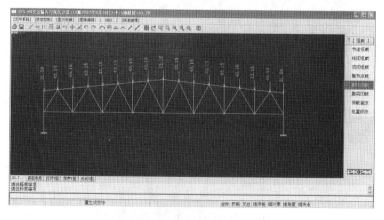

图 1.58　恒载布置简图

6）活载输入

本章工程算例屋面活荷载为 $0.7kN/m^2$，屋面雪荷载为 $0.40kN/m^2$，屋面积灰荷载 $0.6kN/m^2$，故屋面活荷载按 $Q_k=1.3kN/m^2$ 考虑，节点集中荷载为 $F=1.3\times1.5\times7.5=15(kN)$（图 1.59）。

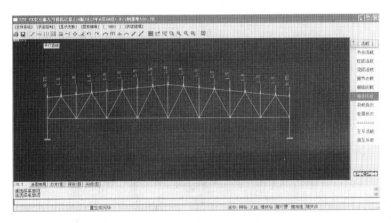

图 1.59 活载布置简图

7）风载输入

该屋面为无檩体系屋面，屋面的坡度很平缓，为 1/10，可以不考虑风吸力的作用。设计操作中应注意两点。

（1）桁架的风荷载不能采取程序自动布置的方式，必须按节点风载的形式人工输入。

（2）布置的时候注意选择节点位置是左坡还是右坡（两者不同）。

8）参数输入

单击"参数输入"，打开"钢结构参数输入与修改"对话框，如图 1.60 所示。

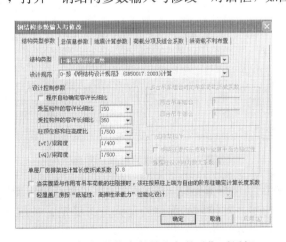

图 1.60 "钢结构参数输入与修改"对话框

结构类型：选择"单层钢结构厂房"，设计规范按《钢结构设计规范》（GB 50017—2003)计算。

9）修改支座

这个菜单对桁架来说很重要，当程序生成的支座与实际不符时，通过此菜单进行修改。

10）计算简图

依次查着："结构简图"、"恒载简图"、"活载简图"，检查模型是否输入正确。

11）退出程序

建模基本完成，选取"退出程序"。选择"存盘退出"保存数据即可。

3. 设计分析

1）屋架结构计算

建模完成后，在图1.54所示的PK分析主界面下点击"结构计算"，即可完成对钢屋架的结构分析。

2）分析结果总体检查

分析完成后，程序自动进入图1.61所示的内力计算结果图形输出界面，首先查看超限信息，单击"显示计算结果文件"，查看超限信息情况（图1.62）。

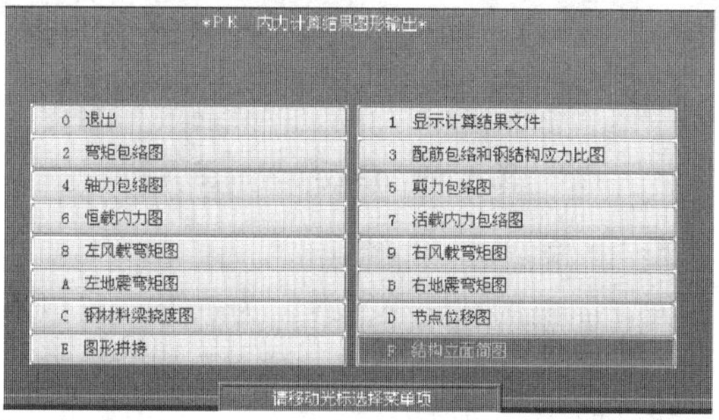

图1.61　内力计算结果图形输出界面

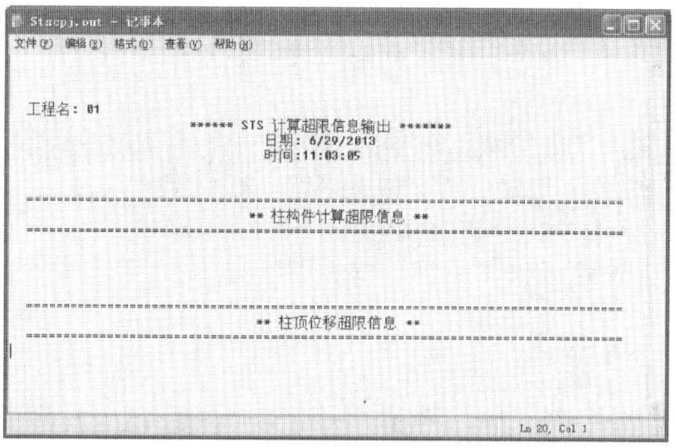

图1.62　超限信息输出界面

3）设计调整"查看配筋包络和钢结构应力图"与"节点位移图"

桁架杆件为轴心力构件，其控制指标主要是强度、稳定、长细比及结构的挠度等。而稳定和长细比往往成为桁架杆件主要控制要素，本章工程算例的配筋包络图和钢结构应力比图如图1.63所示。

分析：通过图中数据可知，腹杆基本上由长细比控制，最大已经达到了146，不用再做调整。对上弦杆，杆件应力比为0.59，还是比较小的，而其长细比为49，可以进一步调整；对于端斜杆，情况也是如此。对于下弦杆，长细比为272，应力比为0.52，可稍微放宽对其长细比的要求，截面进行下调。

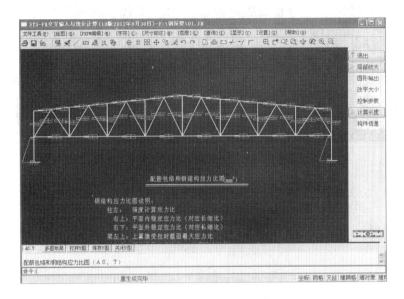

图 1.63 配筋包络图和钢结构应力比图

本工程算例的节点位移(恒载+活载),如图 1.64 所示。

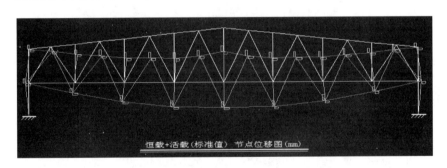

图 1.64 屋架位移图

桁架中部的变形量为 24mm,满足允许挠度要求。一般情况下,按构造确定屋架的高跨比,其挠度往往都是满足要求的。

综上所述,截面可以进行下调。具体调整情况如下。

上弦杆调整为:2∟140×90×14

下弦杆调整为:2∟140×90×12

端斜杆调整为:2∟100×12

调整截面后的配筋包络图和钢结构应力比图如图 1.65 所示。

4. 桁架施工图绘制

1)启动桁架施工图绘制

在桁架模型所在目录下,单击桁架模块主菜单"2 桁架施工图",程序弹出如图 1.66 所示的菜单。

顺次执行各个步骤,就可以完成桁架施工图的绘制工作。

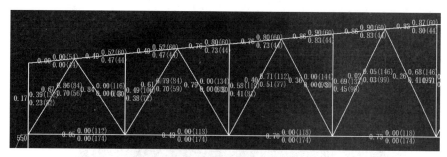

图 1.65　调整截面后的配筋包络图和屋架钢结构应力比图

图 1.66　钢屋架设计主菜单

2）定义结构数据

单击"1. 定义结构数据"，打开图 1.67 所示界面。

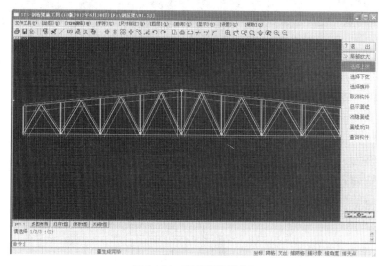

图 1.67　定义结构数据

　　这个菜单的主要作用是检查程序自动标记的杆件是否与实际相符，再就是通过"翼缘反向"设置需要的翼缘朝向。方法如下。

（1）首先通过"显示翼缘"，把程序默认的翼缘方式显示出来。

（2）选取"翼缘反向"，把单击需要反向的杆件即可。

3）设置设计参数

单击"2. 设置设计参数"，打开图 1.68 所示对话框。

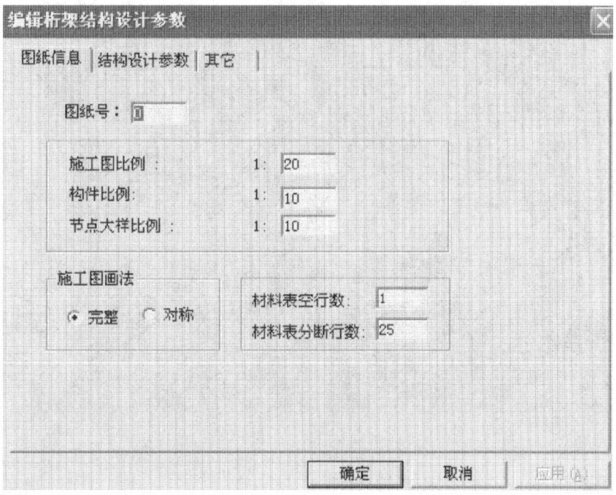

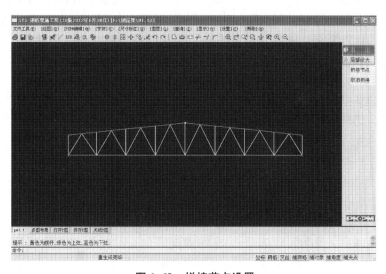

图 1.68　设计参数设置

本选项卡主要是绘图的信息，包括图纸号、图纸比例、是否采用对称画法，材料表设置等。根据实际需要选择即可。一般情况下要操作的是：①根据需要改变"图纸号"；②是否选择对称画法，其他项目取默认数值即可。

4）设置拼接点

单击"3. 设置弦杆拼接接点"，打开图 1.69。本菜单主要是检查程序默认的拼接点是否正确，并可另外根据需要设置拼接点。

图 1.69　拼接节点设置

5）检查数据、修正焊缝设计结果

单击"4. 结构数据检查"及"5. 修正焊脚尺寸及焊缝长"，可检查构件的节点号、构件号、构件截面、尺寸、杆件轴力、焊缝设计结果。

6）修正节点板设计结果

单击"6.修正节点尺寸及节点板厚"，打开图 1.70 所示界面。

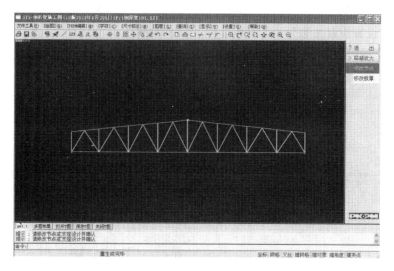

图 1.70　节点尺寸及节点板厚度修改

通过本菜单可以实现对程序自动生成的节点板的编辑，先点取"修改节点"或"修改板厚"，再依次点各节点，即可查看各个节点尺寸或板厚。

对节点板，程序自动生成的尺寸往往需要修改，把板件尺寸整理为 5mm 的整数倍。节点板板厚是从前面传递的数据，一般节点验算满足的情况下，不用修改。

7）选择节点详图、生成施工图

单击"8.选择节点详图"及"9.生成施工图"可完成节点详图绘制及钢屋架施工图的绘制。屋架施工图主要有几何简图、内力简图、立面图、节点图和材料表等，软件生成图面一般都不能让人满意，主要是通过"移动图块"和"移动标注"对其进行编辑修改。还可以将 T 文件图形文件转换成 CAD 文件在 Autocad 中对图形进行编辑。

8）支撑绘图

对于桁架的支撑绘图，用户进入桁架模块的"主菜单 3"和"主菜单 4"后，由于程序只完成绘图，比较简单，单击相应具体菜单就可以完成有关操作。

1.9 工程应用

某机械加工厂厂房跨度 24m，总长度 84m，总建筑面积 2068m²，结构类型为混凝土柱钢屋架的排架体系。屋架间距 7.5m，车间内设一台 25t/3t 中级工作制吊车，屋架支撑在钢筋混凝土柱上；上柱截面为 400mm×400mm，混凝土标号为 C25；屋面材料为 1.5m×6m 大型屋面板；屋面坡度为 1：10；屋架钢材采用 Q235B，焊接材料采用 E43 系列；基本雪压 0.40kN/m²，屋面积灰荷载 0.6kN/m²，基本风压 0.35kN/m²，地面粗糙度为 B 类，结构重要性为二类。

屋盖结构设计具体操作过程详见 1.8 节。部分施工图如附录 A，仅供参考。

本 章 小 结

本章主要介绍了钢屋盖结构的结构形式与设计方法。

作为一种非常传统的结构形式，钢屋盖结构在建筑工程中有着广泛的应用。它跨越能力较大，而制作加工比较简单，但结构受力性能的影响因素较多，掌握钢屋盖结构的受力特点、结构体系的组成要素、结构分析设计的假定、连接节点设计方法，是学好本章的关键。

结合目前工程应用情况，介绍了 PKPM‐STS 钢结构分析设计软件在钢屋盖结构设计中的应用方法以及钢屋架结构施工图的表达方式。

习 题

1. 思考题

(1) 屋盖支撑有哪些作用？它分哪几个类型？布置在哪些位置？

(2) 三角形、梯形、拱形和平行弦屋架各适用于何种情况？它们各有几种腹杆体系？有哪些优缺点？

(3) 屋架杆件的计算长度在屋架平面内和屋架平面外及斜平面有何区别？应如何取值？

(4) 屋架节点设计有哪些基本要求？节点板尺寸应怎样确定？

(5) 简述三铰拱屋架的特点及适用范围。

2. 设计题

某厂房跨度 30m，总长 90m，柱距 6m，采用普通钢屋架，1.5m×6.0m 预应力混凝土大型屋面板，屋架铰支于钢筋混凝土柱上，柱界面 400mm×400mm，混凝土强度等级为 C30，屋面坡度为 $i=1:10$，无侵蚀介质，地震设防烈度为 7 度，屋架下弦标高 18m；厂房内设中级(A5)级桥式吊车。屋架采用的钢材及焊条为：Q345B 钢，E50 焊条。

要求：①绘制该屋盖系统的支撑布置图。

②设计该钢屋架。

第2章
单层工业厂房钢结构设计

教学目标

主要讲述单层工业厂房钢结构设计的基本理论和方法。通过本章学习，应达到以下目标。

(1) 了解单层工业厂房钢结构的结构体系和布置。

(2) 理解荷载与作用效应计算。

(3) 掌握钢柱、钢梁的设计方法。

(4) 掌握吊车梁、屋面檩条和墙梁的设计方法。

(5) 能够较好地运用相关钢结构设计软件进行简单的单层工业厂房设计。

教学要求

知识要点	能力要求	相关知识
单层工业厂房钢结构的结构体系和布置	(1) 了解单层工业厂房钢结构的组成 (2) 掌握柱网布置、温度伸缩缝等内容	(1) 平面结构体系 (2) 柱网布置、温度伸缩缝
钢柱的设计	(1) 掌握钢柱的计算长度的计算方法 (2) 掌握钢柱的验算方法	(1) 钢柱的计算长度 (2) 钢柱的强度、刚度、稳定性的验算方法
钢梁的设计	(1) 掌握钢梁的验算方法 (2) 掌握隅撑的设计	(1) 钢梁的平面外计算长度 (2) 钢梁的强度、刚度、稳定性的验算方法 (3) 隅撑的计算方法
吊车梁的设计	(1) 了解吊车梁的组成 (2) 掌握吊车梁的设计	(1) 吊车梁的组成 (2) 吊车梁的强度、刚度、稳定性的验算方法
设计软件的应用	能较为熟练地进行相关软件的操作	(1) 单层工业厂房钢结构设计的相关参数 (2) 软件操作的基本步骤

 基本概念

单层工业厂房钢结构的结构体系，钢梁，钢柱，吊车梁，檩条，墙梁

引例

单层工业钢结构厂房对各种类型的工业生产有较大的适应性,其应用范围比较广泛,如冶金或机械厂的炼钢、轧钢、铸造、锻压、金工、装配等车间,一般因设有大型机器或设备,产品较重且轮廓尺寸较大,故宜直接在地面上生产而设计成单层钢结构厂房。不过几乎每年都会有一些单层工业钢结构厂房在安装或者使用过程中发生垮塌,从而带来巨大的经济损失,有的甚至造成人员伤亡。

图 2.1 为一单层工业厂房钢结构发生垮塌后的图片。该厂房位于湖南省某县城工业园,为单层轻钢结构厂房,总跨数为 3 跨,每跨跨度均为 18.0m,纵向柱距为 7.5m,共 16 开间 17 榀刚架,基础为柱下独立基础。该车间工程主体设计耐久年限为 50 年,彩板部分为 15 年,建筑结构安全等级为二级,抗震设防烈度为 6 度。该车间两边跨均设 5t 和 10t 的吊车各一台,中跨设 10t 吊车两台,屋面为 0.426mm 单层彩钢板和保温层轻质屋面,包括屋面及檩条在内,设计屋面恒载 0.15kN/m²(设计计算书按实际取 0.12kN/m²),活载 0.30kN/m²,基本风压 0.30kN/m²(B 类),基本雪压 0.30kN/m²。该车间刚架梁和刚架柱为 H 形截面,材料采用 Q345B 钢;屋面檩条为斜卷边 Z 形冷弯型钢,材料采用 Q235 钢。事故发生在 2008 年初,1 月 13 日至 2 月 4 日,湖南普降特大暴雪,沉重的积雪使得厂房不堪重负,发生垮塌,造成巨额经济损失。

图 2.1 雪灾中倒塌的单层工业厂房

单层工业钢结构厂房垮塌的原因很多,一部分是由于厂房本身设计不合理造成的,一部分是由于施工单位在施工时没有严格把关,施工质量不合格造成的。当然还有其他一些导致厂房垮塌的原因,如遭受罕见的自然灾害等。希望通过对本章的学习,能对事故产生的原因进行分析,从而在以后的实际工程中能避免此类事故的发生。

2.1 结构体系和布置

2.1.1 结构体系

单层工业厂房钢结构主要用于各种工业厂房、加工车间和库房等,其主要承重骨架由框架梁(屋架梁)与柱两种构件组成。需要指出,本章所讲的刚架不是一般意义的由梁和柱组成的纯框架结构,而是由一组平面主框架通过一系列纵向构件(包括屋盖的连接构件、屋盖及柱的支撑构件及托架、吊车梁、纵梁等)连接而成的一种结构体系,也就是说工程中常说的框排架结构。严格地讲,这种结构属于空间结构体系,理应按空间框架结构设计计算。但考虑到工作量比较庞大,通常设计时仍将简化为平面框架结构体系,不考虑纵向构件与横向框架的空间整体作用。

单层工业厂房钢结构具有跨度大、高度大、吊车起重量大和自重轻等特点,其主要承重骨架是由钢柱与钢梁两种构件所组成的平面框架结构。单层工业厂房构造简图如图 2.2 所示。

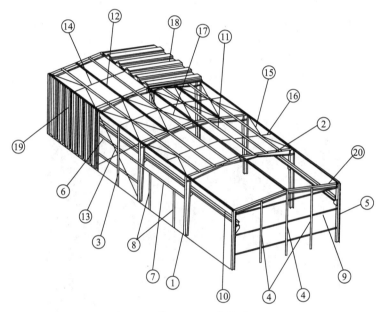

图 2.2 单层工业厂房构造简图

1—钢柱;2—钢梁;3—纵墙墙架柱;4—抗风柱;5—山墙角柱(也可用钢柱 1 代替);6—纵墙墙梁;
7—门梁;8—门柱;9—山墙墙梁;10—吊车梁;11—檩条;12—刚性系杆;13—柱间支撑;
14—拉条(檩条);15—斜拉条;16—撑杆;17—屋面横向水平支撑;
18—屋面板(彩色压型钢板);19—墙面板(彩色压型钢板);
20—山墙斜横梁(也可用钢梁 2 代替)

单层工业厂房钢结构主要是承受来自屋面、墙面和起重机设备等各种荷载的作用,要求其构件的强度、刚度、整体稳定、局部稳定必须满足现行规范的相关要求。这些构件按其所起作用可分为以下几类。

1) 横向刚架

横向刚架是由钢柱和它所支承的屋架或屋盖横梁组成,是单层钢结构厂房的主要承重体系,承受结构的自重、风荷载、雪荷载、积灰荷载和吊车的竖向与横向荷载,并把这些荷载传递到基础。

2) 屋盖结构

屋盖结构是承担屋面荷载的结构体系,包括横向刚架的横梁、托架、中间屋架、天窗架和檩条等。

3）支撑体系

支撑体系包括屋盖部分的水平支撑和柱间支撑。其主要作用是：一方面与柱、吊车梁等组成单层厂房钢结构的纵向框架，承担纵向水平荷载；另一方面又把主要承重体系由单个的平面结构连成空间的整体结构，从而保证了单层厂房钢结构所必需的刚度和稳定。

4）吊车梁和制动梁（或制动桁架）

吊车梁和制动梁（或制动桁架）主要承受吊车竖向及水平荷载，并将这些荷载传到横向框架和纵向框架上。

5）墙架

墙架承受墙体的自重和风荷载，并将荷载传递到钢柱上。

此外，还有一些次要的构件，如梯子、走道和门窗等。在某些单层工业厂房钢结构中，由于工艺要求，还需设有工作平台。

2.1.2 主要尺寸

刚架的主要尺寸如图2.3所示。刚架的跨度，一般取为上部柱中心线间的横向距离，可由下式定出：

$$L_0 = L_k + 2S \qquad (2-1)$$

$$S = B + D + \frac{b_1}{2} \qquad (2-2)$$

式中 L_k——桥式吊车的跨度；

S——吊车梁轴线至上段柱轴线的距离［图2.3(b)］，对于中型厂房一般采用 0.75m 或 1m，重型厂房则为 1.25m，甚至达 2.0m；

B——吊车桥架悬伸长度，可由吊车样本资料查得；

D——吊车外缘和柱内边缘之间的必要空隙（当吊车起重量不大于 500kN 时，不宜小于 80mm；当吊车起重量大于或等于 750kN 时，不宜小于 100mm；当在吊车和钢柱之间需要设置安全走道时，则 D 不得小于 400mm）；

b_1——上段柱宽度。

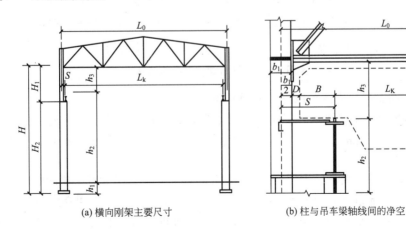

(a) 横向刚架主要尺寸　　　　　(b) 柱与吊车梁轴线间的净空

图 2.3　框架的主要尺寸

框架高度 H 为由钢柱脚底面到横梁下弦底部的距离：

$$H=h_1+h_2+h_3 \tag{2-3}$$

式中　h_1——地面至柱脚底面的距离（中型车间约为 0.8~1.0m，重型车间为 1.0~1.2m）；

　　　h_2——地面至吊车轨顶的高度，由工艺要求决定；

　　　h_3——吊车轨顶至屋架下弦底面的距离，$h_3=A+100+(150\sim200)$mm（其中，A 为吊车轨道顶面至起重机的小车顶面之间的距离；100mm 是为制造、安装误差留出的空隙；150~200mm 则是考虑屋架的挠度和下弦水平支撑角钢的下伸等所留的空隙）。

吊车梁的高度可按 $(1/12\sim1/5)L$ 选用，L 为吊车梁的跨度，吊车轨道高度可根据吊车起重量决定。框架横梁一般采用梯形或人字形屋架，其形式和尺寸参见本书第 1 章，轻钢厂房的框架横梁一般采用变截面 H 型钢梁。

2.1.3　柱网布置

柱网布置就是确定单层工业厂房钢结构承重柱在平面上的排列，即确定它们的纵向和横向定位轴线所形成的网格（图 2.4）。单层工业厂房钢结构的跨度就是柱纵向定位轴线之间的尺寸，柱距就是钢柱在横向定位轴线之间的尺寸。

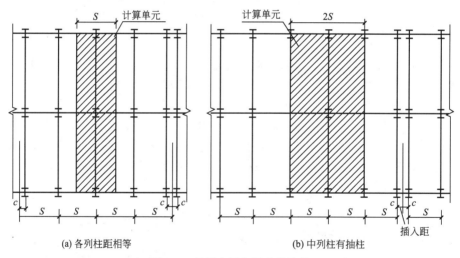

图 2.4　柱网布置和温度伸缩缝

进行柱网布置时，应注意以下几方面的问题。

（1）应满足生产工艺要求。不同性质的工业厂房具有不同的生产工艺流程，柱网的布置除了要满足主要设备、产品尺寸和生产空间的要求外，还应考虑未来生产发展和生产工艺的可能变动。

（2）应满足结构的要求。为了保证厂房的正常使用，使厂房具有必要的刚度，应尽量将柱布置在同一横向轴线上，以便与屋架或横梁组成横向刚架，提供尽可能大的横向刚度。

（3）应符合经济合理的原则。柱距大小对钢结构的用钢量影响较大，较经济的柱距可通过具体方案比较确定。为了降低制作和安装工作量，应尽量实现结构构件的统一化和标准化：当单层厂房钢结构跨度小于或等于 18m 时，应以 3m 为模数，即 9m、12m、15m、

18m；当厂房跨度大于 18m 时，则以 6m 为模数，即 24m、30m、36m 等；当工艺布置和技术经济有明显的优越性时，也可采用 21m、27m、33m 等。厂房的柱距一般采用 6m 左右较为经济，当工艺有特殊要求时，可局部抽柱，即柱距做成 12m；对某些有扩大柱距要求的单层工业厂房钢结构也可采用 8m、9m 及 12m 柱距。

2.1.4 温度伸缩缝

温度变化将引起结构变形，使厂房钢结构产生温度应力。故当厂房平面尺寸较大时，为避免产生过大的温度变形和温度应力，应在厂房钢结构的横向和纵向设置温度伸缩缝。

温度伸缩缝的布置决定于厂房钢结构的纵向和横向长度。纵向很长的厂房在温度变化时，纵向构件伸缩的幅度较大，引起整个结构变形，使构件内产生较大的温度应力，并可能导致墙体和屋面的破坏。为了避免这种不利后果的产生，常采用横向温度伸缩缝将单层厂房钢结构分成伸缩时互不影响的温度区段。按《钢结构设计规范》(GB 50017—2003)规定，当温度区段长度不超过表 2-1 的数值时，可不计算温度应力。

表 2-1 温度区段长度值

结构情况	纵向温度区段/m (垂直屋架或刚架跨度方向)	横向温度区段/m (沿屋架或刚架跨度方向)	
		柱顶为刚接	柱顶为铰接
采暖房屋和非采暖地区的房屋	220	120	150
热车间和采暖地区的非采暖房屋	180	100	125
露天结构	120	—	—

温度伸缩缝最普遍的做法是设置双柱。即在温度伸缩缝的两侧布置两个无任何纵向构件联系的横向框架，使温度伸缩缝的中线和定位轴线重合 [图 2.4(a)]。在设备布置条件不允许时，可采用插入距的方式 [图 2.4(b)]，将缝两侧的钢柱放在同一基础上，其轴线间距一般可采用 1m，对于重型工业厂房由于柱的截面较大，要放大到 1.5m 或 2m，甚至 3m，方能满足温度伸缩缝的构造要求。为节约钢材也可采用单柱温度伸缩缝，即在纵向构件(如托架、吊车梁等)支座处设置滑动支座，以使这些构件有伸缩的余地。不过单柱伸缩缝使构造复杂，实际应用较少。

当厂房宽度较大时，也应该按规范规定布置纵向温度伸缩缝。

2.2 荷载与作用效应计算

2.2.1 荷载计算

1. 永久荷载

主刚架承受的永久荷载包括屋面板、檩条、支撑、刚架、墙梁等结构自重及吊顶、管线、天窗架、门窗等悬挂或建筑设施自重。

屋面板自重的标准值可按表 2-2 取用。

表 2-2 屋面板自重标准值

屋面类型	瓦楞铁	压型钢板	波形石棉瓦	水泥平瓦
恒载标准值/(kN/m^2)	0.05	0.1~0.15	0.2	0.55

实腹式檩条的自重标准值可取 $0.05 \sim 0.1 kN/m^2$，而格构式檩条的自重标准值可取 $0.03 \sim 0.05 kN/m^2$。

墙架结构自重标准值可取 $0.25 \sim 0.42 kN/m^2$，檐口高时相应取大值。

2. 可变荷载

主刚架承受的可变荷载包括屋面活荷载、风荷载、积灰荷载、吊车荷载及地震作用等。

1) 屋面活荷载

屋面活荷载包括屋面均布活荷载、雪荷载和积灰荷载等。屋面活荷载按屋面水平投影面积计算。

(1) 屋面均布活荷载。

考虑到使用及施工检修荷载，水平投影面上的屋面均布活荷载应作如下考虑。

① 不上人屋面的均布活荷载的标准值取 $0.5 kN/m^2$（目前，湖南省在轻钢结构设计时，采用 $0.7 kN/m^2$）。

② 上人屋面的均布活荷载的标准值取 $2.0 kN/m^2$。

③ 当使用及施工荷载较大时，应按实际情况采用。

④ 当采用压型钢板轻型屋面时，屋面竖向均布活荷载的标准值（按水平投影面积计算）应取 $0.5 kN/m^2$。

⑤ 对受荷水平投影面积大于 $60 m^2$ 的刚架构件，屋面竖向均布活荷载的标准值可取不小于 $0.3 kN/m^2$。

(2) 屋面雪荷载。

考虑到厂房建筑地区和屋面形式的不同，屋面雪荷载标准值按下式计算：

$$s_k = \mu_r s_0 \tag{2-4}$$

式中　s_k——雪荷载标准值，kN/m^2；

　　　μ_r——屋面积雪分布系数；

　　　s_0——基本雪压，kN/m^2。

(3) 屋面积灰荷载。

对于生产中有大量排灰的厂房（如机械、冶金、水泥等）及其邻近建筑物，应考虑其屋面积灰荷载。按照厂房使用性质及屋面形式的不同，由《建筑结构荷载规范》（GB 50009—2012）可查得相应的标准值。

考虑到上述三种屋面活荷载同时出现的可能性，《建筑结构荷载规范》（GB 50009—2012）规定，积灰荷载只考虑与雪荷载或屋面活荷载两者中的较大值进行组合。

2) 风荷载

风荷载取值与厂房所在地区基本风压、厂房体型、高度以及厂房四周地面粗糙度等因素有关，并且认为风荷载垂直作用于厂房建筑物表面上。垂直于厂房建筑物表面上的风荷载标准值可按下列方法计算。

（1）当计算主要承重结构时：

$$w_k = \beta_z \mu_s \mu_z w_0 \qquad (2-5)$$

式中　w_k——风荷载标准值，kN/m^2；

　　　β_z——高度 z 处的风振系数；

　　　μ_s——风荷载体型系数；

　　　μ_z——风压高度变化系数；

　　　w_0——基本风压，kN/m^2。

（2）当计算围护结构时：

$$w_k = \beta_{gz} \mu_s \mu_z w_0 \qquad (2-6)$$

式中　β_{gz}——高度 z 处的阵风系数。

对于门式刚架轻型房屋，当其屋面坡度不大于 $10°$、屋面平均高度不大于 18m、檐口高度不大于房屋的最小水平尺寸时，刚架的风荷载体型系数应按表 2-3 确定，其中各区域的意义及与风向的关系见图 2.5。

表 2-3　刚架的风荷载体型系数

建筑类型	分区											
	端区						中间区					
	1E	2E	3E	4E	5E	6E	1	2	3	4	5	6
封闭式	+0.5	−1.4	−0.8	−0.7	+0.9	−0.3	+0.25	−1.0	−0.65	−0.55	+0.65	−0.15
部分封闭	+0.1	−1.8	−1.2	−1.1	+1.0	−0.2	−0.15	−1.4	−1.05	−0.95	+0.75	−0.05

注：1. 敞开式建筑是指建筑的外墙面至少有 80% 敞开的建筑。
　　2. 部分封闭式建筑是指受外部风正压力的墙面上孔口总面积超过该建筑物其余外包面（墙面和屋面）上孔口面积的总和，并超过该墙毛面积的 5%，且建筑物其余外包面的开孔率不超过 20% 的建筑。
　　3. 封闭式建筑是指在所封闭的空间中无符合部分封闭式建筑或敞开式建筑定义的那类孔口的建筑。
　　4. 正号（压力）表示风力朝向表面，负号（吸力）表示风力自表面离开。
　　5. 屋面以上的周边伸出部分，对 1 区和 5 区可取 +1.3，对 4 区和 6 区可取 −1.3，这些系数包括了迎风面和背风面的影响。
　　6. 当端部柱距不小于端区宽度时，端区风荷载超过中间区的部分，宜直接由端刚架承受。
　　7. 单坡房屋的风荷载体型系数，可按双坡房屋的两个半边处理 [图 2.5(b)]。

3. 地震作用

按照《建筑抗震设计规范》（GB 50011—2010）的要求，查明工业厂房钢结构所在地区的抗震设防烈度、设计基本地震加速度值、设计地震分组情况，按相关条款进行计算。

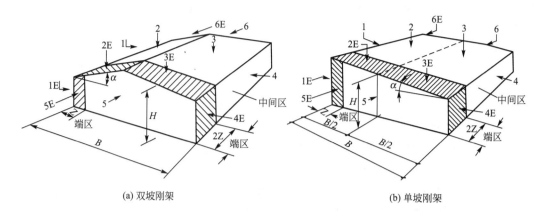

图 2.5　刚架的风荷载体型系数分区

α—屋面与水平面的夹角；B—建筑宽度；H—屋顶至地面的平均高度，可近似取檐口高度；Z—计算刚架时的房屋端区宽度，取建筑最小水平尺寸的 10% 或 $0.4\%H$ 中的较小值，但不得小于建筑最小水平尺寸的 4% 或 1m。房屋端区宽度横向取 Z，纵向取 $2Z$

2.2.2　主刚架的内力计算及荷载组合

1. 主刚架的内力计算

在实际工程应用中刚架采用塑性设计方法尚不普遍，且塑性设计不适应于变截面刚架、格构式刚架及有吊车荷载的刚架，故本节仅介绍有关弹性设计法的分析计算内容。

刚架的内力计算一般取单榀刚架按平面计算方法进行。刚架梁、柱内力的计算可采用电子计算机及专用程序进行，也可按门式刚架计算公式进行。

2. 控制截面及最不利内力组合

刚架结构在各种荷载作用下的内力确定之后，即可进行荷载和内力组合，以求得刚架梁、柱各控制截面的最不利内力作为构件设计验算的依据。

对于刚架横梁，其控制截面一般为每跨的两端支座截面和跨中截面。梁支座截面是最大负弯矩(指绝对值最大)及最大剪力作用的截面，在水平荷载作用下还可能出现正弯矩。因此，对支座截面而言，其最不利内力有最大负弯矩($-M_{max}$)组合、最大剪力(V_{max})组合以及可能出现的最大正弯矩($+M_{max}$)组合。梁跨中截面一般是最大正弯矩作用的截面，但也可能出现负弯矩，故跨中截面的最不利内力有最大正弯矩($+M_{max}$)组合以及可能出现的最大负弯矩($-M_{max}$)组合。

对于刚架柱，由弯矩图可知，弯矩最大值一般发生在上下两个柱端，而剪力和轴力在柱子中通常保持不变或变化很小。因此刚架柱的控制截面为柱底、柱顶和柱阶形变截面处。

最不利内力组合应按梁、柱控制截面分别进行，一般可选柱底、柱顶、柱阶形变截面处，以及梁端、梁跨中等截面进行组合和截面的验算。

计算刚架梁控制性截面的内力组合时一般应计算以下三种最不利内力组合。

(1) $+M_{max}$ 及相应的 V。

64

（2）M_{min}（即负弯矩最大）及相应的 V。

（3）V_{max} 及相应的 M。

计算刚架柱控制性截面的内力组合时一般应计算以下四种最不利内力组合。

（1）N_{max} 及相应的 M、V。

（2）N_{min} 及相应的 M、V。

（3）M_{max} 及相应的 N、V。

（4）M_{min}（即负弯矩最大）及相应的 N、V。

3. 刚架的荷载组合

门式刚架承受的荷载一般应考虑以下几种组合（含荷载分项系数 1.2～1.4 及组合系数 0.85）。当不考虑地震作用时，其荷载组合可按如下考虑。

（1）1.35×永久荷载标准值。

（2）1.2(1.35)×永久荷载标准值＋1.4×屋面活荷载标准值。

（3）1.0×永久荷载标准值＋1.4×风荷载标准值。

（4）1.2×永久荷载标准值＋1.4×吊车荷载标准值。

（5）1.2×永久荷载标准值＋1.4×0.85×（屋面活荷载标准值＋风荷载标准值）。

（6）1.2×永久荷载标准值＋1.4×0.85×（屋面活荷载标准值＋吊车荷载标准值）。

（7）1.2×永久荷载标准值＋1.4×0.85×（风荷载标准值＋吊车荷载标准值）。

（8）1.2×永久荷载标准值＋1.4×0.85×（屋面活荷载标准值＋风荷载标准值＋吊车荷载标准值）。

上述第（3）项组合主要用于计算最小轴力 N_{min} 及相应的弯矩 M 和剪力 V；第（6）项组合主要用于计算最大轴力 N_{max} 及相应的弯矩 M 和剪力 V；第（7）、（8）项组合主要用于计算弯矩绝对值最大 $|M|_{max}$ 及相应的轴力 N 和剪力 V。

当考虑地震作用时，其荷载组合可按如下考虑。

（1）计算刚架地震作用及自振特性时，永久荷载标准值＋0.5×屋面活荷载标准值＋吊车荷载标准值。

（2）当考虑地震作用组合的内力时，1.2×永久荷载标准值＋1.4×（0.5×屋面活荷载标准值＋吊车荷载标准值）＋1.3×地震作用标准值。

实际经验表明，对轻型屋面的刚架，当地震设防烈度为 7 度而相应风荷载大于 0.35kN/m²（标准值）或为 8 度（Ⅰ、Ⅱ类场地上）而风荷载大于 0.45kN/m² 时，地震作用组合一般不起控制作用，可只进行基本的内力计算。

2.2.3 主刚架的变形计算

主刚架的变形计算主要包括钢梁的挠度和钢柱的柱顶侧移两个方面。对所有构件均为等截面的主刚架的变形计算，可通过一般结构力学方法进行。对于变截面的主刚架的变形计算，可采用有限单元法或根据相关规范与规程的相应条文进行计算。主刚架的变形不能超出《钢结构设计规范》（GB 50017—2003）或《门式刚架轻型房屋钢结构技术规程》（CECS 102—2002）的所规定的限值。例如，单层门式刚架在相应荷载（标准值）作用下的柱顶侧移值不应大于表 2-4 的限值。

表 2-4　门式刚架柱顶侧移限值

变形条件		容许变形
不设吊车时	砖墙围护	$H/100$
	轻型板材围护	$H/60$
设吊车时	有电动单梁吊车(地面操控)	$H/180$
	有电动桥式吊车(带驾驶室)	$H/400$

注：H 为柱的高度。

如果验算时刚架的侧移不满足要求，可以采用以下措施之一进行调整，增加刚架的侧向整体刚度：①放大柱或梁的截面尺寸；②将铰接柱脚改变为刚接柱脚；③将多跨框架中的摇摆柱改为柱上端与刚架横梁刚性连接。

2.3 钢柱设计

钢柱承受轴向力、弯矩和剪力作用，属于压弯构件。其设计原理和方法已在《钢结构设计原理》中述及，这里仅就其计算和构造的特点加以说明。

2.3.1 柱的计算长度

柱在框架平面内的计算长度应通过对整个框架的稳定分析来确定，但由于框架实际上是一空间体系，而构件内部又存在残余应力，要确定临界荷载比较复杂。因此，目前对框架的分析，不论是等截面柱框架还是阶形柱框架，都按弹性理论确定其计算长度。

柱在框架平面内的计算长度应根据柱的形式及两端支承情况而定。等截面柱的计算长度按单层有侧移框架柱确定；阶形柱的计算长度需分段确定的，即各段的计算长度应等于各段的几何长度乘以相应的计算长度系数 μ_1 和 μ_2，但各段的计算长度系数 μ_1 和 μ_2 之间有一定联系。在图 2.6(a)中，柱上段和下段计算长度分别是 $H_{1x}=\mu_1 H_1$ 和 $H_{2x}=\mu_2 H_2$。

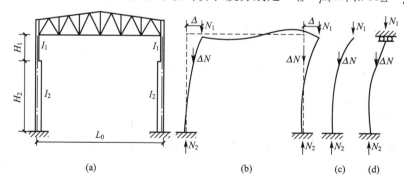

图 2.6　单阶柱框架的失稳

阶形柱的计算长度系数是根据对称的单跨框架发生如图 2.6(b)所示的有侧移失稳变形条件确定的。规范规定，单层厂房框架下端刚性固定的单阶柱，下段柱的计算长度系数

μ_2 取决于上段柱和下段柱的线刚度比 $K_1 = \dfrac{I_1 H_2}{I_2 H_1}$ 和临界力参数 $\eta_1 = \dfrac{H_1}{H_2}\sqrt{\dfrac{N_1 I_2}{N_2 I_1}}$，这里的 H_1、I_1、N_1 和 H_2、I_2、N_2 分别是上段柱和下段柱的高度、惯性矩及最大轴向压力。

当柱上端与横梁铰接时，将柱视为上端自由的独立柱；当柱上端与横梁刚接时，将柱视为上端可移动但不能转动的独立柱。

上段柱的计算长度系数 μ_1 和下段柱的计算长度系数 μ_2，按式（2-7）计算：

柱上端为自由： $$\eta_1 k_1 \cdot \tan\dfrac{\pi}{\mu_2} \cdot \tan\dfrac{\pi\eta_1}{\mu_2} - 1 = 0 \qquad (2-7\text{a})$$

柱上端可移动但不转动： $$\tan\dfrac{\pi\eta_1}{\mu_2} + \eta_1 k_1 \cdot \tan\dfrac{\pi}{\mu_2} = 0 \qquad (2-7\text{b})$$

$$\mu_1 = \dfrac{\mu_2}{\eta_1} \qquad (2-7\text{c})$$

μ_2 也可查阅相应专业资料，查表取值。

考虑到组成横向框架的单层厂房各阶形柱所承受的吊车竖向荷载差别较大，荷载较小的相邻柱会给荷载较大的柱提供侧移约束。同时，在纵向因有纵向支撑、屋面等纵向连系构件与各横向框架之间有空间作用，有利于荷载重分配，故规范规定：对于阶形柱的计算长度系数还应根据表 2-5 中的不同条件乘以折减系数，以反映阶形柱在框架平面内承载力的提高。

表 2-5　单层厂房阶形柱计算长度的折减系数

厂房类型				折减系数
单跨或多跨	纵向温度区段内一个柱列的柱子数	屋面情况	厂房两侧是否有通长的屋盖纵向水平支撑	
单跨	等于或少于6个	—	—	0.9
	多于6个	非大型屋面板屋顶	无纵向水平支撑	
			有纵向水平支撑	0.8
		大型屋面板屋面	—	
多跨	—	非大型屋面板屋面	无纵向水平支撑	0.8
			有纵向水平支撑	0.7
		大型屋面板屋面	—	

注：有横梁的露天结构（如落锤车间等），其折减系数可采用0.9。

厂房柱在框架平面外（沿厂房长度方向）的计算长度，应取阻止框架平面外位移的侧向支承点之间的距离，吊车梁、制动结构、辅助桁架、托架、纵梁和刚性系杆等均可视为框架柱的侧向支承点。由于柱在框架平面外的尺寸较小，侧向刚度较差，在柱脚和连接节点处可视为铰接。具体的取法是：当设有吊车梁和柱间支撑而无其他支承构件时，上段柱的计算长度可取制动结构顶面至屋盖纵向水平支撑或托架支座之间柱的高度；下段柱的计算长度可取柱脚底面＋至肩梁顶面之间柱的高度。

2.3.2　柱的截面验算

单阶柱的上柱，一般为实腹式工字形截面，选取最不利的内力组合，按压弯构件的计算方法进行截面验算。阶形柱的下段柱一般为格构式压弯构件，需要验算在框架平面内的整体稳定以及屋盖肢与吊车肢的单肢稳定。计算单肢稳定时，应注意分别选取对所在验算的单肢产生最大压力的内力组合。同时，考虑到格构式柱的缀材体系传递两肢间的内力情况不明确，为了确保安全，还需按吊车肢单独承受最大吊车垂直轮压 R_{max} 进行补充验算。此时，吊车肢承受的最大压力为：

$$N_1 = R_{max} + \frac{(N - R_{max}) \cdot y_2}{a} + \frac{M - M_R}{a} \qquad (2-8)$$

式中 R_{max}——吊车竖向荷载及吊车梁自重等所产生的最大计算压力；

M——使吊车肢受压的下段柱计算弯矩，包括 R_{max} 的作用；

N——与 M 相应的内力组合的下段柱轴向力；

M_R——仅由 R_{max} 作用对下段柱产生的计算弯矩，与 M、N 同一截面；

y_2——下柱截面重心轴至屋盖肢重心线的距离；

a——下柱屋盖肢和吊车肢重心线间的距离。

当吊车梁为突缘支座时，其反力沿吊车肢轴线传递，吊车肢按轴心受压 N_1 计算单肢的稳定性。当吊车梁为平板式支座时，尚应考虑由于相邻两吊车梁支座反力差 $(R_1 - R_2)$ 所产生的框架平面外的弯矩：

$$M_y = (R_1 - R_2)e \qquad (2-9)$$

M_y 全部由吊车肢承受，其沿柱高度方向弯矩的分布可近似地假定在吊车梁支承处为铰接，在柱底部为刚性固定，分布如图 2.7 所示。吊车肢按实腹式压弯杆验算在弯矩 M_y 作用平面内(即框架平面外)的稳定。

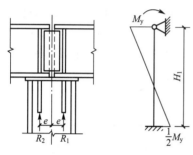

图 2.7 吊车肢的弯矩计算图

2.4 钢梁设计

2.4.1 斜梁设计

当斜梁坡度不超过 1:5 时，因其轴力很小，可不进行平面内的稳定计算，仅按压弯构件在平面内计算强度，在平面外计算稳定。

实腹式刚架斜梁的平面外计算长度应取侧向支承点间的距离；当斜梁两翼缘侧向支承点间的距离不等时，应取最大受压翼缘侧向支承点间的距离。斜梁不需计算整体稳定性的侧向支承点间的最大长度，可取斜梁受压翼缘宽度的 $16\sqrt{235/f_y}$ 倍。

2.4.2 隅撑设计

当实腹式刚架斜梁的下翼缘或柱的内翼缘受压时，为了保证其平面外稳定性，必须在受压翼缘布置隅撑(端部仅设置一道)作为侧向支承。隅撑的一端连在受压翼缘上，另一段直接连接在檩条上，如图 2.8 所示。

当隔撑仅布置一道时，隔撑应视为轴心受压构件按下式计算：

$$N = \frac{Af}{85\cos\theta}\sqrt{\frac{235}{f_y}} \qquad (2-10)$$

式中　N——隔撑的轴心压力；

　　　A——实腹式斜梁或柱被支撑翼缘的截面面积；

　　　θ——隔撑与檩条轴线的夹角。

当隔撑成对布置时，每根隔撑的计算轴心压力可取式(2-10)计算值的一半。隔撑宜采用单角钢制作，其间距应不大于受压翼缘宽度的 $16\sqrt{235/f_y}$ 倍。隔撑与刚架构件腹板的夹角宜大于等于 $45°$，其与刚架构件、檩条或墙梁的连接应采用螺栓连接，每端通常采用单个螺栓，计算时强度设计值应乘以相应的折减系数。

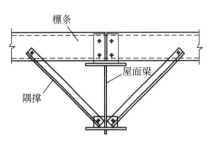

图 2.8　隔撑连接图

2.5 吊车梁设计

直接支承吊车(起重机)轮压的受弯构件有吊车梁和吊车桁架，一般设计成简支结构。吊车梁有型钢梁、焊接工字形梁及箱形截面梁等(图2.9)，其中焊接工字形梁最为常用。吊车桁架常用截面形式为上行式直接支承吊车桁架和上行式间接支承吊车桁架(图2.10)。

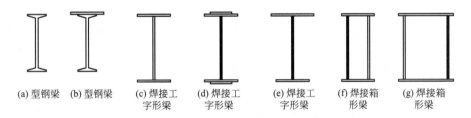

(a) 型钢梁　(b) 型钢梁　(c) 焊接工字形梁　(d) 焊接工字形梁　(e) 焊接工字形梁　(f) 焊接箱形梁　(g) 焊接箱形梁

图 2.9　实腹吊车梁的截面形式

(a) 上行式直接支承吊车桁架　　　　　　(b) 上行式间接支承吊车桁架

图 2.10　吊车桁架结构简图

吊车梁系统一般由吊车梁(吊车桁架)、制动结构、辅助桁架及支撑(水平支撑和垂直支撑)等组成(图2.11)。

吊车梁(或吊车桁架)的设计，应先考虑吊车(起重机)工作制的影响。根据吊车的使用频率和通电持续率等因素确定其工作级别，其工作级别分为：A1~A8。在进行吊车梁设计时，应根据工艺提供的资料确定其相应的级别，常用吊车的工作级别与工作制的对应关系可参考表2-6。吊车梁(或吊车桁架)均应满足强度、稳定性和容许挠度的要求；对重级工作制吊车梁和重、中级工作制吊车桁架尚应进行疲劳验算。当进行强度和稳定计算时，

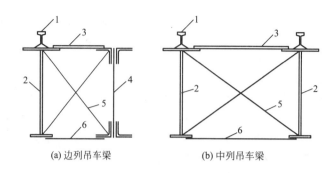

(a) 边列吊车梁   (b) 中列吊车梁

图 2.11　吊车梁系统构件的组成

1—轨道；2—吊车梁；3—制动结构；4—辅助桁架；5—垂直支撑；6—下翼缘水平支撑

一般按两台最大吊车的最不利组合考虑。进行疲劳验算时，则按一台最大吊车考虑(不计动力系数)。

表 2-6　常用吊车的工作级别和工作制参考资料

工作级别	工作制	吊车种类举例
A1～A4	轻级	(1) 安装、维修用的电动梁式吊车
		(2) 手动梁式吊车
		(3) 电站用软钩桥式吊车
A4～A5	中级	(1) 生产用的电动梁式吊车
		(2) 机械加工、锻造、冲压、钣焊、装配、铸工(砂箱库、制芯、清理、粗加工)车间用的软钩桥式吊车
A6～A7	重级	(1) 繁重工作车间，仓库用的软钩桥式吊车
		(2) 机械铸工(造型、浇注、合箱、落砂)车间用的软钩桥式吊车
		(3) 冶金用普通软钩桥式吊车
		(4) 间断工作的电磁、抓斗桥式吊车
A8	特重级	(1) 冶金专用(如脱锭、夹钳、料耙、锻造、淬火等)桥式吊车
		(2) 连续工作的电磁、抓斗桥式吊车

注：有关吊车的工作级别和工作制的说明详见《起重机设计规范》(GB/T 3811)。

在单层工业厂房钢结构体系中，最常见的吊车支承结构形式为焊接工字形简支吊车梁。焊接工字形吊车梁截面一般由三块板焊接而成。当吊车梁的跨度与吊车起重量不大，并为轻、中级工作制时，可采用上翼缘加宽的不对称截面，此时一般可不设制动结构；当吊车梁的跨度与吊车起重量较大或吊车为重级工作制时，可采用对称或不对称工字形截面，但需设置制动结构。不对称工字形截面能充分利用材料强度使截面更趋合理。工字形吊车梁一般设计成等高度等截面的形式，根据需要也可设计成变高度(支座处梁高缩小)变截面的形式。

本节仅讨论额定起重量 $Q \leqslant 20t$ 的焊接工字形吊车梁的设计方法。

2.5.1 吊车梁的荷载

吊车梁直接承受由吊车(起重机)产生的三个方向的荷载:竖向荷载、横向水平荷载和纵向水平荷载。竖向荷载包括吊车系统和起重物的自重以及吊车梁系统的自重。当吊车沿轨道运行、起吊、卸载等工作时,将引起吊车梁的振动,且当吊车越过轨道接头处的空隙时,还将发生撞击。这些振动和撞击都将对吊车梁产生动力效应,使吊车梁受到的吊车轮压值大于静轮压值。设计中将竖向轮压的动力效应采用加大轮压值的方法加以考虑。

(1)《建筑结构荷载规范》规定:吊车荷载竖向荷载标准值,应采用吊车最大轮压或最小轮压。当计算吊车梁及其连接的强度时,吊车竖向荷载应乘以动力系数。对悬挂吊车(包括电动葫芦)及工作级别 A1~A5 的软钩吊车,动力系数可取 1.05;对工作级别 A6~A8 的软钩吊车、硬钩吊车和其他特种吊车,动力系数可取 1.1。

(2)吊车横向水平荷载是当吊车上的小车或电动葫芦吊有重物时刹车所引起的横向水平惯性力,它通过小车刹车轮与桥架轨道之间的摩擦力传给大车,再通过大车轮在吊车轨顶传给吊车梁,而后由吊车梁与柱的连接传给刚架柱。根据《建筑结构荷载规范》,吊车横向水平荷载标准值:

$$T_K = \eta \frac{(Q+Q_1)}{2n_0} \times 10 \tag{2-11}$$

式中 η——取决于不同额定起重量 Q(单位 t)。对于软钩吊车的额定起重量,$Q \leqslant 10\text{t}$ 时,$\eta = 0.12$;$Q \leqslant 15 \sim 50\text{t}$ 时,$\eta = 0.10$;$Q \geqslant 75\text{t}$ 时,$\eta = 0.08$。对于硬钩吊车的额定起重量,$\eta = 0.2$。

Q_1——小车重量(单位 t),由吊车资料确定;当无明确的吊车资料时,软钩吊车的小车重量可近似地确定为:当 $Q \leqslant 50\text{t}$ 时,$Q_1 = 0.4Q$;当 $Q > 50\text{t}$ 时,$Q_1 = 0.3Q$。

n_0——吊车一侧轮数。

(3)吊车纵向水平荷载标准值:

$$T_{k,l} = 0.1 \sum P_{K,\max} \tag{2-12}$$

式中 $\sum P_{K,\max}$——作用于一侧轨道上所有制动轮最大轮压标准值之和,当缺少制动轮数资料时,一般桥式吊车可取此侧大车车轮总数的一半。其沿轨道方向由吊车梁传给柱间支撑,计算吊车梁截面时不予考虑。

(4)其他荷载。

作用于吊车梁或吊车桁架走道板上的活荷载一般取 2.0kN/m^2,有积灰荷载时一般取 $0.3 \sim 1.0\text{kN/m}^2$。

2.5.2 吊车梁的内力计算

计算吊车梁的内力时,由于吊车荷载为移动荷载,应按结构力学中影响线的方法确定各内力所需吊车荷载的最不利位置,再按此求出吊车梁的最大弯矩 $M_{x\max}$ 及其相应的剪力 V、支座最大剪力 $V_{\max}$、横向水平荷载作用下在水平方向所产生的最大弯矩 $M_{y\max}$。

如果该跨厂房中有两台吊车,计算吊车梁的强度、稳定时,按两台吊车考虑;计算吊车梁的疲劳和变形时,按作用在该跨起重量最大的一台吊车考虑。疲劳和变形的计算,采用吊车荷载的标准值,不考虑动力系数。

当吊车梁有制动桁架时需计算横向水平荷载在吊车梁上翼缘(即制动桁架弦杆)所产生的节间弯矩 M_{yl},可按以下方法近似计算。其计算简图如图 2.12 所示。

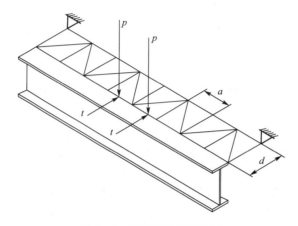

图 2.12　制动桁架计算简图

轻、中级工作制吊车的制动桁架:

$$M_{yl}=\frac{Ta}{4} \tag{2-13}$$

重级工作制吊车的制动桁架:

$$M_{yl}=\frac{Ta}{3} \tag{2-14}$$

式中　a——制动桁架节间距离。

由 M_{ymax} 在吊车梁上翼缘(或制动桁架外弦)产生的附加轴力 $N_T=M_{ymax}/d$,d 为制动桁架弦杆重心线间距离。

制动桁架腹杆内力计算可按车轮横向力作用下桁架杆件影响线来求得,对中列制动桁架还应考虑相邻跨吊车水平力同时作用的不利组合。

2.5.3　吊车梁及制动结构的验算

求出吊车梁最不利的内力后,根据受弯构件中组合梁截面选择的方法试选吊车梁截面,然后进行验算。

1. 弯曲正应力

1) 上翼缘正应力

无制动结构时

$$\sigma=\frac{M_{xmax}}{W_{nx1}}+\frac{M_y}{W_{ny}}\leqslant f \tag{2-15}$$

有制动梁时

$$\sigma=\frac{M_{xmax}}{W_{nx1}}+\frac{M_y}{W_{ny1}}\leqslant f \tag{2-16}$$

有制动桁架时

$$\sigma=\frac{M_{xmax}}{W_{nx1}}+\frac{M_{yl}}{W_{ny}}+\frac{N_T}{A_{ne}}\leqslant f \tag{2-17}$$

式中　M_{xmax}——吊车竖向荷载对 x 轴产生的最大竖向弯矩;

M_y——对上翼缘或下翼缘与制动梁组合截面 y 轴的水平弯矩；

M_{yl}——为制动桁架时，上翼缘在桁架节间内的水平局部弯矩；

A_{ne}——梁上部参与制动结构的有效净面积，可取吊车梁上翼缘和 $15t_w$ 腹板的净面积之和；

W_{nx1}——对吊车梁截面强轴（x 轴）上部纤维的净截面模量；

W_{ny}——吊车梁上翼缘截面（包括加强板、角钢或槽钢）对 y 轴的净截面模量；

W_{ny1}——梁上翼缘与制动梁组合成水平受弯构件对其竖向轴（y_1 轴）的净截面模量。

2）下翼缘正应力

$$\sigma = \frac{M_{xmax}}{W_{nx2}} \leqslant f \qquad (2-18)$$

式中 W_{nx2}——对吊车梁截面强轴（x 轴）下部纤维的净截面模量。

2. 剪应力

$$\tau = \frac{VS_x}{I_x t_w} \leqslant f_v \qquad (2-19)$$

式中 V——梁计算截面承受的剪力；

S_x——计算剪应力处以上毛截面对中和轴的面积矩；

I_x——计算截面对 x 轴的毛截面惯性矩；

t_w——腹板厚度；

f、f_v——分别为钢材抗弯、抗剪强度设计值。

3. 吊车梁腹板计算高度上边缘受集中荷载局部压应力

$$\sigma_c = \frac{\psi F}{l_z t_w} \leqslant f \qquad (2-20)$$

式中 F——考虑动力系数的吊车最大轮压的设计值；

ψ——对重级工作制的吊车梁取 1.35，其他情况取 1.1；

l_z——集中荷载在腹板计算高度上边缘的假定分布长度，$l_z = a + 5h_y + 2h_R$ [a 为集中荷载沿梁跨度方向的支承长度（对钢轨上的轮压可取 50mm）；h_y 为自梁顶面至腹板计算高度上边缘的距离（对焊接梁即翼缘板厚度）；h_R 为轨道的高度]。

4. 吊车梁腹板计算高度边缘折算应力

$$\sqrt{\sigma_1^2 + \sigma_c^2 - \sigma_1\sigma_c + 3\tau_1^2} \leqslant 1.1f \qquad (2-21)$$

5. 端支承加劲肋截面的强度和稳定

1）端面承压

$$\sigma_{ce} = \frac{R}{A_{ce}} \leqslant f_{ce} \qquad (2-22)$$

式中 A_{ce}——端面承压面积（支座加劲肋与下翼缘或柱间梁顶面接触处的净面积）。

2）受压短柱

$$\frac{R}{\phi A_s} \leqslant f \qquad (2-23)$$

式中 R——支座反力；

ϕ——由长细比 $\lambda_z = h_0/i_z$ 决定的轴心受压构件稳定系数;

A_s——将支座加劲肋视为轴心受压构件时的计算面积,包括支座加劲肋和加劲肋两侧或一侧 $15t_w\sqrt{235/f_y}$ 范围内的腹板面积。

6. 整体稳定验算

无制动结构时,按下式验算吊车梁的稳定性:

$$\frac{M_{x\max}}{\varphi_b W_x} + \frac{M_{y\max}}{W_y} \leqslant f \qquad (2-24)$$

7. 刚度验算(吊车梁的竖向挠度计算)

$$v = \frac{M_{xk\max}l^2}{10EI_x} \leqslant [v] \qquad (2-25)$$

式中 $M_{xk\max}$——代表由全部竖向荷载(包括一台吊车荷载和吊车梁自重)标准值(不考虑动力系数)产生的最大弯矩。

8. 焊接吊车梁的连接计算

(1) 梁腹板与上翼缘板的连接焊缝。

$$h_f \geqslant \frac{1}{1.4[f_f^w]}\sqrt{\left(\frac{V_{\max}S_1}{I_x}\right)^2 + \left(\frac{\psi P}{l_z}\right)^2} \qquad (2-26)$$

(2) 梁腹板与下翼缘板的连接焊缝。

$$h_f \geqslant \frac{V_{\max}S_1}{1.4[f_f^w]I_x} \qquad (2-27)$$

(3) 支座加劲肋与梁腹板的连接焊缝。

① 平板支座:

$$h_f \geqslant \frac{R}{2 \times 1.4 l_w[f_f^w]} \qquad (2-28)$$

② 突缘支座:

$$h_f \geqslant \frac{1.2R}{1.4 l_w[f_f^w]} \qquad (2-29)$$

式中 $V_{\max}$——计算截面的最大剪力设计值(考虑动力系数 α);

S_1——翼缘截面对梁中和轴的毛截面惯性矩;

I_x——梁的毛截面惯性矩;

P——作用在吊车梁上的最大轮压设计值(考虑动力系数);

l_z——腹板承压长度,$l_z = 50\text{mm} + 2h_y$(h_y 为轨顶直腹板上边缘的距离)。

此外,吊车梁在动态荷载的反复作用下,可能发生疲劳破坏。有关疲劳的验算和吊车梁腹板的局部稳定验算,请按《钢结构设计规范》(GB 50017—2003)的相关内容执行。

2.5.4 吊车梁与柱的连接

柱上设置牛腿以支承吊车梁。实腹式柱上支承吊车梁的牛腿,柱在牛腿上、下盖板的相应位置上,应按要求设置横向加劲肋。上盖板与柱的连接可采用角焊缝或开坡口的 T 形对接焊缝，下盖板与柱的连接可采用开坡口的 T 形对接焊缝，腹板与柱的连接可采用角焊缝，如图 2.13 所示。

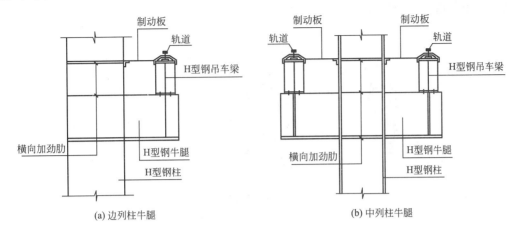

(a) 边列柱牛腿　　　　　　　　(b) 中列柱牛腿

图 2.13　实腹柱牛腿构造

(1) 牛腿与柱连接处截面强度计算。

抗弯强度

$$\frac{M}{\gamma W_n} \leqslant f \qquad (2-30)$$

抗剪强度

$$\tau = \frac{VS}{It_w} \leqslant f_v \qquad (2-31)$$

(2) 腹板计算高度边缘处的折算应力。

$$\sqrt{\sigma_1^2 + 3\tau_1^2} \leqslant \beta f \qquad (2-32)$$

(3) 牛腿与柱连接处焊缝强度计算。

实腹式柱上牛腿及第二种格构式柱上牛腿：

$$\sqrt{\left(\frac{\sigma_f}{\beta_f}\right)^2 + \tau_f^2} \leqslant f_f^w \qquad (2-33)$$

2.6 构件设计

2.6.1 檩条设计

1. 檩条形式

檩条宜优先采用实腹式构件，也可采用格构式构件。当檩条跨度大于 9m 时宜采用格构式构件，并应验算其下翼缘的稳定性。实腹式檩条宜采用卷边槽形和带斜卷边的 Z 形冷弯薄壁型钢，也可以采用直卷边的 Z 形冷弯薄壁型钢，截面及其主轴如图 2.14 所示。格构式檩条可采用平面桁架式、空间桁架式或下撑式檩条。

檩条一般设计成单跨简支构件，实腹式檩条尚可设计成连续构件。

当檩条跨度大于 4m 时，宜在檩条跨中位置设置拉条或撑杆。跨度大于 6m 时，在檩条跨度三分点处各设一道拉条,在屋脊处还应设置斜拉条和撑杆,斜拉条应与刚性檩条连接。当屋面材料为压型钢板,屋面刚度较大且与檩条有可靠连接时,可少设或不设拉条。拉条的设置如图 2.15 所示。

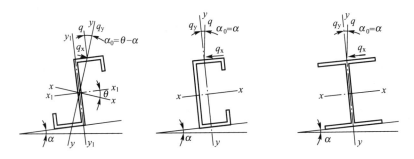

图 2.14　实腹式檩条截面

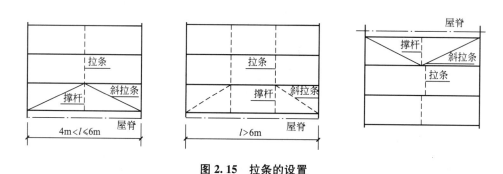

图 2.15　拉条的设置

2. 檩条强度与稳定

屋面檩条属于双向受弯构件,在屋面板能阻止檩条侧向失稳和扭转的情况下,可仅按式(2-34)计算檩条在风荷载效应参与组合时的强度,而整体稳定性不需计算。

$$\frac{M_x}{W_{enx}} + \frac{M_y}{W_{eny}} \leqslant f \qquad (2-34)$$

式中　M_x,M_y——对截面主轴 x 和主轴 y 的弯矩;

　　　W_{enx},W_{eny}——对主轴 x 和主轴 y 的有效净截面模量(对冷弯薄壁型钢)或净截面模量(对热轧型钢)。

当屋面不能阻止檩条侧向失稳和扭转情况下,应按式(2-35)计算檩条的稳定性。

$$\frac{M_x}{\varphi_{bx}W_{ex}} + \frac{M_y}{W_{ey}} \leqslant f \qquad (2-35)$$

式中　W_{ex},W_{ey}——对主轴 x 和主轴 y 的有效截面模量(对冷弯薄壁型钢)或毛截面模量(对热轧型钢);

　　　φ_{bx}——梁的整体稳定系数,根据不同情况按现行国家标准《冷弯薄壁型钢结构技术规范》或《钢结构设计规范》的规定采用。

在风吸力作用下,当屋面不能阻止檩条上翼缘侧移和扭转时,可按式(2-35)计算檩条的稳定性;当屋面能阻止檩条上翼缘侧移和扭转时,也可以按《门式刚架轻型房屋钢结构技术规范》(CECS 102—2002)中附录 E 的规定计算,该方法能较好反映檩条的实际性能,但计算复杂。当采取措施能阻止檩条截面扭转时(如下翼缘设置拉杆、撑杆),则可仅计算其强度。

3. 构造要求

拉条通常采用圆钢做成,圆钢直径不宜小于10mm。圆钢拉条可设在距檩条上翼缘1/3腹板高度的范围内。当在风吸力作用下檩条下翼缘受压时,拉条宜在檩条上下翼缘附近适当布置。当采用扣合式屋面板时,拉条的设置应根据檩条的稳定计算确定。刚性撑杆可采用钢管、方钢或角钢做成,通常按压杆的刚度要求来选择截面。

拉条、撑杆与檩条的连接如图2.16所示。

斜拉条可弯折,也可不弯折,弯折时要求弯折的直线长度不超过15mm,不弯折时则需要通过斜垫板或角钢与檩条连接。

实腹式檩条可通过檩托与刚架斜梁连接,檩托可用角钢或钢板做成,檩条与檩托的连接螺栓不应少于两个,且沿檩条高度方向布置,如图2.17所示。檩托可起到阻止檩条端部截面扭转、增强檩条整体稳定性的作用。

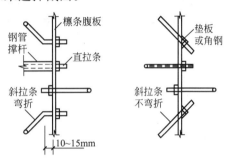

图2.16 拉条与檩条的连接

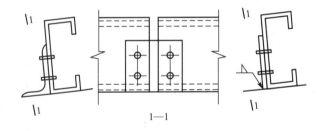

图2.17 檩条与刚架的连接

槽形和Z形檩条上翼缘的肢尖或卷边应朝向屋脊方向,以减小荷载偏心引起的扭矩。计算檩条时,不能把隔撑作为檩条的支撑点。

2.6.2 墙架构件设计

轻型墙体结构的墙梁宜采用卷边槽形或Z形的冷弯薄壁型钢。

墙梁可设计成简支或连续构件,两端支承在刚架柱上。当墙梁有一定竖向承载力、墙板落地且与墙板间有可靠连接时,可不设中间柱,并可不考虑自重引起的弯矩和剪力。设有条形窗或房屋较高且墙梁跨度较大时,墙架柱的数量应由计算确定。当墙梁需承受墙板及自重时,应考虑双向弯曲。

当墙梁跨度为4~6m时,宜在跨中设一道拉条;当墙梁跨度大于6m时,宜在跨间三分点处各设一道拉条。在最上层墙梁处宜设斜拉条将拉力传至承重柱或墙架柱;当墙板的竖向荷载有可靠途径直接传至地面或托梁时,可不设拉条。

单侧挂墙板的墙梁,应按《门式刚架轻型房屋钢结构技术规范》(CECS 102—2002)计算其强度和稳定。

2.6.3 支撑构件设计

门式刚架轻型房屋钢结构中的交叉支撑和柔性系杆可按拉杆设计，非交叉支撑中的受压杆件及刚性系杆按压杆设计。

刚架斜梁上横向水平支撑的内力，应根据纵向风荷载按支承于柱顶的水平桁架计算，并计入支撑对斜梁起减少计算长度作用而承受的力；对交叉支撑可不计压杆的受力。

刚架柱间支撑的内力，应根据该柱列所受纵向风荷载(如有吊车，还应计入吊车纵向制动力)按支承于柱脚基础上的竖向悬臂桁架计算，并计入支撑对柱起减小计算长度而应承担的力。对交叉支撑也可不计压杆的受力。当同一柱列设有多道纵向柱间支撑时，纵向力在支撑间可按均匀分布考虑。

支撑杆件中的拉杆可采用圆钢制作，用特制的连接件与梁柱的腹板连接，并应以花篮螺栓张紧。压杆宜采用双角钢组成的 T 形截面或十字形截面，刚性系杆也可采用圆管截面。

支撑的计算按轴心受力构件的相关内容进行。

2.6.4 屋面板和墙板设计

屋面板和墙板可选用建筑外用彩色镀锌或镀铝锌压型钢板、夹芯压型复合板和玻璃纤维增强水泥外墙板等轻质材料。

一般建筑屋面或墙面采用的压型钢板宜采用长尺压型钢板，其厚度不宜小于 0.4mm。压型钢板的计算和构造应遵照现行国家标准《冷弯薄壁型钢结构技术规程》(GB 50018—2002)的规定。

当在屋面板上开设直径大于 300mm 的圆洞或单边长度大于 300mm 的方洞时，宜根据计算采用次结构加强。不宜在屋脊开洞。屋面板上应避免通长大面积开孔(含采光孔)，开孔宜分块均匀布置。

墙板的自重宜直接传至地面，板与板间应适当连接。

2.7 节点设计

刚架结构中的节点设计包括：梁柱连接节点、梁梁拼接节点、柱脚节点以及其他一些次结构与刚架的连接节点。当有吊车时，刚架柱上还有牛腿节点。刚架的节点设计应注意节点的构造合理，便于施工安装。

2.7.1 梁柱连接节点与梁梁拼接节点

门式刚架横梁与柱的连接一般采用外伸端板与高强度螺栓连接的形式，主要分为端板竖放、端板横放和端板斜放三种形式，如图 2.18(a)、(b)、(c)所示。梁梁拼接节点也采用这种连接形式，如图 2.18(d)所示。

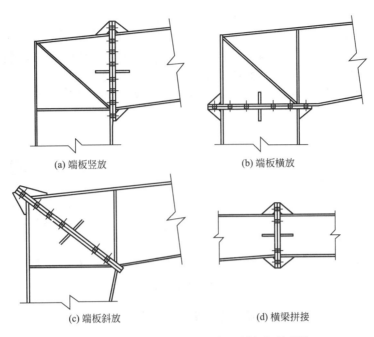

(a) 端板竖放　　　　　　　　　　(b) 端板横放

(c) 端板斜放　　　　　　　　　　(d) 横梁拼接

图 2.18　刚架横梁与柱的连接及横梁间的拼接

1. 梁柱及梁梁端板连接的构造要求

端板连接接头的构造应符合以下要求。

（1）端板连接接头宜采用摩擦型高强度螺栓连接。

（2）梁柱、门式刚架端板的厚度不应小于 16mm，并不宜小于连接螺栓的直径。

（3）螺栓的布置应紧凑，螺栓至板件边缘的距离在满足螺栓施拧条件下应尽量采用最小间距，端板螺栓竖向最大间距不应大于 $16d_0$（d_0 为螺栓孔径）或 400mm。

（4）端板直接与柱翼缘连接而柱翼缘厚度小于端板厚度时，相连的柱翼缘部分宜采用局部变厚板，其厚度应与端板相同。

（5）外伸端板可只在受拉螺栓一侧外伸，当有必要加强接头刚性时，可于外伸部分设短加劲肋。

（6）端板外伸部分受拉螺栓的布置应符合 $e_2 \leqslant e_1 \leqslant 1.25e_2$，如图 2.20 所示。

2. 外伸端板设计

外伸端板连接应按节点所受最大内力设计，其厚度不宜小于 16mm，且不宜小于连接螺栓的直径。当内力较小时，应满足下式要求：

$$\begin{cases} M_J \geqslant 0.5M_e \\ V_J \geqslant 0.5V_e \end{cases} \tag{2-36}$$

式中　M_J、V_J——端板连接节点的抗弯承载力设计值和抗剪承载力设计值；

M_e、V_e——较小的被连接截面的抗弯承载力和抗剪承载力。

对同时受拉和受剪的螺栓，应验算螺栓在拉、剪共同作用下的强度。

外伸端板设计有两种设计方法：一种是不允许板件出现弯曲变形，即不考虑撬力作用，此时端板设计较厚，刚度较大；另外一种方法是设计中允许端板发生一定变形，考虑撬力作用，端板设计较薄，可以增加节点的塑性变形能力。

图 2.19(a)所示为斜梁与柱通过外伸端板连接，在外力作用下，高强螺栓承受拉力。当连接节点所受拉力较大时，若端板厚度较小、刚度较弱，则端板会发生弯曲变形，此时的高强螺栓受到撬开作用而出现附加撬力 Q 以及弯曲变形现象，如图 2.19(b)、(c)所示。撬力是连接板件之间的一种相互作用，它与连接板件的厚度、高强螺栓的直径、布置及材料性能等诸多因素有关。

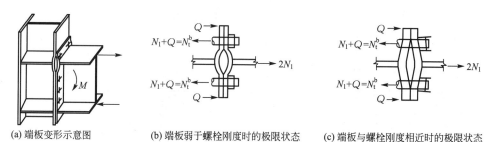

(a) 端板变形示意图　　(b) 端板弱于螺栓刚度时的极限状态　　(c) 端板与螺栓刚度相近时的极限状态

图 2.19　高强螺栓连接的破坏形式及端板变形示意图

（1）不考虑撬力作用时，外伸端板的厚度 t_c 按下式计算：

$$t_c = \sqrt{\frac{8N_t^b e_2}{bf}} \tag{2-37}$$

式中　　N_t^b——高强螺栓的抗拉极限承载力；

　　　　e_2——最外排螺栓到翼板的距离，如图 2.20 所示；

　　　　b——外伸端板的宽度，如图 2.20 所示。

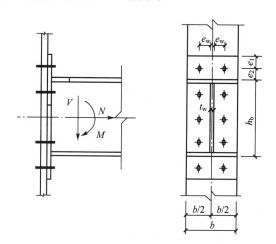

图 2.20　外伸端板连接接头

（2）考虑撬力作用时，外伸端板的厚度计算 t_p 按以下计算步骤计算，并对高强螺栓在撬力作用下进行强度验算：

$$t_p = \sqrt{\frac{8N_t e_2}{bf\psi}} \tag{2-38a}$$

$$\psi = 1 + \alpha'\delta \tag{2-38b}$$

式中　　N_t——最外排一个高强螺栓所受的最大拉力；

e_1、e_2——分别为最外排螺栓到端板边缘及翼缘板的距离，如图 2.20 所示；

f——钢材的设计强度；

ψ——杠杆力影响系数，当不考虑杠杆力作用时，$\psi=1.0$；

δ——端板截面系数，$\delta=1-nd_0/b$；

n、d_0——翼缘板上螺栓的列数及螺栓孔孔径；

α'——系数 $\Big[$当 $\beta \geqslant 1.0$ 时，α' 取 1.0；当 $\beta \leqslant 1.0$ 时，$\alpha'=\dfrac{1}{\delta}\left(\dfrac{\beta}{1-\beta}\right)$，并满足 $\alpha' \leqslant$

1.0，其中：β 为螺栓的承载力影响系数，$\beta=\dfrac{1}{\rho}\left(\dfrac{N_t^b}{N_t}-1\right)$，$\rho=\dfrac{e_1}{e_2}\Big]$。

（3）考虑撬力影响时，高强螺栓的轴向受拉承载力应按以下公式计算：

① 按承载能力极限状态设计时应符合下式的要求：

$$N_t+Q \leqslant 1.25N_t^b \tag{2-39a}$$

② 按正常使用极限状态设计时应符合下式的要求：

$$N_t+Q \leqslant N_t^b \tag{2-39b}$$

式中 Q——撬力，按下式计算。

$$Q=N_t^b\left[\delta\alpha\rho\left(\frac{t_p}{t_c}\right)^2\right] \tag{2-40}$$

$$\alpha=\frac{1}{\delta}\left[\frac{N_t}{N_t^b}\left(\frac{t_c}{t_p}\right)^2-1\right] \tag{2-41}$$

3. 节点域验算

在门式刚架横梁与钢柱相交的节点域，应按下列公式验算节点域柱腹板的剪应力：

$$\tau=\frac{M}{d_b d_c t_c} \leqslant f_v \tag{2-42}$$

式中 d_c、t_c——节点域柱腹板的宽度和厚度；

d_b——刚架横梁端部高度或节点域高度；

M——节点承受的弯矩，对多跨刚架中柱处，应取两侧横梁端弯矩的代数和或柱端弯矩；

f_v——节点域柱腹板的抗剪强度设计值。

刚架构件的翼缘与端板的连接应采用全熔透对接焊缝，腹板与端板的连接应采用角焊缝。在端板设置螺栓处，还应按下列公式验算构件腹板的强度：

$$\begin{cases} \dfrac{0.4P}{e_w t_w} \leqslant f & N_{t2} \leqslant 0.4P \\ \dfrac{N_{t2}}{e_w t_w} \leqslant f & N_{t2} > 0.4P \end{cases} \tag{2-43}$$

式中 N_{t2}——翼缘内第二排一个螺栓的轴向拉力设计值；

P——高强螺栓的预拉力；

e_w——螺栓中心至腹板表面的距离，如图 2.20 所示；

t_w——腹板厚度；

f——腹板钢材的抗拉强度设计值。

当不满足式（2-43）的要求时，可设置腹板加劲肋或局部加厚腹板。

2.7.2 柱脚节点

工业厂房钢结构的柱脚分为铰接和刚接两种情况，采用铰接柱脚时，常设一对或两对地脚螺栓，如图 2.21(a)、(b)所示；当厂房内设有 5t 以上桥式吊车时，应将柱脚设计成刚接，如图 2.21(c)、(d)所示。

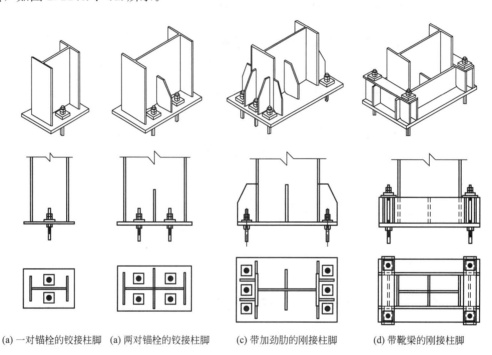

(a) 一对锚栓的铰接柱脚　(a) 两对锚栓的铰接柱脚　　(c) 带加劲肋的刚接柱脚　　(d) 带靴梁的刚接柱脚

图 2.21　门式刚架柱脚形式

1. 铰接柱脚的设计

1) 柱脚底板尺寸的确定

(1) 铰接柱脚底板的长度和宽度应按下式确定，同时需要满足构造上的要求。

$$\sigma_c = \frac{N}{LB} \leqslant f_c \tag{2-44}$$

式中　σ_c——折算应力；

$\quad\quad N$——钢柱的轴心压力；

$\quad\quad L、B$——钢柱柱脚底板的长度和宽度；

$\quad\quad f_c$——钢柱柱脚底板下的混凝土轴心抗压强度设计值。

(2) 铰接柱脚底板的厚度 t 应按下式确定，且不宜小于 20mm。

$$t \geqslant \sqrt{\frac{6M_{imax}}{f}} \tag{2-45}$$

式中　M_{imax}——根据柱脚底板下混凝土基础的反力和底板的支承条件确定的最大弯矩；

$\quad\quad f$——钢柱柱脚底板的钢材抗拉(压)强度设计值。

钢柱柱脚底板上的最大弯矩通常是根据底板下混凝土基础的反力和底板的支承条件来

确定的，对无加劲肋的底板可近似地按悬臂板考虑，对 H 形截面柱，还应按三边支承板考虑。

对悬臂板：
$$M_1 = \frac{1}{2}\sigma_c a_1^2 \qquad\qquad (2-46)$$

对三边支承板：
$$M_2 = \alpha\sigma_c a_2^2 \qquad\qquad (2-47)$$

式中　a_1——底板的悬臂长度；

　　　a_2——计算区格内，板自由边的长度；

　　　α——与 b_2/a_2 有关的系数，见表 2-7；

　　　σ_c——底板下混凝土的反力。

表 2-7　系数 α、β 值

(a) 三边支承板	b_2/a_2	0.30	0.35	0.40	0.45	0.50	0.55	0.60	0.65	0.70	0.75	0.80	0.85
	α	0.027	0.036	0.044	0.052	0.060	0.068	0.075	0.081	0.087	0.092	0.097	0.101
(b) 两相邻边支承板	b_2/a_2	0.90	0.95	1.00	1.10	1.20	1.30	1.40	1.50	1.75	2.00	>2.00	
	α	0.105	0.109	0.112	0.117	0.121	0.124	0.126	0.128	0.130	0.132	0.133	
	b_3/a_3	1.00	1.05	1.10	1.15	1.20	1.25	1.30	1.35	1.40	1.45		
	β	0.048	0.052	0.055	0.059	0.063	0.066	0.069	0.072	0.075	0.078		
(c) 四边支承板	b_3/a_3	1.50	1.55	1.60	1.65	1.70	1.75	1.80	1.90	2.00	>2.00		
	β	0.081	0.084	0.086	0.089	0.091	0.093	0.095	0.099	0.102	0.125		

2）钢柱与柱脚底板的连接焊缝计算

当不考虑加劲肋等补强板件与底板连接焊缝的作用时，底板与柱下端的连接焊缝，可按以下情况确定。

（1）当 H 形截面柱与底板采用周边角焊缝时 [图 2.22(a)]，焊缝强度应按下列公式计算：

$$\sigma_{Nc} = \frac{N}{A_{ew}} \leqslant \beta_f f_f^w \qquad\qquad (2-48a)$$

$$\tau_v = \frac{V}{A_{eww}} \leqslant f_f^w \qquad\qquad (2-48b)$$

$$\sigma_{fs} = \sqrt{\left(\frac{\sigma_{Nc}}{\beta_f}\right)^2 + (\tau_v)^2} \leqslant f_f^w \qquad\qquad (2-48c)$$

式中　N——钢柱的轴心压力；

　　　A_{ew}——沿钢柱截面四周角焊缝的总有效截面面积；

　　　V——钢柱的水平剪力；

　　　A_{eww}——钢柱腹板处的角焊缝有效截面面积；

　　　β_f——正截面角焊缝的强度设计值增大系数；

f_f^w——角焊缝的强度设计值；

σ_fs——角焊缝的折算应力。

（2）H 形截面柱翼缘采用完全焊透的坡口对接焊缝，腹板采用角焊缝连接时［图 2.22(b)］，焊缝强度按下列公式计算：

$$\sigma_\text{Nc}=\frac{N}{2A_\text{F}+A_\text{eww}}\leqslant\beta_\text{f}f_\text{f}^\text{w} \qquad (2-49\text{a})$$

$$\tau_\text{v}=\frac{V}{A_\text{eww}}\leqslant f_\text{f}^\text{w} \qquad (2-49\text{b})$$

$$\sigma_\text{fs}=\sqrt{\left(\frac{\sigma_\text{Nc}}{\beta_\text{f}}\right)^2+(\tau_\text{v})^2}\leqslant f_\text{f}^\text{w} \qquad (2-49\text{c})$$

式中 A_F——单侧翼缘的截面面积。

（3）当 H 形截面柱与底板采用完全焊透的坡口对接焊缝时［图 2.22(c)］，可以认为焊缝与柱截面是等强的，不必进行焊缝强度的验算。

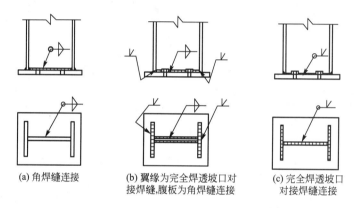

(a) 角焊缝连接　(b) 翼缘为完全焊透坡口对接焊缝,腹板为角焊缝连接　(c) 完全焊透坡口对接焊缝连接

图 2.22 底板与钢柱下端的连接焊缝示意图

3）柱脚锚栓的要求

铰接柱脚的锚栓主要起安装过程的固定作用，通常选用 2 个或 4 个，同时应与钢柱的截面形式、截面大小以及安装要求相协调。锚栓直径通常根据其与钢柱板件厚度和柱底板厚度相协调的原则来确定，一般可在 24～42mm 的范围内选用，但不宜小于 24mm。柱脚锚栓应采用 Q235B 钢或 Q345B 钢制作，锚固长度不宜小于 25d（d 为锚栓直径），其端部应按规定设置弯钩或锚板。埋设锚栓时，一般宜采用锚栓固定支架，以保证锚栓位置的准确。

计算有柱间支撑的柱脚锚栓在风荷载作用下的上拔力时，应计入柱间支撑产生的最大竖向分力，且不应考虑活荷载(或雪荷载)、积灰荷载和附加荷载的影响。此时，恒荷载分项系数应取 1.0。计算柱脚锚栓的受拉承载力时，应采用螺纹处的有效截面面积。

柱脚底板上的锚栓孔径 d_0 宜取锚栓直径 d 的(1～1.5)倍；垫板上锚栓孔径 d_1 应比锚栓直径 d 大 1～2mm，如图 2.23 所示。

柱脚锚栓应采用双螺母紧固，在钢柱安装校正完毕后，应将锚栓垫板与柱底板、螺母与锚栓垫板焊牢，焊脚尺寸不宜小于 10mm。当混凝土基础顶面平整度较差时，柱脚底板与基础混凝土之间应填充比基础混凝土强度等级高一级的细石混凝土或膨胀水泥砂浆并找平，厚度不宜小于 50mm。

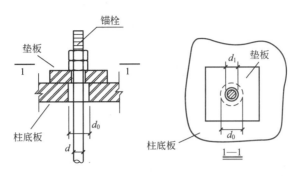

图 2.23 锚栓孔径示意图

4）柱脚水平抗剪验算

铰接柱脚中，柱脚锚栓不宜用于承受柱脚底部的水平剪力，此水平剪力可由柱脚底板与混凝土基础间的摩擦力来抵抗。此时摩擦力 V_{fb} 应符合下式要求：

$$V_{fb}=0.4N \geqslant V \tag{2-50}$$

当不能满足式(2-50)的要求时，可按图 2.24 所示的形式设置抗剪键抵抗水平剪力，抗剪键可采用角钢、槽钢、工字钢等制作。

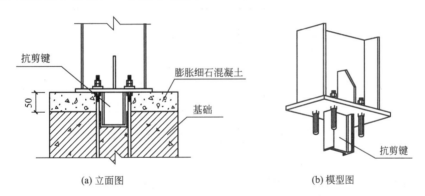

(a) 立面图   (b) 模型图

图 2.24 抗剪键示意图

2．刚接柱脚的设计

1）柱脚底板尺寸的确定

(1) 柱脚底板的长度 L 和宽度 B，应根据设置的加劲肋和锚栓间距的构造要求来确定，如图 2.25 所示。

$$L=h+2l_1+2l_2 \tag{2-51a}$$
$$B=b+2b_1+2b_2 \tag{2-51b}$$

式中 b、h——钢柱底部的截面宽度和高度；

       b_1、l_1——底板宽度和长度方向加劲肋或锚栓支承托座板件的尺寸，可参考表 2-8 的数值确定；

       b_2、l_2——底板宽度和长度方向的边距，一般取 10～30mm。

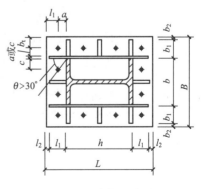

图 2.25 底板尺寸图

表 2－8　底板长度尺寸计算参考数值(mm)

螺栓直径	a	l_1 或 b_1	c	螺栓直径	a	l_1 或 b_1	c
20	60	40	50	56	105	110	140
22	65	45	55	60	110	120	150
24	70	50	60	64	120	130	160
27	70	55	70	68	130	135	170
30	75	60	75	72	140	145	180
33	75	65	85	76	150	150	190
36	80	70	90	80	160	160	200
39	85	80	100	85	170	170	210
42	85	85	105	90	180	180	230
45	90	90	110	95	190	190	240
48	90	95	120	100	200	200	250
52	100	105	130				

柱脚底板的宽度 B 和长度 L 还必须满足以下公式要求：

当 $e \leqslant \dfrac{L}{6}$ 时，
$$\sigma_c = \frac{N(1+6e/L)}{LB} \leqslant \beta_c f_c \tag{2-52a}$$

当 $\dfrac{L}{6} < e \leqslant \left(\dfrac{L}{6}+\dfrac{l_t}{3}\right)$ 时，
$$\sigma_c = \frac{2N}{3B(0.5L-e)} \leqslant \beta_c f_c \tag{2-52b}$$

当 $e > \left(\dfrac{L}{6}+\dfrac{l_t}{3}\right)$ 时，
$$\sigma_c = \frac{2N(0.5L+e-l_t)}{Bx_n(L-l_t-x_n/3)} \leqslant \beta_c f_c \tag{2-52c}$$

式中　e——偏心距，$e=M/N$，如图 2.26 所示；

N、M——钢柱柱端轴心压力和弯矩；

l_t——受拉侧底板边缘至受拉螺栓中心的距离；

σ_c——钢柱柱脚底板下的混凝土所受轴心应力；

f_c——钢柱柱脚底板下的混凝土轴心抗压强度设计值；

β_c——底板下混凝土局部承压时的轴心抗压强度设计值提高系数，按现行《混凝土结构设计规范》(GB 50010—2010)中的相关规定取值；

x_n——底板受压区的长度，可按式(2-53)计算。

$$x_n^3 + 3(e-0.5L)x_n^2 - \frac{6\alpha_c A_e^t}{B}(e+0.5L-l_t)(L-l_t-x_n) = 0 \tag{2-53}$$

式中　α_c——底板钢材的弹性模量与底板下混凝土的弹性模量比值；

A_e^t——受拉侧锚栓的总有效面积，可按式(2-54)计算。

$$A_e^t = T_a/f_t^b \tag{2-54}$$

当 $e \leqslant \left(\dfrac{L}{6}+\dfrac{l_t}{3}\right)$ 时，
$$T_a = 0 \tag{2-55a}$$

当 $e > \left(\dfrac{L}{6}+\dfrac{l_t}{3}\right)$ 时，
$$T_a = \frac{N(e-0.5L+x_n/3)}{L-l_t-x_n/3} \tag{2-55b}$$

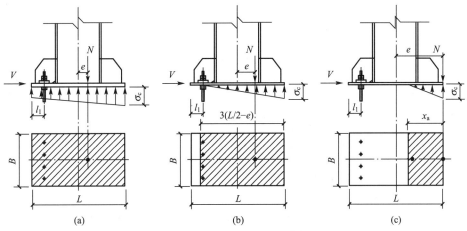

图 2.26　柱脚底板计算简图

式中　T_a——受拉侧锚栓的总拉力；

　　　f_t^b——锚栓的抗拉强度设计值。

（2）刚接柱脚底板的厚度 t 应按式（2-45）计算确定，且不应小于钢柱较厚板件的厚度，也不宜小于 30mm。

2）钢柱与柱脚底板的连接焊缝计算

通常情况下，柱脚底板与柱下端的连接焊缝，无论是否设有加劲肋，均可按无加劲肋的情况进行计算。当加劲肋与柱和底板的连接焊缝质量有可靠保证时，也可采用底板与柱下端和加劲肋的连接焊缝的截面性能进行计算。当不考虑加劲肋与底板连接焊缝的作用时，底板与柱下端的连接焊缝，可按以下情况确定。

（1）当 H 形截面柱与底板采用周边角焊缝时［图 2.22(a)］，焊缝强度应按下列公式计算：

$$\sigma_{Nc} = \frac{N}{A_{ew}} \leqslant \beta_f f_f^w \tag{2-56a}$$

$$\sigma_{Mc} = \frac{M}{W_{ew}} \leqslant \beta_f f_f^w \tag{2-56b}$$

$$\tau_v = \frac{V}{A_{eww}} \leqslant f_f^w \tag{2-56c}$$

$$\sigma_{fs} = \sqrt{\left(\frac{\sigma_{Nc} + \sigma_{Mc}}{\beta_f}\right)^2 + (\tau_v)^2} \leqslant f_f^w \tag{2-56d}$$

式中　N、M、V——作用于柱脚处的轴心压力、弯矩和水平剪力；

　　　A_{ew}——沿钢柱截面四周角焊缝的总有效截面面积；

　　　A_{eww}——钢柱腹板处的角焊缝有效截面面积；

　　　W_{ew}——沿钢柱截面周边的角焊缝的总有效截面模量；

　　　β_f——正截面角焊缝的强度设计值增大系数；

　　　f_f^w——角焊缝的强度设计值；

　　　σ_{fs}——角焊缝的折算应力。

（2）当 H 形截面柱翼缘采用完全焊透的坡口对接焊缝，腹板采用角焊缝连接时［图 2.22(b)］，作用于钢柱柱脚处的轴力及弯矩通过翼缘与柱底板的对接焊缝传递至基础，剪力通过腹板与柱底板的角焊缝传递至基础，焊缝强度按下列公式计算：

$$\sigma_{Nc} = \frac{N}{2A_F + A_{eww}} \leqslant \beta_f f_f^w \qquad (2-57a)$$

$$\sigma_{Mc} = \frac{M}{W_F} \leqslant \beta_f f_f^w \qquad (2-57b)$$

$$\tau_v = \frac{V}{A_{eww}} \leqslant f_f^w \qquad (2-57c)$$

对翼缘:

$$\sigma_f = \sigma_{Nc} + \sigma_{Mc} \leqslant \beta_f f_f^w \qquad (2-57d)$$

对腹板:

$$\sigma_{fs} = \sqrt{\left(\frac{\sigma_{Nc}}{\beta_f}\right)^2 + (\tau_v)^2} \leqslant f_f^w \qquad (2-57e)$$

式中 A_F ——单侧翼缘的截面面积;

W_F ——翼缘的截面模量。

(3) 当 H 形截面柱与底板采用完全焊透的坡口对接焊缝时〔图 2.22(c)〕,可以认为焊缝与柱截面是等强的,不必进行焊缝强度的验算。

3) 柱脚锚栓的要求

锚栓的数目在垂直于弯矩作用平面每侧不应少于 2 个,同时应以与钢柱的截面形式、截面大小以及安装要求相协调的原则来确定。刚接柱脚锚栓直径一般在 30～76mm 的范围内选用,但不宜小于 30mm。柱脚锚栓应采用 Q235B 钢或 Q345B 钢制作,其锚固长度不宜小于 25d(d 为锚栓直径),其端部应按规定设置弯钩或锚板。埋设锚栓时,一般宜采用锚栓固定支架,以保证锚栓位置的准确。

4) 柱脚水平抗剪验算

在刚接柱脚中,锚栓不宜用于承受柱脚底部的水平剪力,此水平剪力 V_{fb} 可由柱脚底板与其下部的混凝土或水泥砂浆之间的摩擦力来抵抗,按下式计算:

$$V_{fb} = \mu_{sc}(N + T_a) \geqslant V \qquad (2-58)$$

式中 μ_{sc} ——摩擦系数,一般取为 0.4;

N、V ——柱脚处的轴力和剪力;

T_a ——受拉侧锚栓的总拉力,按式(2-55)计算。

当不能满足式(2-58)的要求时,可按图 2.24 所示的形式设置抗剪键。

2.7.3 牛腿节点

1. 牛腿的构造要求

吊车梁与钢柱之间的连接通常是通过牛腿来连接的。牛腿一般为工字形、H 形或 T 形截面,可采用变截面或等截面,如图 2.27 所示,并与柱翼缘对焊。为了加强牛腿的刚度,应在集中力 F 作用处,上盖板表面设置垫板,腹板的两边设置横向加劲肋。为了防止柱翼缘的变形,在牛腿的上、下盖板与柱翼缘同一标高处,应设置钢柱的横向加劲肋,其厚度与牛腿翼缘等厚。

2. 牛腿的强度计算

按以下计算牛腿截面上的正应力、剪应力及折算应力:

$$\sigma = \frac{M}{W_x} = \frac{Fe}{W_x} \leqslant f \qquad (2-59a)$$

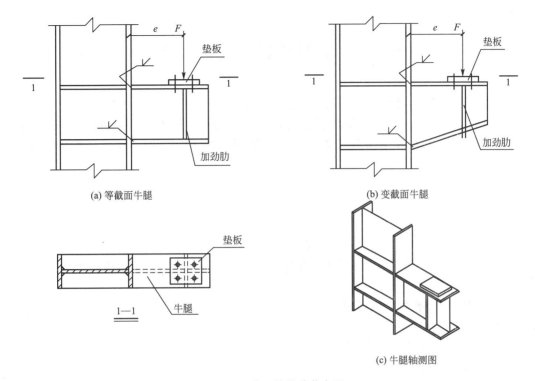

(a) 等截面牛腿
(b) 变截面牛腿

1—1 牛腿

(c) 牛腿轴测图

图 2.27 牛腿的构造节点图

$$\tau = \frac{VS}{It_w} \leqslant f_v \qquad (2-59b)$$

$$\sigma_c = \sqrt{\sigma^2 + 3\tau^2} < f \qquad (2-59c)$$

式中 W_x——牛腿根部截面对 x 轴的净截面模量；

t_w——牛腿腹板的厚度；

f、f_v——钢材的抗拉(压)、抗剪强度设计值。

牛腿的上、下翼缘与柱宜采用完全焊透的对接 V 形焊缝，此时焊缝与钢柱等强，因此不必计算。

2.7.4 摇摆柱与斜梁的连接构造

通过设置摇摆柱可以使梁柱连接节点构造简单，传力明确，摇摆柱仅传递竖向轴力。如图 2.28 所示为摇摆柱与斜梁的连接节点形式。

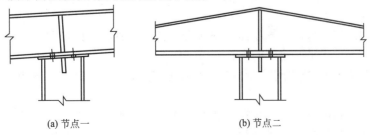

(a) 节点一
(b) 节点二

图 2.28 摇摆柱与斜梁连接节点示意图

2.8 结构设计软件应用

在进行刚架结构设计时，工程中使用较多的有 PKPM 系列软件的 STS 模块、3D3S 中的轻型门式刚架模块、PS2000 等设计软件，这三种软件各有特点，设计者在进行软件选择时也会有一定的偏好。在单层工业厂房钢结构设计软件使用方面，本章主要介绍 PKPM 系列软件的 STS 模块。

2.8.1 参数限制

钢结构 CAD 软件 STS 是 PKPM 系列的一个功能模块，既能独立运行，又可与 PKPM 其他模块数据共享，可以完成钢结构的模型输入、优化设计、结构计算、连接节点设计与施工图辅助设计。

PKPM 的 STS 模块二维模型输入、节点设计与施工图设计部分的计算容量参数限制如下。

(1) 总节点数(包括支座)≤1000。

(2) 柱子数≤1000。

(3) 梁数≤1000。

(4) 支座约束数≤100。

(5) 地震计算时合并的质点数≤100。

(6) 吊车跨数(每跨可为双层吊车)≤15。

2.8.2 使用说明

1. 启动门式刚架平面设计

从桌面上用鼠标双击 PKPM 快捷图标，启动 PKPM 软件 STS 模块后，进入用户界面，如图 2.29 所示。

在正式进行设计之前，需要为所分析工程建立一个独立的工作目录，存放其模型和分析数据，以免不同工程的数据发生冲突，有效利用设计成果。建立工作目录的具体方法为：单击 改变目录 按钮，打开如图 2.30 所示的对话框。

在选定的工作目录"PKPM 教学"下，双击图 2.31 中的主菜单 3 后，打开如图 2.32 所示的界面。

选取"新建文件"按钮，程序弹出输入工程名的对话框(图 2.33)，输入 GJ - 1 后，单击"确定"按钮，进入平面建模的主界面，如图 2.34 所示。

轴网建立步骤：单击"网格生成"\"快速建模"\"门式刚架"，弹出如图 2.34 所示界面。

总跨数：按实际情况填写，当修改其中的参数后，模型会动态更新。

当前跨：其余参数都是针对当前跨而言，通过改变当前跨，实现对整个模型的建立。

图 2.29 PKPM2010 主窗口

图 2.30 选择工作目录界面

图 2.31 门式刚架 PK 交互输入界面

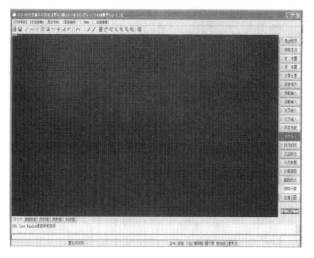

图 2.32 门式刚架平面建模主页面

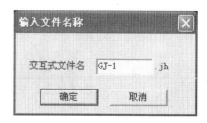

图 2.33 输入文件名称对话框

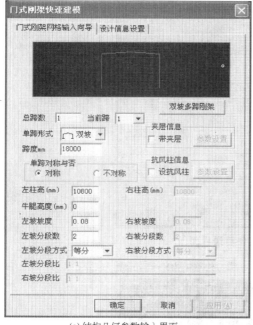

(a)结构几何参数输入界面

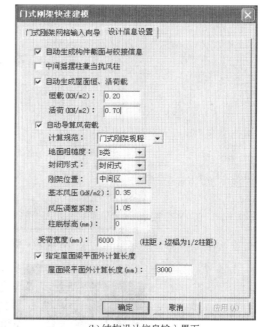

(b)结构设计信息输入界面

图 2.34 门式刚架快速建模

柱高是从檐口到基础顶面(钢柱底面)的距离,本工程的基础顶面标高为±0.000m。梁的分段主要是考虑受力和运输要求。此工程分为 1 跨,跨度 18m,柱距 6m。

2. 布置柱

本工程柱采用等截面的焊接 H 型钢,钢柱截面选用 H450×290×8×14。程序通过"柱布置"菜单完成柱的布置。具体步骤如下。

(1)单击"柱布置",弹出下级菜单,如图 2.35 所示。

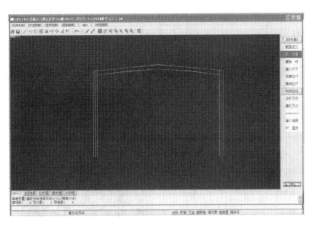

图 2.35 柱布置

（2）接着单击"截面定义"，程序弹出如图 2.36 所示的对话框，完成需要布置的柱截面。

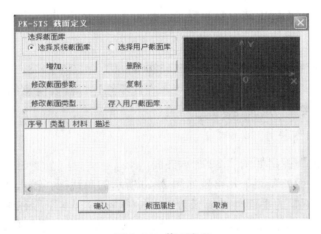

图 2.36 截面定义

（3）单击"增加"按钮，进行输入，弹出如图 2.37 所示的对话框。

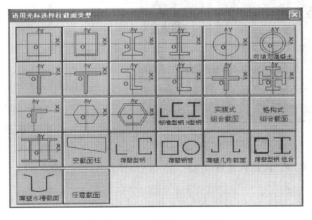

图 2.37 柱截面类型选择

（4）选择"H 型钢"类型，弹出如图 2.38 所示界面，根据所选 H 型钢截面依次修改各参数后，单击"确定"。

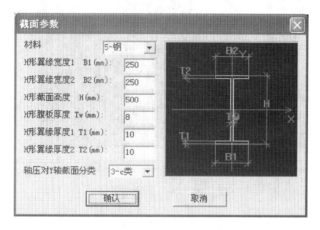

图 2.38　H 型钢截面定义

（5）从定义好的截面库中选中要布置的柱截面类型，依次进行布置。

3. 布置梁

本工程左半坡梁的截面尺寸具体是：H(520～360)×180×6×8，右侧部分与之对称。梁的布置和设计知识参考柱的相关操作即可，在此不细述。需要注意的是：选择"变截面梁"，在布置时，连接点一定要连续。

4. 检查与修改计算长度

单击"计算长度"弹出如图 2.39 所示界面。

接下来单击"平面外"菜单，出现如图 2.40 所示的对话框。输入 3000，单击"确定"后，用鼠标选择梁(把梁的平面外计算长度改为 3000mm)。本工程在牛腿设置通长系杆，柱子的平面外计算长度不需要修改。平面内计算长度可按照软件默认值，不予修改。

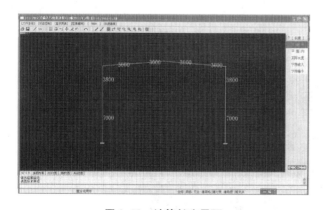

图 2.39　计算长度界面

图 2.40　平面外计算长度

5. 查改节点类型

本菜单的主要功能是设置节点类型。程序默认所有的梁柱节点都是刚节点，所以，在有铰接点的时候，需要通过该菜单修改。本工程有吊车，GJ－1的节点按刚接考虑，不修改。

如用户需要修改时，先选择布置柱铰，根据提示操作即可。

6. 恒载输入

单击"恒载输入"，弹出如图2.41所示界面。界面中梁上均布荷载是由图2.34(b)中所输荷载信息直接导得，通常情况下可不进行调整。

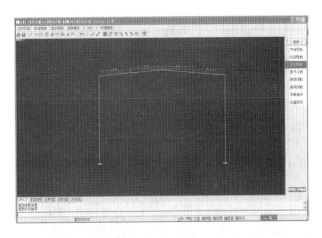

图 2.41 恒载输入界面

程序提供三种类型的恒载，即节点恒载、柱间恒载、梁间恒载。

首先完成屋面恒荷载的输入，单击"梁间恒载"，弹出如图2.42所示梁间荷载定义界面。

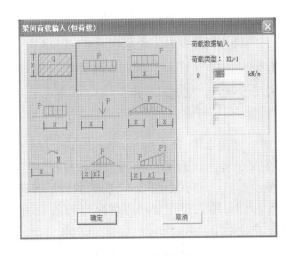

图 2.42 梁间荷载定义

此时可以选择第一种荷载类型，或是第二种荷载类型，在"荷载数据输入"栏填好参数，单击"确定"按钮，完成荷载定义。本例选择第二种，输入1.2。指定梁，即完成梁上恒载的输入。

7. 活载输入

活载的输入模式与方法和恒载相同，对其操作不赘述。本工程没有积灰荷载，屋面雪荷载标准值为 0.45kN/m^2，本跨刚架梁的服务面积为 $6 \times 18 = 108 \text{m}^2 > 60 \text{m}^2$，刚架梁的屋面活荷载为 $0.3 \text{kN/m}^2 < 0.45 \text{kN/m}^2$，取 0.45kN/m^2 计算。考虑到湖南省的实际气候条件，按照 0.7kN/m^2 考虑。

8. 左风输入

程序提供 3 种类型的风载形式，即节点左风、柱间左风、梁间左风，如图 2.43 所示。在人工布置时，需要注意风荷载的正负。程序规定：对于风载，水平荷载向右为正，竖向荷载向下为正。对于典型的门式刚架，程序还提供"自动布置"功能，快速完成风荷载的输入。

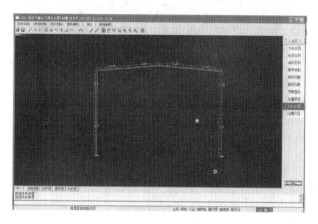

图 2.43　左风输入界面

本刚架是典型的两坡门式刚架，满足门规要求，可以使用"自动布置"功能。单击"左风输入"\"自动布置"，根据实际填写其中参数即可。

9. 右风输入（同左风）

右风输入与左风输入操作相同，在此不赘述。

10. 吊车荷载

单击"吊车荷载"，弹出如图 2.44 所示的吊车荷载界面。单击"吊车数据"，弹出如图 2.45 所示的吊车荷载定义的界面。选择"增加按钮"，打开如图 2.46 所示的对话框。

单击 导入 Dmax，Dmin，Tmax，WT ，打开如图 2.47 所示的"吊车荷载输入向导"对话框。选择"第一台吊车序号"按钮，输入吊车资料，页面如图 2.48 所示。接着按相同方法，布置第 2 台吊车后，单击"确定"。

单击图 2.47 中的"计算"按钮，程序自动计算，并把计算结果显示在该图右侧的"吊车荷载计算结果"里。单击"直接导入"按钮，程序自动把计算结果传到图 2.46 中的"吊车荷载值"栏内。

回到图 2.44 所示的界面，单击"布置吊车"，选择吊车数据，按照命令行提示完成布置即可。

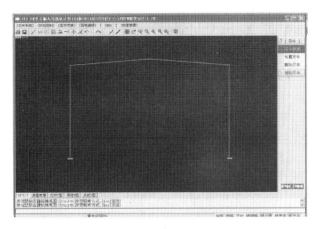

图 2.44　吊车荷载界面

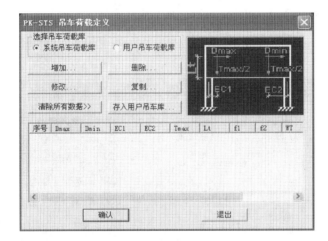

图 2.45　吊车荷载定义界面

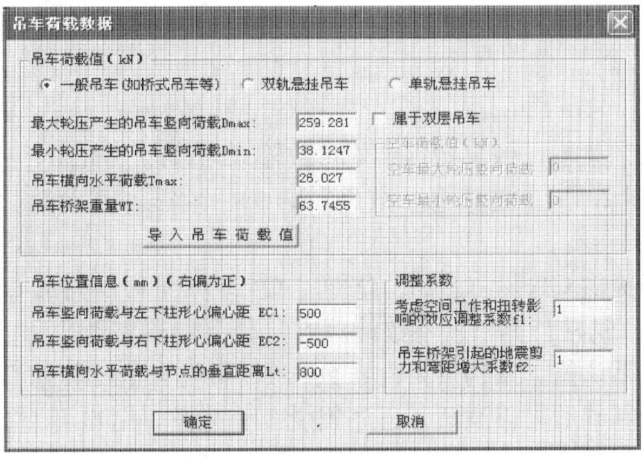

图 2.46　"吊车荷载数据"对话框

图 2.47 "吊车荷载输入向导"对话框

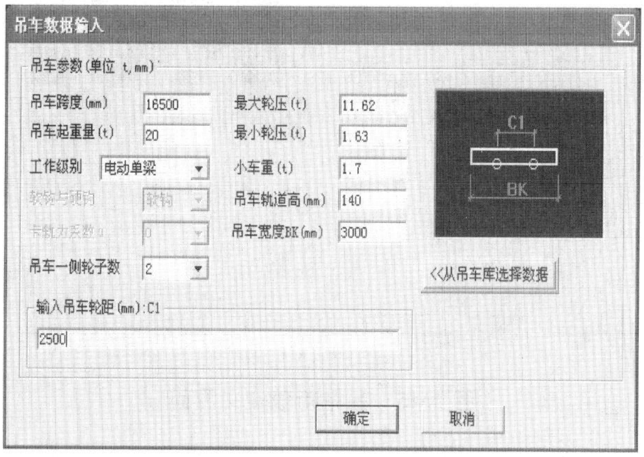

图 2.48 第一台吊车数据

11. 参数输入

单击"参数输入"菜单,弹出"钢结构参数输入与修改"页面,有 4 个选项卡,分别为:结构类型参数(图 2.49)、总信息参数(图 2.50)、地震计算参数(图 2.51)、荷载分项及组合系数(图 2.52)。

钢材钢号:程序提供 Q235、Q345、Q390、Q420 共 4 种,先选 Q345。自重计算放大系数:取默认值 1.2。钢柱计算长度系数计算方法分有侧移和无侧移两种,选有侧移。净截面与毛截面比值取默认值。结构重要性系数选 1。梁柱自重计算信息选"2 算梁柱"。基础计算信息:当布置基础后,被激活。程序提供 2 种选择,用户可根据情况选择。结果文件输出格式分宽行和窄行 2 种,任选一种即可。结果文件中包含内力,一般全选即可。结构地震计算参数根据工程实际填写,其余参数一般取默认即可,不需要改动。

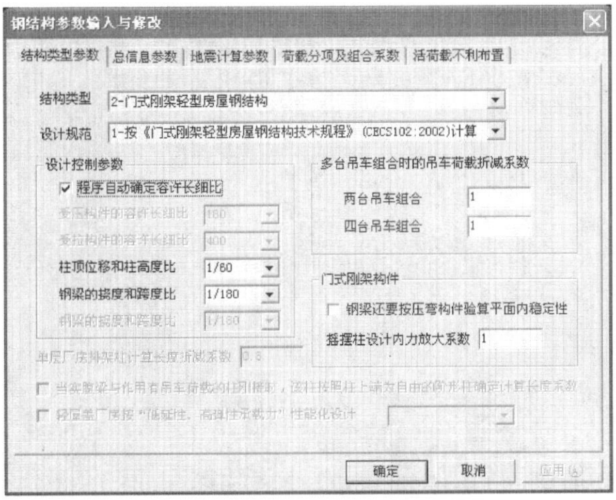

图 2.49 结构类型参数选项卡

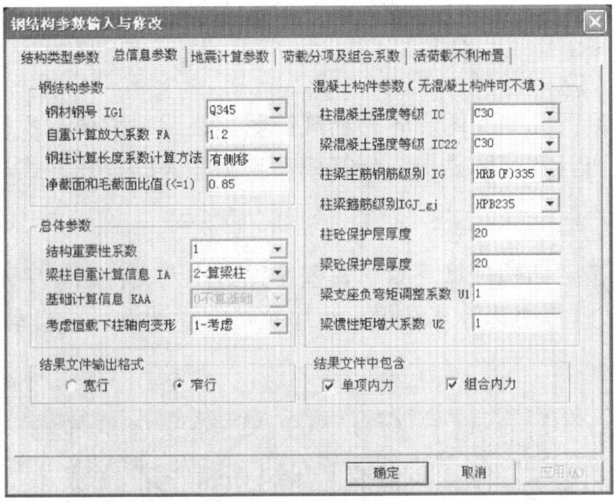

图 2.50 总信息参数选项卡

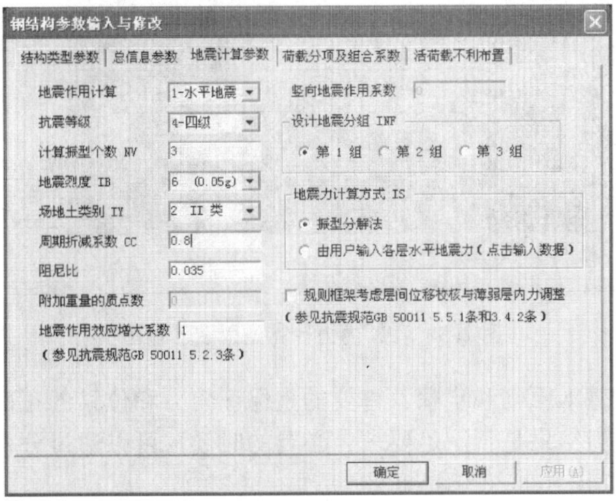

图 2.51 地震计算参数选项卡

图 2.52　荷载分项及组合系数选项卡

12. 计算简图

计算简图部分分别是几何简图和各种荷载简图等，用户需要依次检查。正确的模型是正确计算的前提，检查计算简图是保证计算模型正确输入的有效方式。

13. 计算分析

回主菜单后，单击"结构计算"菜单，程序弹出输入文件名，一般取默认即可。单击"确定"按钮即可生成计算书等计算结果。程序执行完毕计算后，自动给出结果查看界面，如图 2.53 所示。

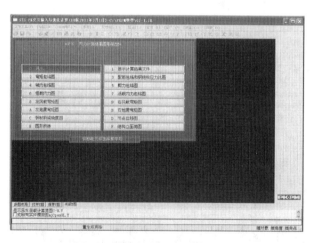

图 2.53　PK 内力计算结果图形输出

检查计算结果的基本原则和步骤：首要的是保证内力和位移的正确性，在此基础上通过应力比简单判断应力结果是否满足要求，必要的时候，可以通过分析计算结果文本详细判断结果的合理性。

这些计算结果经检查正确后，可以作为计算书存档。

在各项指标都满足设计要求的情况下，需要比较方案的经济性，以便确定出技术经济都合理的方案作为设计结果。

14. 查看超限信息

单击"显示计算记过文件"，打开如图 2.54 所示的界面。

单击"超限信息输出"，就可以打开文本文件。可查看的具体超限信息种类有：长细比、宽厚比、挠度和应力，特别是关于刚度指标的超限。通过这项可以简单明了地快速检查超限信息。例题中，没有超限信息，如图 2.55 所示。

图 2.54 结果文件

图 2.55 超限信息

15. 查看配筋包络和钢结构应力图

在图 2.53 中，单击按钮"3 配筋包络和钢结构应力比图"，出现结构的应力图，如图 2.56 所示。

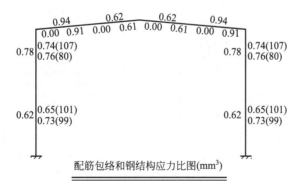

图 2.56 配筋包络与钢结构应力图

用 PKPM-STS 设计的门式刚架，应力比控制取多少合适的问题，需要综合考虑，厂房的重要性、跨度等，一般情况下，不大于 1.0 就可以。柱的控制一般严于梁。本工程中梁柱的应力比已经比较合理了，当然，还可以进一步优化。读者可以进行相关练习。

图 2.57　内力种类

16. 查看内力图

首要的是判断内力图的正确与否，只有在内力正确的前提下，其他结果才有意义。本工程的内力图主要有：恒载内力图、活载内力图、风载内力图、地震作用的内力图。对于恒载内力图和活载内力图都需要先打开图 2.57 所示页面，勾选相应项目才能得到对应的内力图。依次勾选要查看的项目，即可显示相应的内力图。

17. 查看内力包络图

内力包络图主要有：弯矩包络图、轴力包络图和剪力包络图，对梁来说，主要是查看弯矩包络图，因为弯矩包络图是梁分段和设置隅撑的重要依据。对于柱子来说，主要的是弯矩包络图和轴力包络图。其检查方法同内力，可参考前面内容。

18. 检查刚度（查看挠度图和节点位移图）

和内力图一样，对于结构的变形，同样要判断程序结果的正确与否，如图 2.58 和图 2.59 所示。在变形图正确的基础上，从刚度的角度来评价是否符合规范要求，是否比较经济。

图 2.58　钢梁变形图选项

图 2.59　节点位移

19. 查看计算文件（详细的计算信息，人工优化调整的重要依据）

详细的计算文件即 PK11.OUT 文件，这个文件含有平面计算中的几乎所有信息，可以作为计算书存档。

20. 施工图绘制

一般来说设计方案经计算分析比较后，一旦确定下来，计算的工作就算完成了，接下来的就是绘制施工图了。

单击"绘施工图",打开施工图绘制工作界面,如图 2.60 所示。

设置参数必须首先执行,单击"设置参数"打开如图 2.61 所示的对话框,一般取默认即可,点击"确定"按钮。

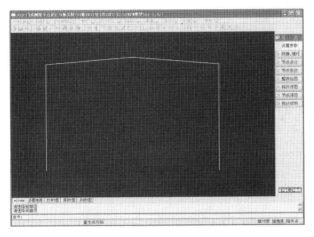

图 2.60 施工图绘制界面

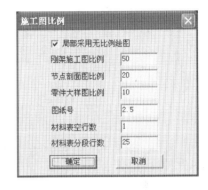

图 2.61 施工图比例

1) 拼接、檩托

该菜单的主要功能有:检查程序自动生成的拼接点是否正确,是否符合要求,可以根据需要增加或删除;完成布置梁上的檩托和柱子的檩托。需要说明的是,如此处布置了檩托,则施工图中会出现。否则,程序不绘出。

2) 节点设计

单击"节点设计",打开"输入或修改设计参数界面",包括 4 个选项卡,如图 2.62 所示。

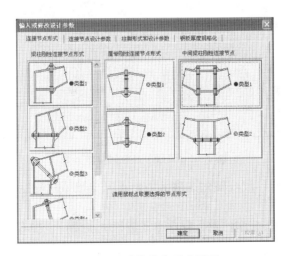

图 2.62 连接节点形式界面

根据设计需要,在图 2.62 中选择好梁柱与梁梁连接节点类型,在图 2.63 中,程序根据前面计算模型选择的柱脚自动把未用到的柱脚变成不可选状态,根据设计需要,选择好柱脚做法。

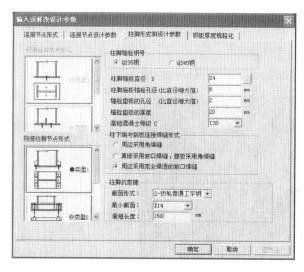

图 2.63　连接节点形式界面

在图 2.64 中，选择好连接节点设计参数，包括：高强度螺栓连接类型、强度等级、直径、间距、接触面的处理方式等内容。

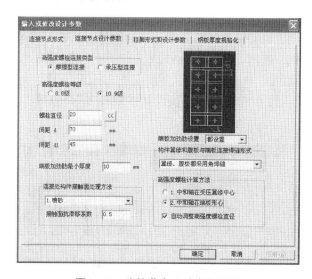

图 2.64　连接节点设计参数界面

在图 2.65 中的钢板厚度规格化选项卡中，可以按默认值确定，也可根据实际情况修改参数。

全部选填好后，单击确定按钮，程序自动进行节点设计。如有不满足项目，程序自动给出提示。

此时，可以快速地使用"出错信息"菜单查看不满足信息的具体内容，如图 2.66 所示。本工程中不满足程序提示"柱脚需要设置抗剪键"，属于警告信息，是由于按照规范锚栓不能承受剪力，如柱脚剪力 $V>0.4N$ 时，需要通过设置抗剪键来抵抗这个超过部分的剪力，可以通过构造措施来保证。

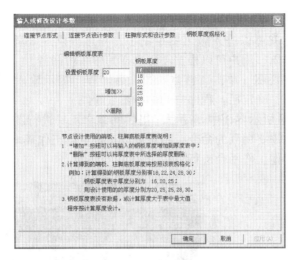

图 2.65　钢板厚度规格化界面

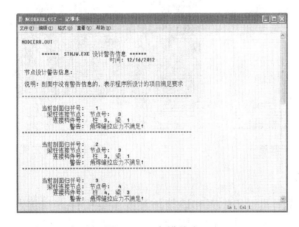

图 2.66　出错信息

　　详细的节点计算信息可以通过查看"节点文件"来完成，如图 2.67 所示。如要对个别节点进行修改，可通过修改节点菜单完成，具体可详见相关文献。

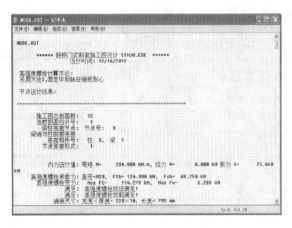

图 2.67　节点文件

3) 整体出图

节点设计完成后，就可以进入施工图绘制了。程序提供了 3 种出图形式，即整体绘图、构件详图、节点详图。用户可以根据需要选择其中一种即可。

现以整体绘图为例说明。单击"整体绘图"后，程序提示输入绘图信息，如图 2.68 所示，一般取默认即可，确定后，程序自动进行图纸绘制。

用户可以在图 2.69 所示界面中，用程序提供的编辑工具进行图面整理。"移动图块"和"移动标注"是经常需要用到的命令。用户可以直接在此工作环境下进行图纸的进一步美化，也可以借助于其他工作平台进行。

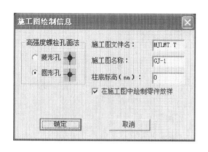

图 2.68　施工图绘制信息

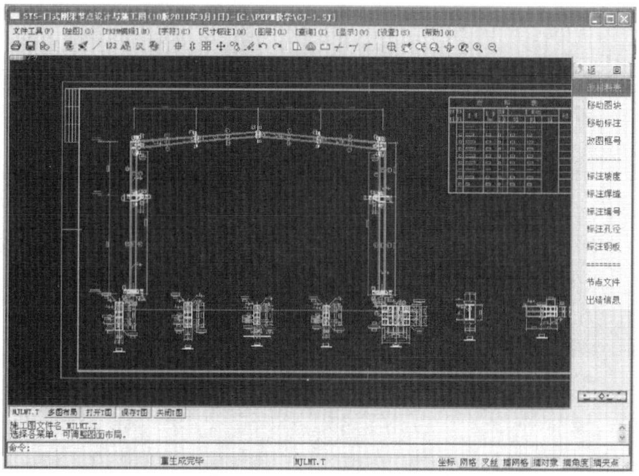

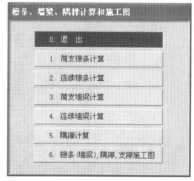

图 2.69　施工图绘制

21. 维护结构设计

檩条和墙梁是门式刚架屋盖体系和墙架体系的主要构件，其特点是覆盖面积很大，在总用钢量中所占的比例不小，是维护系统设计中的主要内容，其设计可以通过 STS "工具箱"模块的主菜单 1 实现，如图 2.70 所示。

1) 简支檩条设计

进入主菜单 1 后显示"檩条、墙梁、隅撑计算和施工图"页面，如图 2.71 所示。

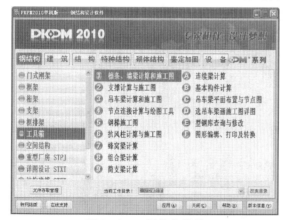

图 2.70　工具箱主菜单

图 2.71　"檩条、墙梁、隅撑计算和施工图"页面

单击按钮"1 简支檩条计算"进入檩条设计计算。出现如图 2.72 所示的"简支檩条设计"对话框。按照本工程的实际情况输入有关数据。数据输入完毕，检查无误后，单击"计算"按钮，程序提示输入计算结果文件名称，默认为"LT-1"，自动完成檩条的计算后弹出檩条计算结果文件，查看计算结果是否满足要求。

2）简支墙梁设计

单击图 2.71 中的按钮"3 简支墙梁计算"进入墙梁设计。出现如图 2.73 所示的"墙梁设计"对话框。根据工程实际完成参数输入后，直接进行计算。具体过程请参考简支檩条设计。

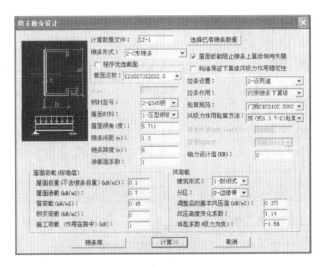

图 2.72　"简支檩条设计"对话框

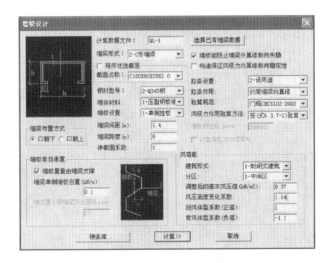

图 2.73　"墙梁设计"对话框

22. 吊车梁设计

吊车梁设计是通过图 2.70 中的菜单"3　吊车梁计算和施工图"来完成，包括计算分析和施工图的绘制。

1）启动吊车梁设计

双击"工具箱"的主菜单3，弹出"钢吊车梁设计主菜单"页面，如图2.74所示。下面以中间跨吊车梁 DCL-1 为例说明以上菜单的使用。

2）输入数据

单击"1.吊车梁计算"按钮，弹出如图2.75所示对话框，输入参数后，通过"增加/删除/修改/导入吊车库"等其中一种方式输入相应的吊车荷载，完成吊车数据输入。

图2.74 "钢吊车梁设计主菜单"页面

图2.75 "吊车数据"对话框

单击"吊车梁截面数据"按钮，弹出如图2.76所示对话框。输入吊车梁截面各参数后，单击"考虑其他荷载作用及疲劳计算"按钮，弹出如图2.77所示对话框。

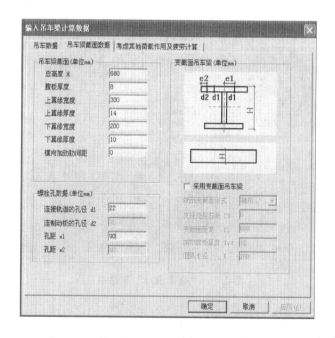

图2.76 "吊车梁截面数据"对话框

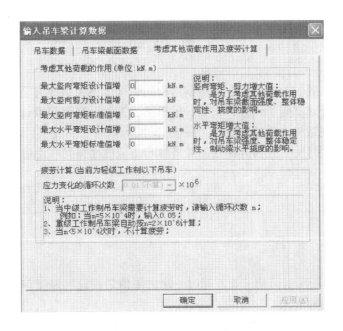

图 2.77 "考虑其他荷载作用及疲劳计算"对话框

当需考虑吊车走道上的活荷载及灰荷载，或者其他吊挂荷载对吊车梁的作用时，用户可先手工计算这些作用的最大弯矩设计值，然后输入到对话框中。

本工程吊车梁不需要考虑其他荷载增大系数。

3）单击"确定"按钮后程序自动完成计算，生成计算结果文件

计算结果分为"结果文件"和"摘要文件"，首先可通过查看摘要文件快速查看不满足信息。详细的结果信息可以从"结果文件得到"。

通过计算文件可知，有关指标比较均衡，且材料的强度基本得到了发挥，可行。

4）绘制施工图

吊车梁的施工图绘制比较简单，读者可以参考相关书籍，本处从略。

由于篇幅所限，单层工业厂房的其余相关设计内容请读者参考相关软件操作说明和相关专业资料，本章从略。

2.9 工程应用

某电机维修车间，为单跨双坡门式刚架，屋面为 8%，钢柱采用等截面 H 型钢，钢梁采用变截面 H 型钢，柱脚为刚接，柱距为 6m，厂房总长为 90m，跨度为 18m，主体结构材料采用 Q345B 钢材，次结构(支撑、柱间支撑及其他辅助构件)均采用 Q235B 钢材，焊条采用 E50 和 E43 系列焊条。基本雪压 $0.45kN/m^2$，基本风压 $0.35kN/m^2$，地面粗糙度为 B 类，抗震设防烈度为 6 度(0.05g)，设计地震分组为第一组。

具体操作过程详见 2.8 节。部分施工图如附录 B，仅供参考。

本 章 小 结

通过本章学习，我们对单层工业厂房钢结构的结构体系和组成有了一定的了解，理解了其荷载效应及组合，掌握了钢柱、钢梁、吊车梁、檩条、墙梁等设计验算方法，并且掌握了单层工业厂房钢结构设计软件 STS 的一些基本操作。

单层工业厂房钢结构，凭借其优越的经济性和适应性而得到广泛应用。

习 题

1. 思考题

（1）当单层工业厂房钢结构的长度超过一定的限值后需设置温度伸缩缝，常见的温度伸缩缝的做法有哪几种形式？

（2）单层钢结构厂房与钢筋混凝土结构厂房设计有何不同？

（3）单层钢结构厂房设计中的荷载有哪些？这些荷载由哪些结构承担？

（4）吊车梁的设计是否一定要有制动系统？

（5）设计有吊车的单层钢结构厂房，柱脚设计应注意什么问题？

（6）单层钢结构厂房的檩条设计中应注意什么问题？

（7）刚架柱进行最不利内力组合时，应进行哪几种内力组合？内力组合时需注意什么问题？

2. 设计题

（1）一简支吊车梁，跨度为 8m，无制动结构，钢材采用 Q345 钢，承受一台起重量为 10t，级别为 A5 的软钩桥式吊车作用，吊车跨度为 16.5m。吊车梁的最大轮压设计值 $P_{max}=199.92kN$，小车重 3.46t，轨道自重 43kg/m，吊车轨高 170mm，截面如图 2.78 所示，试验算吊车梁的强度和稳定性。

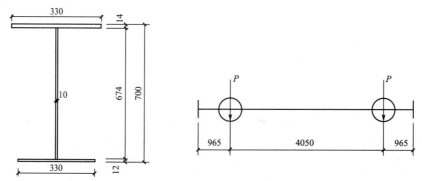

图 2.78 吊车梁截面及受力图

（2）9m 柱距、24m 单跨、檐口高度为 30m、起重量为 100t、工作级别为 A5 的软钩桥式两台，试确定该厂房钢柱、钢梁、吊车梁、支撑、抗风柱、柱脚所采用的结构形式，并比较不同方案的经济性。

第3章
多高层钢框架结构设计

教学目标

主要讲述钢框架设计的基本理论和方法。通过本章学习，应达到以下目标。

(1) 了解多高层钢框架结构的结构类型和形式。

(2) 掌握多高层钢框架结构的分析和计算方法。

(3) 掌握钢框架结构楼盖的设计计算原则。

(4) 掌握钢框架柱、支撑与节点的设计方法。

(5) 能够较好地运用相关钢结构设计软件进行简单的钢框架设计。

教学要求

知识要点	能力要求	相关知识
多高层钢框架结构体系	(1) 理解纯框架与框架-支撑结构性能上的差异 (2) 掌握有侧移框架与无侧移框架的界定	(1) 钢框架结构体系 (2) 钢框架抗震等级
钢框架设计	(1) 了解钢框架的选型要点 (2) 掌握钢框架分析与构件设计方法	(1) 不同类型框架的特点及适用范围 (2) 钢框架柱计算长度的确定方法 (3) 强度、刚度、稳定性的验算方法
设计软件的应用	能较为熟练地进行相关软件的操作	(1) 多高层钢框架设计的相关参数 (2) 软件操作的基本步骤

基本概念

纯框架结构，框架-支撑结构，有侧移框架，无侧移框架，强支撑框架，弱支撑框架，框架柱计算长度

引例

钢框架结构空间分隔灵活，自重轻，节省材料；同时钢框架结构的梁、柱构件易于标准化、定型化，便于采用装配整体式结构，对缩短施工工期十分有利。因而该类型结构在工业与民用建筑当中应用十分广泛，从工业建筑中的钢平台、设备塔架到民用建筑的高层公寓、办公大楼等建筑，都可以见到钢框架结构的使用。钢框架结构体系依据梁柱连接刚度的差异和抗侧力体系的不同分为不同的结构形式。

钢框架结构受力性能优良，使用广泛，但倘若对该类型结构性能了解不足，发生工程事故就会造成巨大的损失。图 3.1 为某水泥有限公司设备塔架发生垮塌后的图片，图 3.1(a)显示过热器与尘降室已经垮塌，图 3.1(b)显示尘降室垮塌后的结构构件局部破坏情形。该事故发生在 2012 年 7 月 16 日，7 层主

体框架的第三层结构发生了垮塌，造成了设备损坏、生产停止，给企业带来了巨大的经济损失。

造成钢框架出现垮塌事故的原因很多，一方面是由于结构设计中荷载考虑不够全面，结构布置存在缺陷；另一方面是由于施工单位在施工时没有严格把关，焊接施工质量不合格；此外还有使用环境封闭而导致积灰荷载过大等原因。希望大家通过对本章的学习，对多高层钢框架结构的结构布置、结构分析与设计有一个较全面的了解与掌握，能对该类型事故产生的原因进行分析，从而在以后的实际工程中避免此类事故的发生。

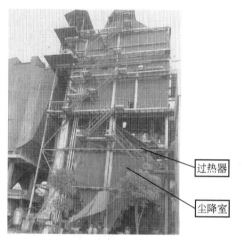

(a) 塔架立面   (b) 局部破坏情形

图 3.1　倒塌的钢框架设备塔架

3.1 结构体系与布置

多层与高层钢框架之间其实没有严格的界限，根据房屋建筑的荷载特点及其力学行为，尤其是对地震作用的反应，新版《高层民用建筑钢结构技术规程》将多高层的界限界定为 50m。

3.1.1 钢框架结构体系与适用范围

钢框架结构是由钢梁、钢柱及支撑以一定的连接方式组成的、能承受各种荷载的结构体系。结构承受的荷载主要有竖向荷载和水平荷载。竖向荷载包括恒荷载、楼（屋）面活荷载、竖向地震作用等；水平荷载包括风荷载、水平地震作用等。当建筑物的层数较少、总高不大时，竖向荷载起控制作用；当建筑物的层数较多、总高较大时，水平荷载起控制作用。因此，钢框架结构除了设置承担竖向荷载的结构体系外，还应该设置承担水平荷载的结构体系。

根据结构抗侧力体系的不同，钢框架结构可分为纯框架结构、中心支撑框架结构、偏心支撑框架结构和框筒结构等，如图 3.2 所示。

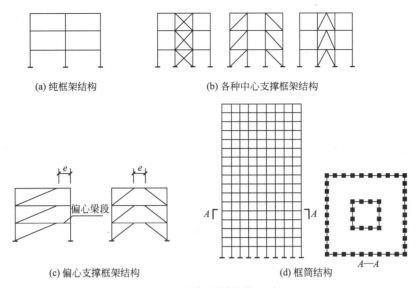

(a) 纯框架结构　　　　　(b) 各种中心支撑框架结构

偏心梁段

(c) 偏心支撑框架结构　　　(d) 框筒结构

图 3.2　钢框架的结构形式

纯框架结构延性好，但抗侧刚度较差；中心支撑框架结构通过支撑提高框架的刚度，但支撑受压会屈曲，支撑屈曲将导致结构的承载力降低；偏心支撑框架结构可通过偏心梁段剪切屈服来限制支撑的受压屈曲，从而保证结构具有稳定的承载力和良好的耗能性能，其结构抗侧刚度介于纯框架和中心支撑框架之间；框筒结构实际上属于密柱框架结构，由于其梁跨度小、刚度大，使周围柱近似构成一个整体受弯的薄壁筒体，具有较大的抗侧刚度和承载力，因而框筒结构多用于高层建筑中。

依据上述不同类型钢框架的结构性能差异，《高层民用建筑钢结构技术规程》(JGJ 99—2012)规定了各类型钢框架结构适用的最大高度及最大的高宽比，如表 3-1 和表 3-2 所示。

表 3-1　高层建筑钢框架结构适用的最大高度　（单位：m）

结构类型	6、7 度 (0.10g)	7 度 (0.15g)	8 度		9 度 (0.40g)	非抗震设计
			(0.20g)	(0.30g)		
框架	110	90	90	70	50	110
框架-中心支撑	220	200	180	150	120	240
框架-偏心支撑	240	220	200	180	160	260
框筒	300	280	260	240	180	260

表 3-2　高层建筑钢框架结构适用的最大高宽比

烈度	6 度、7 度	8 度	9 度
最大高宽比	6.5	6	5.5

3.1.2　钢框架结构布置

钢框架结构布置应注重平面、立面和剖面的规则性，力求抗侧力构件的平面布置规则对称，侧向刚度沿竖向变化宜均匀，避免结构的侧向刚度和承载能力发生突变。

1. 纯钢框架结构体系

纯钢框架结构由钢梁、钢柱以正交或非正交方式构成，水平横梁与竖直的框架柱以刚性或半刚性连接在一起，沿房屋的横向和纵向设置，形成双向抗侧力结构，承受竖向荷载和任意方向的水平荷载作用。

在纯钢框架结构中，柱网布置在整个结构设计中往往起决定性作用。在确定柱网尺寸时，主要考虑建筑物的使用要求、平面形状、楼盖形式和经济性等因素。常用柱网形式有方形柱网和矩形柱网，柱距以6～9m为宜，如图3.3所示。当柱网确定后，梁格即可自然地按柱网分格来布置，钢框架主梁应按框架方向布置于框架柱间，与柱刚接或半刚接。一般在主梁之间考虑楼板或受载要求须设置次梁，次梁其间距可为3～4m，当为双向受力钢框架时，主次梁也相应沿双向布置。常用梁格布置如图3.4所示。

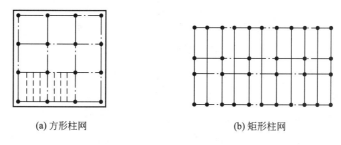

(a) 方形柱网   (b) 矩形柱网

图3.3　纯框架结构柱网形式

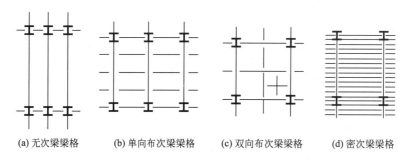

(a) 无次梁梁格   (b) 单向布次梁梁格   (c) 双向布次梁梁格   (d) 密次梁梁格

图3.4　梁格布置

纯钢框架结构在建筑平面设计中具有较大的灵活性，由于可采用较大柱距，能获得较大的使用空间，易于满足多功能的使用要求；结构刚度比较均匀，构造简单，便于施工；结构具有较好的延性，自震周期长，对地震作用不敏感，是较好的抗震结构形式。

纯钢框架结构依靠钢梁和钢柱的抗弯刚度来提供整体结构的侧向刚度，所以其抗侧力的能力较弱。在水平荷载作用下，结构顶部侧向位移较大，在框架柱内引起的P-Δ效应较严重，同时易使非结构构件损坏。这种变形特点使框架结构体系在使用时，建筑高度受到限制，一般适用于不超过30层的高层钢框架结构。

2. 钢框架-支撑结构体系

在纯钢框架结构的基础上，沿房屋纵向和横向布置一定数量的竖向支撑，桁架结构就组成了钢框架-支撑结构体系，如图3.5所示。这种结构体系是在高层钢框架结构中应用最多的结构体系之一，其特点是钢框架和支撑系统协同工作，竖向支撑桁架具有较大的侧向刚度，起抗震墙的作用，承担大部分的水平剪力，减小了整体结构的水平位移。在罕遇地震的作用下，若支撑系统遭到破坏，可以通过内力重分布使钢框架结构承担水平力，即所谓的两道抗震设防。

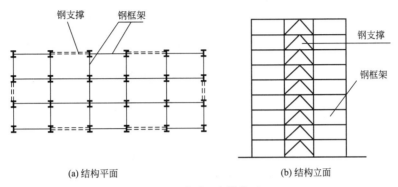

(a) 结构平面　　　　　　　　　　(b) 结构立面

图 3.5　框架-支撑体系

支撑应沿建筑物的两个方向布置，支撑的数量、形式及刚度应根据建筑物的高度和水平力作用情况进行设置，支撑框架之间楼盖的长宽比不宜大于 3。在抗震建筑中，支撑一般在同一竖向柱距内连续布置［图 3.6(a)］，使层间刚度变化比较均匀。当不考虑抗震时，根据建筑物的立面要求，可交错布置［图 3.6(b)］。当竖向支撑桁架设置在建筑物中部时，外围柱一般不参与抵抗水平力。

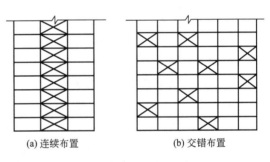

(a) 连续布置　　　　　(b) 交错布置

图 3.6　竖向支撑的立面布置

支撑桁架的类型有中心支撑和偏心支撑。中心支撑是由斜杆与横梁、柱交汇于一点，交汇时无偏心距的影响。根据斜杆的布置形式不同，中心支撑的形式主要有十字交叉斜杆、单斜杆、人字形斜杆、V 形斜杆、K 形斜杆等(图 3.7)。中心支撑结构在地震时耗能能力相对较低，在地震区的高层建筑宜采用偏心支撑。偏心支撑是指斜杆与横梁、柱的交点有一定的偏心距，此偏心距即为消能梁段。偏心支撑在水平地震的作用下，一是通过消能梁段的非弹性变形进行耗能，二是通过消能梁段先剪切屈服（同跨的其余梁段未屈服）以达到保护斜杆的目的。偏心支撑的类型如图 3.8 所示。

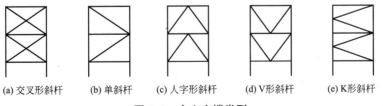

(a) 交叉形斜杆　(b) 单斜杆　(c) 人字形斜杆　(d) V形斜杆　(e) K形斜杆

图 3.7　中心支撑类型

对于抗震等级为三、四级且高度不大于 50m 的钢框架宜采用中心支撑，也可采用偏心支撑、屈曲约束支撑等消能支撑。钢结构房屋的抗震等级按表 3-3 确定。

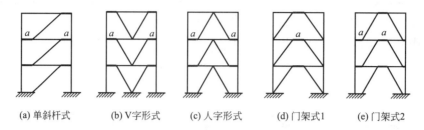

（a）单斜杆式　　（b）V字形式　　（c）人字形式　　（d）门架式1　　（e）门架式2

图 3.8　偏心支撑类型

注：粗线 a 为耗能梁段。

表 3-3　钢框架结构房屋的抗震等级

房屋高度	地震烈度			
	6	7	8	9
≤50m	—	四	三	二
>50m	四	三	二	一

注：1. 高度接近或等于高度分界时，应允许结合房屋不规则程度和场地、地基条件确定抗震等级。

　　2. 一般情况，构件的抗震等级应与结构相同；当某个部位各构件的承载力均满足 2 倍地震作用组合下的内力要求时，7～9 度的构件抗震等级应允许按降低一度确定。

中心支撑钢框架结构宜采用交叉支撑，也可采用人字支撑或单斜杆支撑。考虑在水平地震的往复作用下，斜杆易产生重复压曲而降低受压承载力，尤其是 K 形斜杆支撑在水平地震的往复作用下，使支撑及其节点、相邻的构件产生很大的附加应力，所以对于地震区的建筑，不得采用 K 形斜杆支撑。支撑的轴线宜交汇于梁柱构件轴线的交点，偏离交点时的偏心距不应超过支撑杆件宽度，并应计入由此产生的附加弯矩。当中心支撑采用只能受拉的单斜杆体系时，应同时设置不同倾斜方向的两组斜杆，且每组中不同方向单斜杆的截面面积在水平方向的投影面积之差不应大于 10%。

偏心支撑钢框架的每根支撑应至少有一端与钢框架梁连接，并在支撑与梁交点和柱之间或同一跨内与另一支撑与梁的交点之间形成耗能梁段。

3.2 钢框架结构设计主要内容

钢框架结构设计的主要内容包括以下几个方面。

（1）设计资料的准备。

① 工程性质及建筑物安全等级。

② 荷载和作用资料包括恒荷载标准值及其分布、活荷载标准值及其分布、基本风压及地面粗糙度类型、地震设防烈度、环境温度变化状况和基本雪压等。

③ 地质条件资料。

（2）确定合理的结构形式和节点的连接方法（形式）。

（3）确定结构平面布置与支撑体系布置。

（4）钢框架梁和柱截面形式选定并初估截面尺寸。

① 钢框架梁的截面尺寸估算：估算梁的截面高度应考虑建筑高度、刚度条件和经济条件；确定梁的翼缘、腹板尺寸应考虑局部稳定、经济条件和连接构造等因素。

② 钢框架柱的截面尺寸估算：柱的截面尺寸可由一根柱所承受的轴力乘以 1.2 倍，按轴心受压估算所需柱截面尺寸。

（5）钢框架梁、柱线刚度计算及梁、柱计算长度的确定。

（6）荷载计算。

① 恒荷载统计。

② 活荷载统计。

③ 风荷载计算。

④ 地震作用计算。

⑤ 温度作用计算。

⑥ 施工荷载计算。

（7）结构分析。

① 荷载作用下框架内力分析：恒荷载作用下框架内力分析（建议采用弯矩分配法）；活荷载作用下框架内力分析（建议采用分层法。为便于内力组合，可将活荷载分跨布置进行计算；因非上人屋面活荷载一般较小，可不考虑活荷载的最不利布置，将活荷载在屋面满跨布置）；风荷载作用下的框架内力分析（建议采用 D 值法）；地震作用下的框架内力分析（建议采用底部剪力法）。

② 荷载作用下框架侧移分析：风荷载作用下的框架侧移分析；小震作用下的框架侧移分析；大震作用下的框架侧移分析；地震作用下的框架内力分析（建议采用底部剪力法）。

（8）作用效应组合与构件截面验算。

① 承载力极限状态验算，包括如下内容。

根据抗震设防情况，针对横梁、框架柱、支撑分别进行无地震情形与有地震情形的作用效应组合。

依据作用效应组合得出构件的控制内力，对构件及连接进行设计，包括如下内容。

钢框架梁、柱设计；支撑设计；节点设计；柱脚设计。

② 正常使用极限状态验算包括：主梁和次梁的挠度验算、风荷载作用下钢框架水平侧移验算、小震作用下钢框架水平侧移验算和大震作用下钢框架水平侧移验算。

（9）绘制结构施工图。

3.3 荷载与作用

3.3.1 竖向荷载

结构上的永久荷载包括建筑物的自重与楼（屋）盖上的工业设备荷载，结构自重由构件尺寸与材料重度计算确定，设备荷载由工艺提供数据取值。

结构上的楼面和屋顶活荷载、雪荷载的标准值及准永久系数，应按现行国家标准《建筑结构荷载规范》（GB 50009—2012）规定采用。层数较少的多层钢框架应考虑活荷载的不利分布。与永久荷载相比，高层钢框架中活荷载值是不大的，可不考虑活荷载的不利分布，在计算构件效应时，楼面及屋面竖向荷载可仅考虑各跨满载的情况，从而简化计算。但是在楼面荷载大于 $4kN/m^2$ 时，需要考虑荷载的不利布置情形。在高层建筑施工中所采用的附墙塔、爬塔等起重机械或其他设备，可能对结构有较大影响，应根据具体情况进行施工阶段验算。

多层钢结构工业建筑中设有吊车时，吊车竖向荷载与水平荷载应按《建筑结构荷载规范》（GB 50009—2012）中的规定进行计算。

3.3.2　风荷载

现行国家标准《建筑结构荷载规范》（GB 50009—2012）对风荷载规定：对一般建筑结构的重现期为 50 年，并规定对高层建筑采用的重现期可适当提高，对于特别重要和有特殊要求的高层建筑，重现期可取 100 年。垂直于房屋表面上的风荷载标准值按下式计算：

$$w_k = \beta_z \mu_s \mu_z w_0 \tag{3-1}$$

式中　w_0——基本风压；

μ_s、μ_z、β_z——分别为风荷载的体系系数、风压高度变化系数与高度 z 处的风振系数；对基本自重周期 $T_1 > 0.25s$ 的框架及高度大于 30m 且高宽比大于 1.5 的框架，要考虑风振系数，否则可取 $\beta_z = 1.0$。

3.3.3　地震作用

地震作用应按《建筑抗震设计规范》（GB 50011—2010）的弹性反应谱理论计算，设计反应谱以水平地震影响系数 α 曲线的形式表达，如图 3.9 所示。场地特征周期 T_g 和水平地震影响系数 α 的取值分别见表 3-4、表 3-5。

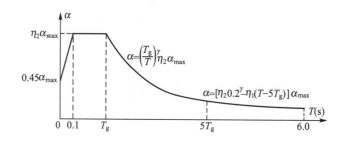

图 3.9　水平地震影响系数曲线

α—水平地震影响系数；α_{max}—水平地震影响系数最大值；

T—结构自振周期；η_1—直线下降段的下降斜率调整系数；

η_2—阻尼调整系数；T_g—场地特征周期；γ—衰减系数

表 3 - 4　场地特征周期 $T_g(s)$

设计地震分组	场地类别				
	I_0	I_1	II	III	IV
第一组	0.20	0.25	0.35	0.45	0.65
第二组	0.25	0.30	0.40	0.55	0.75
第三组	0.30	0.35	0.45	0.65	0.90

表 3 - 5　水平地震影响系数最大值

地震影响	6 度	7 度	8 度	9 度
多遇地震	0.04	0.08(0.12)	0.16(0.24)	0.32
罕遇地震	0.28	0.50(0.72)	0.90(1.20)	1.40

注：括号中数值分别用于设计基本地震加速度为 0.15g 和 0.30g 的地区。

在确定钢框架地震作用时，结构阻尼比应按下列规定取值。

(1) 多遇地震下的计算，高度不大于 50m 时取 0.04；高度大于 50m 且小于 200m 时，可取 0.03；高度不小于 200m 时，宜取 0.02。

(2) 当偏心支撑钢框架部分承担的地震倾覆力矩大于结构总地震倾覆力矩的 50% 时，结构阻尼比可比上述规定值增加 0.05。

(3) 罕遇地震下钢框架结构的弹塑性分析，阻尼比可取 0.05。

1. 水平地震作用计算

根据《建筑抗震设计规范》(GB 50011—2010) 的要求，对高度不超过 40m、以剪切变形为主且质量和刚度沿高度分布均匀的结构，可采用底部剪力法计算地震作用。这是结构手算中最常采用的方法，但一般设计分析软件中多采用振型分解反应谱法计算水平地震作用。

2. 竖向地震作用计算

当多层钢框架中有大跨度($l>24m$)的桁架、长悬臂以及托柱梁等结构时，其竖向地震作用可采用其重力荷载代表值与竖向地震作用系数 α_v 的乘积来计算：

$$F_{Evk}=\alpha_v G_E \tag{3-2}$$

式中　F_{Evk}——大跨或悬臂构件的竖向地震作用标准值；

　　　α_v——竖向地震作用系数，根据不同烈度和场地类别，按规范规定取不同值；

　　　G_E——8 度和 9 度设防烈度时，分别取大跨或悬臂构件重力荷载代表值的 10% 和 20%。

3.4 钢框架的结构分析与效应组合

3.4.1　结构分析一般原则

(1) 钢框架结构分析可采用弹性计算方法。抗震设防的结构除进行地震作用下的弹性效应计算外,尚应计算结构在罕遇地震作用下进入弹塑性状态时的变形。当进行结构的作用效应计算时,可假定楼面在其自身平面内为绝对刚性。在设计中应采取保证楼面整体刚度的构造措施。对整体性较差、或开孔面积大、或有较长外伸段的楼面、或相邻层刚度有突变的楼面,当不能保证楼面的整体刚度时,宜采用楼板平面内的实际刚度,或对按刚性楼面假定计算所得结果进行调整。

(2)钢框架结构中,梁与柱的刚性连接应符合受力过程中梁柱间交角不变的假定,同时,连接应具有充分的强度来承担由构件端部传递的所有最不利内力。梁与柱铰接时,应使连接具有充分的转动能力,且能有效地传递横向剪力与轴向力。梁与柱的半刚性连接具有的转动刚度有限,在承受弯矩时会产生一定的交角变化,在内力分析中,必须预先确定连接的弯矩-转角特性曲线,以便考虑连接变形的影响。

(3)钢框架结构的内力分析,可采用一阶弹性分析或二阶弹性分析。采用一阶弹性分析时,先对结构进行整体一阶分析,再对各构件进行单独的非弹性稳定验算,同时应考虑构件的计算长度系数。当钢框架的二阶效应系数 θ 满足式(3-3)条件时,宜采用考虑二阶效应的二阶弹性分析。

$$\theta = \sum N \cdot \Delta u / \sum H \cdot h > 0.1 \qquad (3-3)$$

式中　$\sum N$——所计算楼层各柱轴向压力设计值之和;

　　　$\sum H$——所计算楼层及以上各层水平力设计值之和;

　　　Δu——层间相对位移的容许值;

　　　h——所计算楼层的高度。

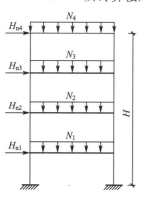

图 3.10　框架结构
等效水平力

(4)不规则且具有明显薄弱部位的、较高的高层钢框架结构,宜进行罕遇地震下的弹塑性变形分析,依据结构特点可以采用静力弹塑性分析或弹塑性时程分析。

(5)钢框架结构的二阶弹性分析一般由结构分析软件完成,以考虑了结构整体初始几何缺陷、构件局部初始缺陷(含构件残余应力)和合理的节点连接刚度的结构模型为分析对象,计算结构在各种设计荷载(作用)组合下的内力和位移。结构整体初始几何缺陷代表值可通过在每层柱顶施加由式(3-4)计算的假想水平力 H_{ni} 等效考虑,假想水平力的施加方向应考虑荷载的最不利组合,参见图 3.10。

$$H_{ni} = \frac{Q_i}{250} \sqrt{0.2 + \frac{1}{n_s}} \sqrt{\frac{f_{yk}}{235}} \qquad (3-4)$$

式中　Q_i——第 i 楼层的总重力荷载设计值;

　　　n_s——钢框架总层数(当 $\sqrt{0.2 + \frac{1}{n_s}} > 1$ 时,取此根号值为 1.0)。

(6)对于无支撑的纯框架结构,多杆件杆端的弯矩 M^{II} 也可采用下列近似公式进行计算:

$$M^{II} = M_q + \alpha_i^{II} M_H \qquad (3-5)$$

$$\alpha_i^{II} = \frac{1}{1 - \dfrac{\sum N \cdot \Delta u}{\sum H \cdot h}} \qquad (3-6)$$

式中 M_q——钢框架结构在竖向荷载作用下的一阶弹性弯矩；

$\quad\quad M_H$——钢框架结构在水平荷载作用下的一阶弹性弯矩；

$\quad\quad \alpha_i^{II}$——考虑二阶效应第 i 层杆件的侧移弯矩增大系数，当 $\alpha_i^{II} > 1.33$ 时，宜增大结构的抗侧刚度；

$\quad\quad \sum H_i$——产生层间位移 Δu_i 的所计算楼层及以上各层的水平荷载之和，不包括支座位移和温度的作用。

（7）当进行钢框架结构弹性分析时，宜考虑现浇钢筋混凝土楼板与钢梁的共同工作，且在设计中应使楼板与钢梁间有可靠连接。压型钢板组合楼盖中梁的惯性矩，对两侧有楼板的梁宜取 $1.5 I_b$，对仅一侧有楼板的梁宜取 $1.2\ I_b$（I_b 为钢梁惯性矩）。当进行结构弹塑性分析时，可不考虑楼板与梁的共同工作。

（8）高层钢框架结构的计算模型，可采用平面抗侧力结构的空间协同计算模型。当结构布置规则、质量及刚度沿高度分布均匀、不计扭转效应时，可采用平面结构计算模型；当结构平面或立面不规则、体型复杂、无法划分成平面抗侧力单元的结构，或为筒体结构时，应采用空间结构计算模型。

（9）在钢框架结构作用效应计算中，应计算梁、柱的弯曲变形和柱的轴向变形，尚宜计算梁、柱的剪切变形，并应考虑梁柱节点域剪切变形对侧移的影响，通常可不考虑梁的轴向变形，但当梁同时作为腰桁架或帽桁架的弦杆时，应计入轴力的影响。

（10）支撑构件两端应为刚性连接，但可按两端铰接计算。偏心支撑中的耗能梁段应取为单独单元。

3.4.2 钢框架结构的静力分析要点

纯钢框架结构与钢框架-支撑结构，其内力和位移均可采用矩阵位移法计算。

在预估截面时，可采用下述的近似方法计算荷载效应。

（1）在竖向荷载作用下，纯钢框架内力可以采用分层法进行简化计算。在水平荷载作用下，框架内力和位移可采用 D 值法进行简化计算。

（2）平面布置规则的钢框架-支撑结构，在水平荷载作用下当简化为平面抗侧力体系进行分析时，可将所有框架合并为总钢框架，并将所有竖向支撑合并为总支撑，然后进行协同工作分析，如图 3.11 所示。总支撑可当做一根弯曲杆件，其等效惯性矩 I_{eq} 可按下式计算：

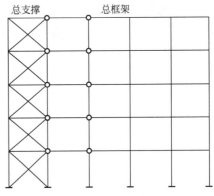

图 3.11 框架-支撑结构协同分析

$$I_{eq} = \mu \sum_{j=1}^{m} \sum_{i=1}^{n} A_{ij} a_{ij}^2 \tag{3-7}$$

式中 μ——折减系数，对中心支撑可取 0.8～0.9；

$\quad\quad A_{ij}$——第 j 榀柱竖向支撑第 i 根柱的截面面积；

$\quad\quad a_{ij}$——第 i 根柱至第 j 榀竖向支撑的柱截面形心轴的距离；

$\quad\quad n$——每一榀竖向支撑的柱子数；

m——水平荷载作用方向竖向支撑的榀数。

（3）当对规则但有偏心的钢框架结构进行近似分析时，可先按无偏心结构进行分析，然后将内力乘以修正系数，修正系数应按下式计算（但当扭矩计算结果对构件的内力起有利作用时，应忽略扭矩的作用）。

$$\psi_i = 1 + \frac{e_d a_i \sum k_i}{\sum k_i a_i^2} \qquad (3-8)$$

式中　e_d——偏心矩设计值，非地震作用时宜取 $e_d = e_0$，地震作用时宜取 $e_d = e_0 + 0.05L$；

$\quad\quad e_0$——楼层水平荷载合力中心至刚心的距离；

$\quad\quad L$——垂直于楼层剪力方向的结构平面尺寸；

$\quad\quad \psi_i$——楼层第 i 榀抗侧力结构的内力修正系数；

$\quad\quad a_i$——楼层第 i 榀抗侧力结构至刚心的距离；

$\quad\quad k_i$——楼层第 i 榀抗侧力结构的侧向刚度。

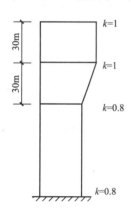

图 3.12　折减系数 k 的取值

（4）用底部剪力法估算高层钢框架结构的构件截面时，水平地震作用下倾覆力矩引起的柱轴力，对体型较规则的丙类建筑可折减，但对乙类建筑不应折减。折减系数 k 的取值，根据所考虑截面的位置，按图 3.12 的规定采用。下列情况倾覆力矩不应折减。

① 体型不规则的建筑。

② 体型规则但基本自振周期 $T_1 \leqslant 1.5s$ 的结构。

（5）应计入梁柱节点域剪切变形对高层建筑钢结构侧移的影响，可将梁柱节点域当作一个单独的单元进行结构分析，也可按下列规定作近似计算。

① 对于箱形截面柱钢框架，可将节点域当作刚域，刚域的尺寸取节点域尺寸的一半。

② 对工字形截面柱钢框架，可按结构轴线尺寸进行分析，并应按下一条的规定对侧移进行修正。

（6）当工字形截面柱钢框架所考虑楼层的主梁线刚度平均值与节点域剪切刚度平均值之比 $EI_{bm}/(K_m h_{bm}) > 1$ 或参数 $\eta > 5$ 时，按上一条近似方法计算的楼层侧移，可按下式进行修正：

$$\mu_i' = \left(1 + \frac{\eta}{100 - 0.5\eta}\right)\mu_i \qquad (3-9)$$

$$\eta = \left[17.5\frac{EI_{bm}}{K_m h_{bm}} - 1.8\left(\frac{EI_{bm}}{K_m h_{bm}}\right)^2 - 10.7\right] \cdot \sqrt[4]{\frac{I_{cm} h_{bm}}{I_{bm} h_{cm}}} \qquad (3-10)$$

$$K_m = h_{cm} h_{bm} t_m G \qquad (3-11)$$

式中　μ_i'——修正后的第 i 层楼层的侧移；

$\quad\quad \mu_i$——忽略节点域剪切变形，并按结构轴线分析得出的第 i 层楼层的侧移；

I_{cm}、I_{bm}——分别为结构中柱和梁截面惯性矩的平均值；

h_{cm}、h_{bm}——分别为结构中柱和梁腹板高度的平均值；

$\quad\quad K_m$——节点域剪切刚度平均值；

$\quad\quad t_m$——节点域腹板厚度平均值；

$\quad\quad G$——钢材的剪切模量；

$\quad\quad E$——钢材的弹性模量。

3.4.3　钢框架结构的稳定分析要点

稳定问题分析是高层钢框架结构设计必须考虑的关键问题之一，它主要指考虑二阶效应的结构构件极限承载力计算。二阶效应主要是指 P-Δ 和梁柱效应。高层钢框架一般不会因竖向荷载引起结构整体失稳，但当结构在风荷载或地震作用下产生水平位移时，竖向荷载产生的 P-Δ 效应将使结构的稳定问题变得十分突出。尤其对于非对称结构，平移与扭转偶联，P-Δ 效应会同时产生附加弯矩和附加扭矩。如果侧移引起内力的增加最终能与竖向荷载平衡，结构是稳定的，否则，将出现 P-Δ 效应引起结构的整体失稳。在高层钢结构设计中，应尽可能采用带 P-Δ 效应分析功能的分析程序或考虑 P-Δ 效应的计算方法。

理论分析和实例计算显示，若将钢框架结构的层间位移、柱的轴压比和长细比限制在一定范围内，就能控制二阶效应对结构极限承载力的影响。《高层民用建筑钢结构技术规程》(JGJ 99—2012)通过对钢框架结构层间位移、柱子的轴压比和长细比的限制，来考虑结构的整体稳定问题。该规程规定，当高层建筑钢框架结构同时符合下列两个条件时，可以不验算结构的整体稳定，其中第一个条件主要考虑梁柱效应，第二个条件主要考虑 P-Δ 效应。

(1) 钢框架结构各楼层柱子平均长细比和平均轴压比应满足下式要求：

$$\frac{N_{\mathrm{m}}}{N_{\mathrm{pm}}}+\frac{\lambda_{\mathrm{m}}}{80}\leqslant 1 \tag{3-12}$$

式中　λ_{m}——楼层柱的平均长细比；

$\qquad$ N_{m}——楼层柱的平均轴压力设计值；

$\qquad$ N_{pm}——楼层柱的平均全塑性轴压力，$N_{\mathrm{pm}}=f_{\mathrm{y}}A_{\mathrm{m}}$；

$\qquad$ f_{y}——钢材屈服强度；

$\qquad$ A_{m}——柱截面面积的平均值。

(2) 结构按一阶线弹性计算所得的各楼层层间相对侧移值，应满足下列公式要求：

$$\frac{\Delta_{\mathrm{u}}}{h}\leqslant 0.12\frac{\sum F_{\mathrm{h}}}{\sum F_{\mathrm{V}}} \tag{3-13}$$

式中　Δ_{u}——按一阶线弹性计算所得的质心处层间侧移；

$\qquad$ h——楼层层高；

$\qquad$ $\sum F_{\mathrm{h}}$——计算楼层以上全部水平作用之和；

$\qquad$ $\sum F_{\mathrm{V}}$——计算楼层以上全部竖向作用之和。

对于不符合式(3-12)和式(3-13)条件的高层钢框架，可按下列要求验算整体稳定：

① 对于有支撑的钢框架结构，且 $\Delta_{\mathrm{u}}/h\leqslant 1/1000$ 时，按有效长度法验算，柱的计算长度系数可按国家标准《钢结构设计规范》(GB 50017—2003)附录 D 采用；

② 对于无支撑的钢框架结构和 $\Delta_{\mathrm{u}}/h>1/1000$ 的有支撑钢框架结构，应按能反映二阶效应的方法验算结构的整体稳定。

3.4.4　钢框架作用效应组合

荷载效应与地震作用效应组合的设计值，应按下列方法确定。

(1) 无地震作用时：

$$S=\gamma_{\mathrm{G}}C_{\mathrm{G}}G_{\mathrm{k}}+\gamma_{\mathrm{Q1}}C_{\mathrm{Q1}}Q_{\mathrm{1k}}+\gamma_{\mathrm{Q2}}C_{\mathrm{Q2}}Q_{\mathrm{2k}}+\psi_{\mathrm{W}}\gamma_{\mathrm{W}}C_{\mathrm{W}}w_{\mathrm{k}} \tag{3-14}$$

（2）有地震作用，在第一阶段设计时：

$$S=\gamma_G C_G G_E+\gamma_E C_E F_{Ek}+\gamma_{Ev} C_{Ev} F_{Evk}+\psi_W \gamma_W C_W w_k \quad (3-15)$$

式中　　　　　　　　　　　　　G_k、Q_{1k}、Q_{2k}——分别为永久荷载、楼面活荷载、雪荷载等竖向荷载标准值；

F_{Ek}、F_{Evk}、w_k——分别为水平地震作用、竖向地震作用和风荷载的标准值；

G_E——考虑地震作用时的重力荷载代表值；

$C_G G_k$、$C_{Q1} Q_{1k}$、$C_{Q2} Q_{2k}$、$C_W w_k$、$C_G G_E$、$C_E F_{Ek}$、$C_{Ev} F_{Evk}$——分别为上述各相应荷载（作用）标准值产生的荷载效应（作用效应），按力学计算求得，其取值见表3-6；

γ_G、γ_{Q1}、γ_{Q2}、γ_W、γ_E、γ_{Ev}——分别为上述各相应荷载或作用的分项系数；

ψ_W——风荷载组合系数，在无地震作用的组合中取1.0，在有地震作用的组合中取0.2。

抗震设计进行构件承载力验算时，其荷载或作用的分项系数应按表3-6采用，并应取各构件可能出现的最不利组合进行截面设计。

第一阶段抗震设计当进行结构侧移验算时，应取与构件承载力验算相同的组合，但各荷载或作用的分项系数应取1.0；第二阶段抗震设计当采用时程分析法验算时，不应计入风荷载，其竖向荷载宜取重力荷载代表值。

表3-6　荷载或作用的分项系数取值

组合情况	重力荷载 γ_G	活荷载 γ_{Q1}、γ_{Q2}	水平地震作用 γ_E	竖向地震作用 γ_{Ev}	风荷载 γ_W	备注
1. 考虑重力、楼面活荷载及风荷载	1.2	1.3～1.4	—	—	1.4	—
2. 考虑重力及水平地震作用	1.2	—	1.3	—	—	—
3. 考虑重力、水平地震作用及风荷载	1.2	—	1.3	—	1.4	用于60m以上高层建筑
4. 考虑重力及竖向地震作用	1.2	—	—	1.3	—	用于9度设防；8、9度设防的大跨和长悬臂结构
5. 考虑重力、水平及竖向地震作用	1.2	—	1.3	0.5	—	
6. 考虑重力、水平、竖向地震作用及风荷载	1.2	—	1.3	0.5	1.4	同上，但用于60m以上

注：1. 在地震作用组合中，重力荷载代表值应按规定取值。当重力荷载效应对构件承载力有利时，宜取 V_G 为1.0。

2. 对楼面结构，当活荷载标准值不小于4.0kN/m² 时，其分项系数取1.3。

3.4.5　作用效应验算

（1）非抗震设防的高层钢框架结构，以及抗震设防的高层钢框架结构在不计算地震作用的效应组合中，构件承载力应满足下式要求：

$$\gamma_0 S \leqslant R \tag{3-16}$$

式中　γ_0——结构重要性系数，按结构构件安全等级确定；

　　　S——荷载或作用效应组合设计值；

　　　R——结构构件承载力设计值。

（2）考虑抗震设防的钢框架结构的第一阶段抗震设计，构件的承载力应满足下式要求：

$$S \leqslant R/\gamma_{RE} \tag{3-17}$$

式中　S——地震作用效应组合设计值；

　　　R——结构构件承载力设计值；

　　　γ_{RE}——结构构件承载力的抗震调整系数。结构构件和连接的承载力抗震调整系数应取 0.75；柱和支撑的稳定计算抗震调整系数取 0.8。当仅考虑竖向效应组合时，各类构件承载力抗震调整系数均取 1.0。

（3）高层钢框架结构的弹性位移分析层间侧移标准值，不得超过结构层高的 1/250，钢框架结构平面端部构件最大侧移，不得超过质心侧移的 1.3 倍。

（4）高层钢框架的第二阶段抗震设计，应满足下列要求。

① 钢框架结构层间侧移不得超过层高的 1/50。

② 钢框架结构层间侧移延性比不得大于表 3-7 的规定。

表 3-7　钢框架结构层间侧移延性比

结构类型	层间侧移延性比
纯钢框架	3.5
中心支撑钢框架	2.5
偏心支撑钢框架	3.0

（5）考虑高层建筑对人体舒适度的要求，高层钢框架结构需依据《高层民用建筑钢结构技术规程》（JGJ 99—2012）的规定对钢框架结构在风荷载作用下的顺风向和横风向顶点最大加速度进行验算，钢框架结构最大加速度不得超过下式的限值规定。具体验算过程参见《高层民用建筑钢结构技术规程》（JGJ 99—2012）。

公寓建筑：　　　　　α_w（或 α_{tr}）$\leqslant 0.20 m/s^2$ （3-18）

公共建筑：　　　　　α_w（或 α_{tr}）$\leqslant 0.28 m/s^2$ （3-19）

3.5 钢框架构件设计

3.5.1　钢框架梁设计

钢框架楼盖通常采用压型钢板组合楼盖，在工程设计当中，通常钢框架主梁按钢梁设计而次梁按组合梁设计。组合梁设计详见《钢结构设计规范》（GB 50017—2003）第 11 章的相关规定，钢框架结构梁的设计在钢结构设计原理中已做了较详细的说明。

3.5.2 钢框架柱设计

1. 钢框架柱的截面形式

钢框架柱常用的截面形式有箱形、焊接工字形、H形、圆形等。其中H形截面具有截面经济合理、规格尺寸多、加工量少以及便于连接等优点，在工程结构中应用最为广泛；焊接工字形截面的最大优点在于可灵活地调整截面特性；焊接箱形截面的优点是关于两个主轴的刚度可以做得相等，缺点是加工量大；如果采用钢管混凝土的组合柱，将大幅度提高管状柱的承载力，并提高防火性能，是高层钢结构中较多采用的截面形式。

2. 钢框架柱截面确定

钢框架柱一般都是压（拉）弯构件，在选定了柱截面形式之后，拟定柱截面尺寸要参考同类已建工程，在初步设计中，已粗略得到柱的设计轴力值 N，可用承受 $1.2N$ 的轴心受压构件来初拟柱截面尺寸。多高层钢框架可以采用变截面柱的形式，大致可按每 3～4 层做一次截面变化，尽量使用较薄的钢板。依据结构的抗震等级，板件宽厚比不应大于表 3-8 的规定。

表 3-8　钢框架构件的板件宽厚比限值

板件名称		抗震等级				非抗震设防
		一级	二级	三级	四级	
柱	工字形截面翼缘外伸部分	10	11	12	13	13
	工字形截面腹板	43	45	48	52	52
	箱形截面腹板	33	36	38	40	40
梁	工字形和箱形截面翼缘外伸部分	9	9	10	11	11
	箱形截面翼缘在两腹板之间部分	30	30	32	36	36
	工字形截面和箱形截面腹板	$72-120\rho$	$72-100\rho$	$80-110\rho$	$85-120\rho$	$85-120\rho$

注：1. $\rho = N/Af$，按实际情况计算，但不大于 0.125。

2. 表列数值适用于 Q235 钢，采用其他牌号钢材，应乘以 $\sqrt{(235/f_y)}$，f_y 为名义屈服强度。

3. 工字形梁和箱形梁的腹板宽厚比，对一、二、三、四级分别不宜大于（60、65、70、75）$\sqrt{(235/f_y)}$。

3. 钢框架柱的计算长度

当工程设计中采用弹性二阶分析时，对构件的稳定承载力分析不必再考虑计算长度的概念，将计算长度系数直接取 1.0，但当钢框架结构采用弹性一阶分析方法进行结构分析时，钢框架构件的稳定承载力分析必须考虑计算长度的概念。

在确定钢框架柱计算长度时，钢框架柱的计算长度系数 μ 按照下列规定确定。

1）纯钢框架结构

纯钢框架柱的计算长度系数 μ 按式（3-20）确定，或查《钢结构设计规范》（GB 50017—2003）附录 D 表 D-2 确定。对设有摇摆柱的情形，纯钢框架柱的计算长度系数应乘以放大系数 η，η 应按式（3-21）计算：

$$\mu_b = \sqrt{\frac{(1+0.41K_1)(1+0.41K_2)}{(1+0.82K_1)(1+0.82K_2)}} \qquad (3-20)$$

$$\eta = \sqrt{1 + \frac{\sum P_k}{\sum N_j}} \qquad (3-21)$$

式中　K_1、K_2——相交于柱上端、柱下端的横梁线刚度之和与柱线刚度之和的比值。当梁远端为铰接时，应将横梁线刚度乘以 0.5；当横梁远端为嵌固时，则将横梁线刚度乘以 2/3。

$\sum P_k$——本层所有摇摆柱的轴力之和，摇摆柱本身的计算长度系数为 1.0。

$\sum N_j$——本层所有框架柱的轴力之和。

2）有支撑钢框架

当不考虑支撑架对钢框架稳定性的支持作用时，钢框架柱计算长度系数按《钢结构设计规范》(GB 50017—2003)附录 D 表 D-2 的规定计算确定。

当组成支撑架的各构件的作用效应与承载能力的比值应满足式(3-22)的要求时，钢框架的计算长度系数采用《钢结构设计规范》(GB 50017—2003)附录 D 表 D-1 的规定按无侧移钢框架计算，此时计算长度系数按式(3-23)确定。

$$\rho \leqslant 1 - 3\theta \qquad (3-22)$$

$$\mu_b = \sqrt{\frac{7.5K_1K_2 + 4(K_1+K_2) + 1.52}{7.5K_1K_2 + K_1 + K_2}} \qquad (3-23)$$

式中　θ——钢框架二阶效应系数，按(3-3)确定；

K_1、K_2——分别为相交于柱上端、柱下端的横梁线刚度之和与柱线刚度之和的比值。当梁远端为铰接时，应将横梁线刚度乘以 1.5；当横梁远端为嵌固时，则应乘以 2。

4. 抗震设计中钢框架柱的相关规定

1）长细比限定

抗震设计时，框架柱的长细比，抗震等级一级时不应大于 $60\sqrt{235/f_y}$，二级不应大于 $80\sqrt{235/f_y}$，三级不应大于 $100\sqrt{235/f_y}$，四级不应大于 $120\sqrt{235/f_y}$，f_y 均以 N/mm^2 为单位。

2）钢框架-支撑结构体系的构件内力调整

有支撑钢框架在水平荷载作用下，不作为支撑结构的钢框架部分按计算得到的地震剪力应乘以调整系数，达到不小于结构底部总剪力的 25% 和钢框架部分地震剪力最大值 1.8 倍二者的较小值。

3）强柱弱梁的验算

钢框架柱除满足以下情形以外，都应进行强柱弱梁的验算。

① 柱所在楼层的抗剪承载能力比相邻上一层的抗剪承载能力高出 25%。

② 柱轴压比不超过 0.4。

③ 柱轴力符合 $N_2 < \varphi A_c f$（N_2 为 2 倍地震作用下的地震组合轴力设计值）。

等截面梁与柱连接时：

$$\sum W_{pc}(f_{yc} - N/A_c) \geqslant \eta \sum W_{pb} f_{yb} \qquad (3-24)$$

端部翼缘变截面梁：

$$\sum W_{pc}(f_{yc}-N/A_c) \geqslant \sum(\eta W'_{pb}f_{yb}+M_v) \tag{3-25}$$

式中 W_{pc}，W_{pb}——分别为计算平面内交汇于节点的柱和梁的截面塑性抵抗矩；

  W'_{pb}——梁塑性铰所在截面的全塑性截面模量；

  f_{yc}，f_{yb}——分别为柱和梁钢材的屈服强度；

  N——按多遇地震作用组合得出的柱轴力；

  A_c——柱的截面面积；

  η——强柱系数，抗震等级一级取 1.15，二级取 1.10，三级取 1.05，四级取 1.0；

  M_v——梁塑性铰剪力对梁端产生的附加弯矩，$M_v=V_{pb}x$；

  V_{pb}——梁塑性铰剪力；

  x——塑性铰至柱面的距离，梁端扩大型或盖板式取梁净跨的 1/10 和梁高二者中的较大值；RBS 连接取$(0.5\sim0.75)b_f+(0.3\sim0.45)h_b$（$h_b$、$b_f$分别为梁翼缘宽度和梁截面高度）。

4）梁柱节点域验算

梁柱连接处，柱腹板上应设置与梁上下翼缘相对应的加劲肋。在地震作用下，为了使梁柱连接节点域腹板具有足够的抗剪能力，同时不致失稳，节点域应进行如下相关验算：

① 节点域抗剪验算： $(M_{b1}+M_{b2})/V_p \leqslant (4/3)f_v/\gamma_{RE}$ $\tag{3-26}$

② 节点域稳定验算： $t_p \geqslant (h_{0b}+h_{0c})/90$ $\tag{3-27}$

③ 节点域屈服承载力验算：$\psi(M_{pb1}+M_{pb2})/V_p \leqslant (4/3)f_{yv}$ $\tag{3-28}$

式中 M_{b1}、M_{b2}——节点域左右两端弯矩设计值；

  V_p——节点域体积，计算方法详见《高层民用建筑钢结构技术规程》；

  γ_{RE}——抗震承载力调整系数，取 0.75；

  t_p——节点域腹板厚度；

  h_{0b}、h_{0c}——分别为梁柱腹板宽度，自翼缘中心线算起；

  ψ——折减系数，抗震等级三、四级取 0.6，一、二级取 0.7，冷成型箱形柱取 1.0；

  M_{pb1}、M_{pb2}——节点左右梁的全塑性抗弯承载力；

  f_{yv}——钢材屈服抗剪强度，取 $f_{yv}=0.577f_y$。

3.5.3 钢框架支撑结构设计

在钢框架-支撑结构体系中，支撑是钢框架结构中一个非常重要的构件。钢框架支撑可分为中心支撑和偏心支撑两种型式。

1. 中心支撑

1）支撑布置与截面形式

支撑布置应遵循 3.1.2 节相关要求进行。注意当采用只能受拉的单斜杆体系时，应同时设置不同倾斜方向的两组单斜杆，且每层中不同方向单斜杆的截面面积在水平方向的投影面积之差不得大于 10%，如图 3.13 所示。

支撑斜杆宜采用双轴对称截面。当采用单轴对称截面时（例如双角钢组合 T 形截面），应采取防止绕对称轴屈曲的构造措施。结构抗震设防烈度不小于 7 度时，不宜用双角钢组合 T 形截面。与支撑一起组成支撑系统的横梁、柱及其连接，应具有承受支撑斜杆传来内力的能力。

人字形支撑和 V 形支撑 [图 3.14(a)、(b)] 梁在支撑连接处应保持连续。在地震作用下，横梁的计算应按 [图 3.14(c)、(d)] 所示的计算简图进行，即考虑受压斜杆在大震时失稳后，支撑已不能作为横梁的支点，横梁两端也形成塑性铰，支撑中的力将由整个横梁承受。因此，横梁承受的荷载有重力荷载和受压支撑屈曲后支撑产生的不平衡力。此不平衡力取受拉支撑内力的竖向分量减去受压支撑屈曲压力竖向分量的 30%。因为受压支撑屈曲后，其刚度将软化，受力将减少，一般取屈曲压力的 30%。

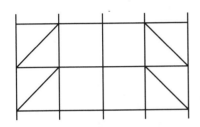

图 3.13　单斜杆支撑的布置

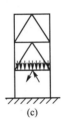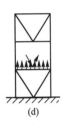

图 3.14　人字形和 V 形支撑中横梁的设计简图

2) 支撑长细比与板件宽厚比限值

四级及非抗震设防建筑中的中心支撑杆件，当按拉杆设计时，其长细比不应大于 300；当按压杆设计时，其长细比不应大于 180；一、二、三级的中心支撑杆件按压杆设计，杆件长细比不宜大于 $120\sqrt{235/f_y}$，f_y 为钢材屈服强度，以 N/mm^2 为单位。

中心支撑板件的宽厚比，依据结构抗震等级的不同，应满足表 3-9 中相应规定的要求。

3) 中心支撑的计算与构造

支撑斜杆要在多遇地震作用效应组合下，按受压杆验算：

$$N/\varphi A_{br} \leqslant \psi f/\gamma_{RE} \tag{3-29}$$

式中　A_{br}——支撑毛截面面积；

　　　　N——支撑杆件设计内力；

　　　　ψ——受循环荷载时的设计强度降低系数，$\psi = 1/(1+0.35\lambda_n)$，无地震作用组合时，$\psi = 1.0$；

　　　　γ_{RE}——支撑承载力抗震调整系数，按《建筑抗震设计规范》(GB 50011) 取 0.8；

　　　　λ_n——支撑斜杆的正则化长细比，$\lambda_n = (\lambda/\pi)\sqrt{f_y/E}$。

表 3-9　钢框架结构中心支撑板件宽厚比限值

板件名称	抗震等级				非抗震设防
	一级	二级	三级	四级	
工字形截面翼缘外伸部分	8	9	10	13	$(10+0.1\lambda)\sqrt{235/f_y}$
工字形截面腹板	25	26	27	33	$(25+0.5\lambda)\sqrt{235/f_y}$
箱形截面腹板	18	20	25	30	$40\sqrt{235/f_y}$
圆管外径与壁厚比	38	40	40	42	$100(235/f_y)$

注：表中数值适用于 Q235 钢，其他牌号钢材应乘以 $\sqrt{235/f_y}$，圆管应乘以 $235/f_y$。

图 3.15 为钢框架中心支撑节点的一些常见构造形式，其中带有双节点板的通常称为重型支撑，反之称为轻型支撑。地震区的工字形截面中心支撑宜采用轧制宽翼缘 H 型钢，如图 3.15(f)所示。如果采用焊接工字形截面，则其腹板和翼缘的连接焊缝应设计成焊透的对接焊缝，以免在地震荷载的反复作用下焊缝出现裂缝。与支撑相连接的柱通常加工成带悬臂梁段的形式，以避免梁柱节点处的工地焊缝，如图 3.15(f)所示。

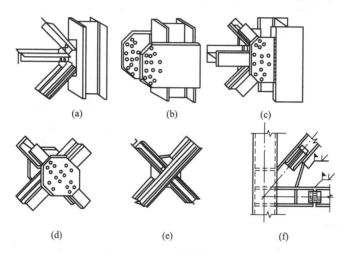

图 3.15　中心支撑节点构造

依据《建筑抗震设计规范》（GB 50011—2010)的规定，中心支撑节点的构造应满足如下要求。

（1）一、二、三级，支撑宜采用 H 形钢制作，两端与框架可采用刚接构造，梁柱与支撑连接处应设置加劲肋；一级和二级采用焊接工字形截面的支撑时，其翼缘与腹板的连接宜采用全熔透连续焊缝。

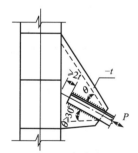

图 3.16　节点板连接构造

（2）支撑与框架连接处，支撑杆端宜做成圆弧状。

（3）梁在其与 V 形支撑或人字支撑相交处，应设置侧向支承；该支承点与梁端支承点间的侧向长细比以及支承力，应符合《钢结构设计规范》（GB 50017—2003)中关于塑性设计的规定。

（4）当支撑和框架采用节点板连接时，节点板在连接杆件每侧应有不小于 30° 夹角的规定；一、二级时，支撑端部至节点板最近嵌固点(节点板与框架构件连接焊缝的端部)在沿支撑杆件轴线方向的距离，不应小于节点板厚度的 2 倍，如图 3.16 所示。

2. 偏心支撑

在偏心支撑钢框架中，除了支撑斜杆不交于梁柱节点的几何特征外，还有一个重要的力学特征，那就是精心设计的耗能梁段，如图 3.8 中的梁段 a 所示。这些位于支撑斜杆与梁柱节点(或支撑斜杆)之间的耗能梁段，一般比支撑斜杆的承载力低，同时在重复荷载作用下具有良好的塑性变形能力。在正常的荷载状态下，偏心支撑框架具有足够的水平刚度；在遭遇强烈地震作用时，耗能梁段首先屈服吸收能量，有效地控制了作用于支撑斜杆上的荷载份额，使其不丧失承载力，从而保证整个结构不会坍塌。

偏心支撑斜杆的长细比不应大于 $120(235/f_y)^{1/2}$，板件宽厚比不应超过《钢结构设计规范》(GB 50017—2003)规定的轴心受压构件在弹性设计时的宽厚比限值。耗能梁段的局部稳定性要求严于一般框架梁，以利于塑性发展。

(1) 翼缘板自由外伸宽度 b_1 与其厚度 t_f 之比，应符合下式要求：

$$b_1/t_f \leqslant 8\sqrt{235/f_y} \tag{3-30}$$

(2) 腹板计算高度 h_0 与其厚度 t_w 之比，应符合下式要求：

$$h_0/t_w \leqslant \begin{cases} 90[1-1.65N_{lb}/(A_{lb}f)]\sqrt{235/f_y} & [N_{lb}/(A_{lb}f) \leqslant 0.14] \\ 33[2.3-N_{lb}/(A_{lb}f)]\sqrt{235/f_y} & [N_{lb}/(A_{lb}f) > 0.14] \end{cases} \tag{3-31}$$

式中 N_{lb}——耗能梁段的轴力设计值；

A_{lb}——耗能梁段的截面面积。

由于高层钢框架结构顶层的地震力较小，满足强度要求的一般不会屈曲，因此顶层可不设耗能梁段。在设置偏心支撑的钢框架，当首层的弹性承载力为其余各层承载力的 1.5 倍及以上时，首层可采用中心支撑。

耗能梁段的塑性受剪承载力 V_p 和塑性受弯承载力 M_p，以及梁段承受轴向力时的全塑性受弯承载力 M_{pc}，应分别按下式计算：

$$V_p = 0.58f_y h_0 t_w \tag{3-32}$$

$$M_p = W_p f_y \tag{3-33}$$

$$M_{pc} = W_p(f_y - \sigma_N) \tag{3-34}$$

式中 W_p——耗能梁段截面的塑性抵抗矩；

σ_N——轴力产生的梁段翼缘平均正应力，依照耗能梁段的净长 a 分别计算如下：

$$\sigma_N = \begin{cases} \dfrac{V_p N_{lb}}{2b_f t_f V_{lb}} & (a < 2.2M_p/V_p) \\[3mm] \dfrac{N_{lb}}{A_{lb}} & (a \geqslant 2.2M_p/V_p) \end{cases} \tag{3-35}$$

式中 V_{lb}——耗能梁段的剪力设计值；

b_f、t_f——耗能梁段的翼缘宽度和翼缘厚度。

当 $\sigma_N < 0.15f_y$ 时，取 $\sigma_N = 0$。

净长 $a \leqslant 1.6M_p/V_p$ 的耗能梁段为短梁段，其非弹性变形主要为剪切变形，属剪切屈服型；净长 $a > 1.6M_p/V_p$ 的为长梁段，其非弹性变形主要为弯曲变形，属弯曲屈服型。目前，耗能梁段宜设计成 $a \leqslant 1.6M_p/V_p$ 的剪切屈服型，当其与柱连接时，不应设计成弯曲屈服型。

耗能梁段的截面宜与同一跨内框架梁相同。耗能梁段腹板承担的剪力不宜超过其承载力的 80%，以使其在多遇地震下保持弹性。可以认为，净长 $a < 2.2M_p/V_p$ 时，耗能梁段腹板完全用来抗剪，轴力和弯矩只能由翼缘承担。当净长 $a \geqslant 2.2M_p/V_p$ 时，腹板和翼缘共同抵抗轴力和弯矩。在多遇地震作用效应组合下，耗能梁段的强度校核要求如下。

(1) 腹板强度：

$$\frac{V_{lb}}{0.8 \times 0.58h_0 t_w} \leqslant 0.9f/V_{RE} \tag{3-36}$$

（2）翼缘强度：

$$\left.\begin{aligned}\left(\frac{M_{lb}}{h_{lb}}+\frac{N_{lb}}{2}\right)\frac{1}{b_f t_f}\leqslant f/\gamma_{RE}\quad(a<2.2M_p/V_p)\\\frac{M_{lb}}{W}+\frac{N_{lb}}{A_{lb}}\geqslant f/\gamma_{RE}\quad\quad(a\geqslant2.2M_p/V_p)\end{aligned}\right\}\tag{3-37}$$

式中 M_{lb}——耗能梁段的弯矩设计值；

   W——耗能梁段的截面抵抗矩；

   γ_{RE}——耗能梁段承载力抗震调整系数，按《建筑抗震设计规范》要求取为 0.85。

偏心支撑的设计意图是：当地震作用足够大时，耗能梁段屈服，而支撑不屈曲。能否实现这一意图，取决于支撑的承载力。设置适当的加劲肋后，耗能梁段的极限受剪承载力可超过 $0.9f_y h_0 t_w$，为设计受剪承载力 $0.58 f_y h_0 t_w$ 的 1.55 倍。因此，支撑的轴压设计抗力，至少应为耗能梁段达屈服强度时支撑轴力的 1.6 倍，才能保证耗能梁段进入非弹性变形而支撑不屈曲。建议在具体设计时，支撑截面适当取大一些。偏心支撑斜杆的承载力计算公式为：

$$\frac{N_{br}}{\varphi A_{br}}\leqslant f/\gamma_{RE}\tag{3-38}$$

$$N_{br}=\min\left(1.6\frac{V_p}{V_{lb}}N_{br,com},\ 1.6\frac{M_{pc}}{M_{lb}}N_{br,com}\right)\tag{3-39}$$

式中 A_{br}——支撑截面面积；

   φ——由支撑长细比确定的轴心受压构件稳定系数；

   γ_{RE}——支撑承载力抗震调整系数，按《建筑抗震设计规范》要求取为 0.8；

   N_{br}——支撑轴力设计值；

   $N_{br,com}$——在跨间梁的竖向荷载和水平作用最不利组合下的支撑轴力。

强柱弱梁的设计原则同样适用于偏心支撑钢框架。考虑到梁钢材的屈服强度可能会提高，为了使塑性铰出现在梁而不是柱中，可将柱的设计内力适当提高。计算柱的承载力时，其弯矩设计值 M_c 和轴力设计值 N_c 应按下列公式确定：

$$M_c=\min(2V_p M_{c,com}/V_{lb},\ 2M_{pc}M_{c,com}/M_{lb})\tag{3-40}$$

$$N_c=\min(2V_p M_{c,com}/V_{lb},\ 2M_{pc}M_{c,com}/M_{lb})\tag{3-41}$$

式中 $M_{c,com}$、$N_{c,com}$——分别为竖向和水平作用最不利组合下的柱弯矩和轴力。

当然，这样做并不能保证底层的柱脚不出现塑性铰，当水平位移足够大时，作为固定端的底层柱脚也有可能屈服。

耗能梁段所用钢材的屈服强度不应大于 345MPa，以便有良好的延性和消能能力。此外，还必须采取一系列构造措施，以使耗能梁段在反复荷载作用下具有良好的滞回性能。

（1）支撑斜杆轴力的水平分量成为耗能梁段的轴向力 N，当此轴向力较大时，除降低此梁段的受剪承载力外，还需减少该梁段的长度，以保证它具有良好的滞回性能。因此，耗能梁段的轴向力 $N>0.16Af$ 时，其长度 a（图 3.17）应符合下列规定：

当 $\rho(A_w/A)<0.3$ 时， $a<1.6M_{lp}/V_{lp}$ (3-42)

当 $\rho(A_w/A)\geqslant0.3$ 时， $a\leqslant[1.15-0.5\rho(A_w/A)]1.6M_{lb}/V_{lp}$ (3-43)

式中 A，A_w——分别为耗能梁段的截面面积和腹板截面面积；

V_{lp}，M_{lp}——分别为耗能梁段的受剪承载力和全塑性受弯承载力；

ρ——耗能梁段轴向力设计值与剪力设计值之比，$\rho = N/V$。

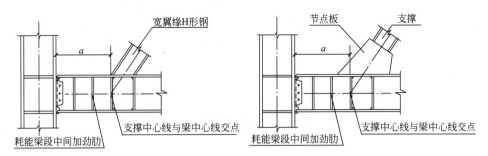

图 3.17 偏心支撑节点构造

（2）由于腹板上贴焊的补强板不能进入弹塑性变形，腹板上开洞也会影响其弹塑性变形能力。因此，耗能梁段的腹板不得贴焊补强板，也不得开洞。

（3）为了传递梁段的剪力并防止连梁腹板屈曲，耗能梁段与支撑连接处，应在其腹板两侧配置加劲肋，加劲肋的高度应为梁腹板高度，一侧的加劲肋宽度不应小于 $b_f/2 - t_w$，厚度不应小于 $0.75t_w$ 和 10mm 的较大值。这里 b_f 和 t_w 分别是梁段的翼缘宽度和腹板厚度。

（4）耗能梁段腹板的中间加劲肋，需按梁段的长度区别对待，较短时为剪切屈服型，加劲肋间距小；较长时为弯曲屈服型，需在距端部 1.5 倍的翼缘宽度处配置加劲肋；中等长度时需同时满足剪切屈服型和弯曲屈服型的要求。具体说来，耗能梁段应按下列要求在其腹板上设置中间加劲肋（图 3.17）。

① 当 $a \leqslant 1.6M_{lp}/V_{lp}$ 时，加劲肋间距不大于 $(30t_w - h/5)$。

② 当 $2.6M_{lp}/V_{lp} \leqslant a \leqslant 5M_{lp}/V_l$ 时，应在距耗能梁段端部 $1.5b_f$ 处配置中间加劲肋，且中间加劲肋间距不应大于 $(52t_w - h/5)$。

③ 当 $1.6M_{lp}/V_{lp} \leqslant a \leqslant 2.6M_{lp}/V_{lp}$ 时，中间加劲肋的间距宜在上述两者间线性插入。

④ 当 $a > 5M_{lp}/V_{lp}$ 时，可不配置中间加劲肋。

⑤ 中间加劲肋应与耗能梁段的腹板等高，当耗能梁段截面高度不大于 640mm 时，可配置单侧加劲肋，耗能梁段截面高度大于 640mm 时，应在两侧配置加劲肋。一侧加劲肋的宽度不应小于 $(b_f/2 - t_w)$，厚度不应小于 t_w 和 10mm。

偏心支撑和斜杆中心线与梁中心线的交点，一般在耗能梁段的端部，也允许在耗能梁段内（图 3.17），此时将产生与耗能梁端部弯矩方向相反的附加弯矩，从而减少耗能梁段和支撑杆的弯矩，对抗震有利。但交点不应在耗能梁段以外，否则将增大支撑和耗能梁段的弯矩，于抗震不利。

（5）耗能梁段与柱的连接应符合下列要求。

① 耗能梁段与柱连接时，其长度不得大于 $1.6M_{lp}/V_{lp}$；

② 耗能梁段翼缘与柱翼缘之间应采用坡口全熔透对接焊连接，耗能梁段腹板与柱之间应采用角焊缝连接；角焊缝的承载力不得小于耗能梁段腹板的轴向承载力、受剪承载力和受弯承载力。

③ 耗能梁段与柱腹板连接时，耗能梁段翼缘与连接板间应采用坡口全熔透焊缝，耗

能梁段腹板与柱间应采用角焊缝；角焊缝的承载力不得小于耗能梁段腹板的轴向承载力、受剪承载力和受弯承载力。

耗能梁段要承受平面外扭转，与耗能梁段处于同一跨内的框架梁，同样承受轴力和弯矩作用，为保持其稳定，耗能梁段两端上下翼缘应设置侧向支撑。支撑的轴力设计值不得小于耗能梁段翼缘轴向承载力设计值（翼缘宽度、厚度和钢材受压承载力设计值三者的乘积）的 6%，即 $0.06b_t t_f f$。偏心支撑框架梁的非耗能梁段上下翼缘，也应设置侧向支撑，支撑的轴力设计值不得小于梁翼缘轴向承载力的 2%，即 $0.02b_t t_f f$。

3.6 钢框架梁柱连接节点设计

3.6.1 框架梁柱连接节点的类型与受力特点

在框架结构中，梁柱连接节点往往是影响框架力学性能的关键。梁柱连接节点的类型，从受力性能上分有刚接节点、铰接节点和半刚性连接节点；从连接方式上分有全焊连接节点、全栓接节点和栓焊连接节点。图 3.18 表示了刚性连接、半刚性连接和铰接连接的受力性能。图中纵坐标 M 为梁端的弯矩，横坐标 θ 为梁柱夹角的改变量。在一般情况下，梁柱连接采用全焊连接［图 3.19（a）］或梁上、下翼缘与柱的连接采用焊接时［图 3.19（b）］可形成刚性连接。刚性连接在梁端弯矩 M 作用下，梁柱夹角的改变量 θ［图 3.19（f）］很小，可以忽略不计，其 M-θ 的关系处于图 3.18 中的视同刚性连接区。仅将梁的腹板与柱用螺栓连接［图 3.19（c）］或将梁搁置在柱的牛腿上［图 3.19（d）］是铰接连接的常见做法。这种连接在梁端很小的弯矩作用下就会使梁柱夹角发生变化。由于它能承担的弯矩很小，其 M-θ 的关系处于图 3.18 中的视同铰接连接区。梁柱连接采用角钢等连接件并用高强度螺栓连接［图 3.19（e）］的做法，往往形成半刚性连接，这种连接既能承担较大的梁端弯矩又能产生较大的梁柱夹角的改变，其 M-θ 的关系处于图 3.18 中的半刚性连接区。

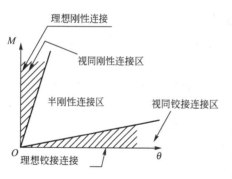

图 3.18　梁柱节点受力性能分类

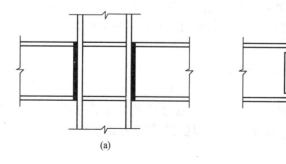

图 3.19　梁柱节点构造形式

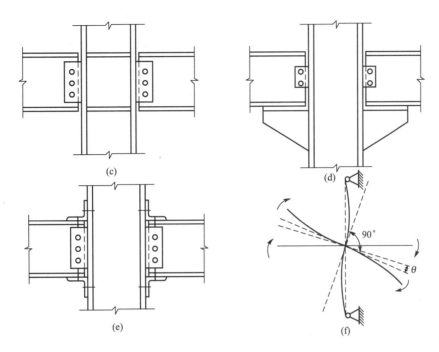

图 3.19　梁柱节点构造形式（续）

3.6.2　刚性连接节点

1. 钢梁与钢柱直接连接节点

图 3.20 所示为钢梁用栓焊混合连接与柱相连的构造形式，应按下列规定设计。

（1）梁翼缘与柱翼缘用全熔透对接焊缝连接，腹板用高强度螺栓摩擦型连接与焊于柱翼缘上的剪力板相连。剪力板与柱翼缘可用双面角焊缝连接并应在上下端采用围焊。剪力板的厚度应不小于梁腹板的厚度，当厚度大于 16mm 时，其与柱翼缘的连接应采用 K 形全熔透对接焊缝。

（2）在梁翼缘的对应位置，应在柱内设置横向加劲肋。加劲肋厚度 t_s 应符合表 3-10 的规定，表中 t_{fb} 为梁翼缘板厚度。

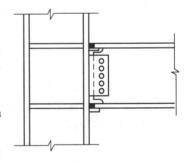

图 3.20　钢梁与钢柱标准型直接连接

（3）横向加劲肋与柱翼缘和腹板的连接应符合表 3-11 的规定。

（4）由柱翼缘与横向加劲肋包围的节点域应按下列规定进行计算。

表 3-10　横向加劲肋的厚度 t_s

对抗震设防结构	$t_{fb}+2\text{mm}(t_{fb}<50)$ $t_{fb}+2\text{mm}(t_{fb}\geqslant50)$
对非抗震设防结构	由梁腹板的内力计算确定且 $\geqslant t_{fb}/2$

表 3-11　横向加劲肋的连接焊缝形式

对抗震设防结构	与柱翼缘采用坡口全熔透焊缝 与腹板可采用角焊缝
对非抗震设防结构	均可采用角焊缝

① 强度计算：

$$\tau = \frac{(M_{b1}+M_{b2})}{V_p} \leqslant \frac{4}{3} f_v \qquad (3-44)$$

式中　M_{b1}、M_{b2}——分别为节点域两侧梁端弯矩设计值；

V_p——节点域体积，$V_p = h_b h_c t_p$；

h_b、h_c——分别为梁、柱截面高度；

t_p——节点域板厚度；

f_v——节点域钢板抗剪强度。

② 稳定计算：

$$t_p \geqslant \frac{h_{0b}+h_{0c}}{90} \qquad (3-45)$$

式中　h_{0b}、h_{0c}——分别为梁腹板和柱腹板的高度。

③ 按 7 度及以上抗震设防的结构尚应符合下列公式要求：

$$\frac{\phi(M_{pb1}+M_{pb2})}{V_p} \leqslant \frac{4}{3} f_v \qquad (3-46)$$

式中　M_{pb1}、M_{pb2}——分别为节点域两侧钢梁端部截面全塑性受弯承载力；

ϕ——系数，6 度设防 IV 类场地和 7 度设防时可取 0.6，8 度设防和 9 度设防时可取 0.7。

对于 8 度设防和 9 度设防时，为确保在大震时节点域不失稳，节点域板的厚度还应符合下列要求：

$$t_p \geqslant \frac{h_{0b}+h_{0c}}{70} \qquad (3-47)$$

（5）梁与柱的连接应按下列规定进行计算。

① 应按多遇地震组合内力进行弹性设计。

梁翼缘与柱翼缘的连接，因采用全熔透对接焊缝，可以不用计算。

梁腹板与柱的连接计算应包括：梁腹板与剪力板间的螺栓连接；剪力板与柱翼缘间的连接焊缝；剪力板的强度。

②应符合强节点弱杆件的条件。

$$M_u \geqslant 1.2 M_p \qquad (3-48)$$

$$V_u \geqslant 1.2(2M_p/l_n) + V_{Gb} \qquad (3-49)$$

$$V_u \text{和} V_u^b \geqslant 0.58 h_w t_w f_y \qquad (3-50)$$

式中　M_u——梁上下翼缘全熔透坡口焊缝的极限受弯承载力：

$$M_u = N_u \left(h - \frac{t_{f1}+t_{f2}}{2}\right) \qquad (3-51)$$

$$N_u = A_f^w f_u \tag{3-52}$$

$$V_u = 0.58 A_f^w f_u \tag{3-53}$$

式中 h——梁高；

t_{f1}、t_{f2}——上、下翼缘板厚度；

N_u、V_u——对接受拉焊缝极限抗拉、抗剪承载力；

M_p——梁的全塑性受弯承载力；

V_{Gb}——由梁跨中竖向荷载作用产生的梁节点处的剪力设计值；

V_u^b——梁腹板高强度螺栓连接的极限受剪承载力；

l_n——梁的净跨；

h_w、t_w——腹板的高度、厚度；

f_y——梁腹板钢材的屈服强度。

（6）梁翼缘与柱连接的坡口全熔透焊缝应按规定设置衬板，翼缘坡口两侧设置引弧板（图 3.21）。在梁腹板上、下端应设置焊缝通过孔，当梁与柱在现场连接时，其上端孔半径 r 应取 35mm，孔在与梁翼缘连接处，应以 $r=10$mm 的圆弧过渡 [图 3.21(b)]，下端孔高度 50mm，半径 35mm [图 3.21(c)]。圆弧表面应光滑，不得采用火焰切割。

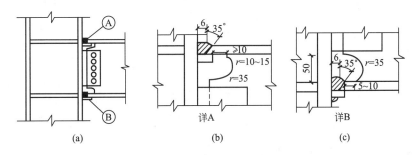

图 3.21 梁柱连接的上、下焊缝通过孔构造

（7）柱在梁翼缘上下各 500mm 的节点范围内，柱翼缘与柱腹板的连接焊缝应采用坡口全熔透焊缝。

（8）柱翼缘厚度大于 16mm 时，为防止柱翼缘板发生层状撕裂，应采用 Z 向性能钢板。

2. 梁与带有悬臂段的柱的连接节点

图 3.22 所示为梁与带有悬臂段的柱的连接。悬臂段与柱的连接采用工厂全焊接连接。梁翼缘与柱翼缘的连接要求与图 3.21 直接连接一样，但下部焊缝通过孔的孔型与上部孔相同，且上下设置的衬板在焊接完成后可以去除并清根补焊。腹板与柱翼缘的连接要求与图 3.20 中剪力板与柱的连接一样。悬臂段与柱连接的其他要求与图 3.21 直接连接的相同。

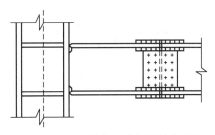

图 3.22 梁与带有悬臂段的柱的连接

梁与悬臂段的连接，实质上是梁的拼接，可采用翼缘焊接、腹板高强度螺栓连接或全部高强度螺栓连接。全部高强度螺栓连接（图 3.22 ）有较好的抗震性能。

3. 钢梁与钢柱加强型连接节点

钢梁与钢柱加强型连接主要有以下几种形式：翼缘板式连接［图 3.23(a)］、梁翼缘端部加宽［图 3.23(b)］和梁翼缘端部腋形扩大［图 3.23(c)］。翼缘板式连接宜用于梁与工形柱的连接；梁翼缘端部加宽和梁翼缘端部腋形扩大连接宜用于梁与箱形柱的连接。

在大地震作用下，钢梁与钢柱加强型连接的塑性铰将不在构造比较复杂、应力集中比较严重的梁端部位出现，而向外移，有利于抗震性能的改善。

钢梁与箱形柱相连时，箱形柱在与钢梁翼缘连接处应设置横隔板。当箱形柱壁板的厚度大于 16mm 时，为了防止壁板出现层状撕裂，宜采用贯通式隔板，隔板外伸与梁翼缘相连［图 3.23(b)、(c)］，外伸长度宜为 25～30mm。梁翼缘与隔板采用对接全熔透焊缝连接，其构造应符合图 3.21(b)、(c)的要求。

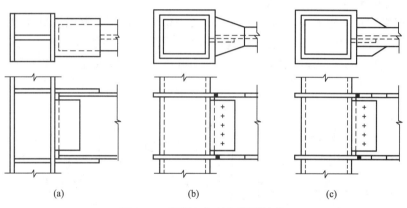

(a)　　　　　　　　　(b)　　　　　　　　　(c)

图 3.23　钢梁与钢柱加强型连接

4. 柱两侧梁高不等时的连接节点

图 3.24 所示为柱两侧梁高不等时的不同连接形式。柱的腹板在每个梁的翼缘处均应设置水平加劲肋，加劲肋的间距不应小于 150mm，且不应小于水平加劲肋的宽度［图 3.24(a)、(c)］。当不能满足此要求时，应调整梁的端部高度［图 3.24(b)］，腋部的坡度不得大于 1∶3。

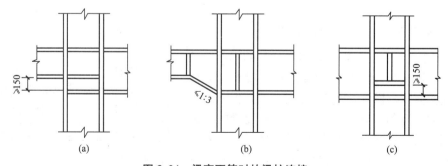

(a)　　　　　　　　　(b)　　　　　　　　　(c)

图 3.24　梁高不等时的梁柱连接

5. 梁与工字形柱弱轴的梁柱连接节点

图 3.25 是梁与工字形柱弱轴连接节点的构造形式。连接中，应在梁翼缘的对应位置

设置柱横向加劲肋，在梁高范围内设置柱的竖向连接板。横向加劲肋应外伸 100mm，采取宽度渐变形式，避免应力集中。横向加劲肋与竖向连接板组成一个与图 3.22 相似的悬臂段，其端部截面与梁的截面相同。横梁与此悬臂段可采用栓焊混合连接［图 3.25(a)］或高强度螺栓连接［图 3.25(b)］。

梁垂直于工字形柱腹板的连接的计算和构造，可参照图 3.20 和图 3.22 的要求进行。

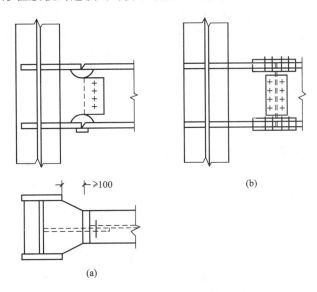

图 3.25 梁垂直于工字形柱腹板的梁柱连接

3.6.3 铰接连接节点

图 3.26 为钢梁与钢柱的铰接连接节点。图 3.26(b)表示柱两侧梁高不等且与柱腹板相连的情况。

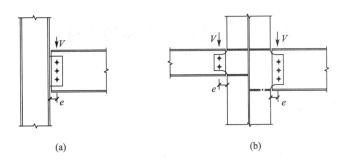

图 3.26 钢梁与钢柱的铰接连接节点

钢梁与钢柱铰接连接时，梁的翼缘与柱不应连接，只有腹板与柱相连以传递剪力。在图 3.26(a)的情况中，柱中不必设置水平加劲肋，但在图 3.26(b)中，为了将梁的剪力传给柱子，需在柱中设置剪力板，板的一端与柱腹板相连，另一端与梁的腹板相连。为了加强剪力板面外刚度，在板的上、下端设置柱的水平加劲板。

连接用高强度螺栓的计算，除应承受梁端剪力外，尚应承受偏心弯矩 $V \cdot e$ 的作用。

3.6.4 半刚性连接节点

半刚性连接节点是指那些在梁、柱端弯矩作用下，梁与柱在节点处的夹角会产生改变的节点形式。图 3.27 给出了几种常用的半刚性连接形式。

图 3.27(a)为梁的上下翼缘用角钢与柱相连，图 3.27(b)为梁的上下翼缘用 T 形钢与柱相连，可以看出，图 3.27(b)连接的刚度要大于图 3.27(a)的连接。图 3.27(c)为梁的上下翼缘、腹板用角钢与柱相连。一般情况下，这种连接的刚度较好。图 3.27(d)、(e)为用端板将梁与柱连接。图 3.27(e)连接中的端板上下伸出梁高，刚度较大。如端板厚度取得足够大，这种连接可以成为刚性连接。

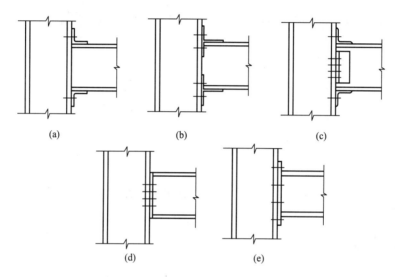

图 3.27　半刚性连接节点的几种形式

3.7 钢框架构件的拼接

3.7.1 柱与柱的拼接

1. 柱截面相同时的拼接

框架柱的安装拼接应设在弯矩较小的位置，宜位于框架梁上方 1.3m 附近。在抗震设防区，框架柱的拼接应采用与柱子本身等强度的连接，一般采用坡口全熔透焊缝，也可用高强度螺栓摩擦型连接。

图 3.28 为工字形截面柱的等强拼接构造。图 3.28(a)为采用定位角钢和安装螺栓定位的情况，定位后施焊，然后割去引弧板和定位角钢，再补焊焊缝。图 3.28(b)为采用定位耳板和安装螺栓定位的情况。采用这种定位方式时，焊缝可以一次施焊完成。在工字形截

面柱的拼接中，腹板也可用高强度螺栓摩擦型连接［图 3.28(c)］，或者翼缘与腹板全部采用高强度螺栓摩擦型连接［图 3.28(d)］。

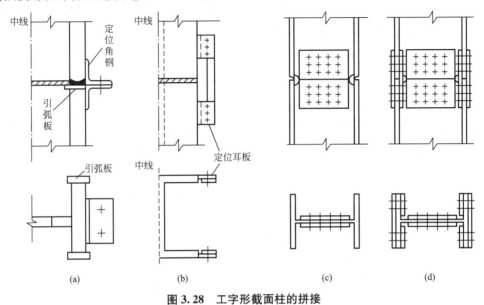

图 3.28　工字形截面柱的拼接

图 3.29 为箱形截面柱的等强拼接构造。箱形柱的拼接应全部采用坡口全熔透焊缝。下部柱的上端应设置与柱口齐平的横隔板，在上部柱的下端附近也应设置横隔板，并采用定位耳板和安装螺栓定位。图 3.29(a)为箱形截面柱的定位措施，图 3.29(b)为拼接处的局部构造详图。

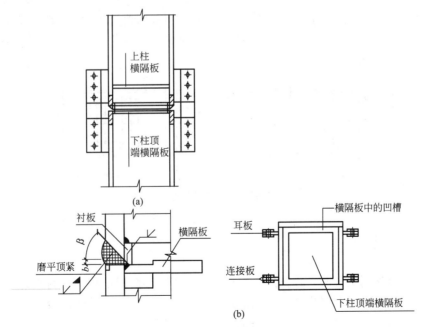

图 3.29　箱形截面柱的拼接

在非抗震设防区，当框架柱的拼接不产生拉力时，可不按等强度连接设计，焊缝连接可采用坡口部分熔透焊缝。当不按等强度连接设计时，可假定压力和弯矩的25％直接由上下柱段的接触面传递，接触面即上、下柱段的柱端应磨平顶紧，并与柱轴线垂直。坡口部分熔透焊缝的有效深度宜不小于厚度的1/2，连接的强度应通过计算。计算时，弯矩应由翼缘和腹板承受，剪力由腹板承受，轴力由翼缘和腹板共同分担。

2. 柱截面不同时的拼接

柱截面改变时，宜保持截面高度不变，而改变其板件的厚度。此时，柱子的拼接构造与柱截面不变时相同。当柱截面的高度改变时，可采用图 3.30 的拼接构造。图 3.30(a)为边柱的拼接，计算时应考虑柱上下轴线偏心产生的弯矩，图 3.30(b)为中柱的拼接，在变截面段的两端均应设置隔板。图 3.30(c)为柱接头设于梁的高度处时的拼接，变截面段的两端距梁翼缘不宜小于 150mm。

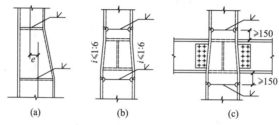

图 3.30　柱的变截面连接

3.7.2　梁与梁的拼接

梁与梁的拼接可采用图 3.31 所示的形式。图 3.31（a）为全高强度螺栓连接的拼接，梁翼缘和腹板均采用高强度螺栓连接。图 3.31(b)为全焊缝连接的拼接，梁翼缘和腹板均采用全熔透焊缝连接。图 3.31(c)为栓焊混合连接的拼接，梁翼缘采用全熔透焊缝连接，腹板采用高强度螺栓连接。

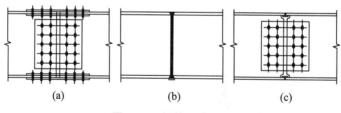

图 3.31　梁的工地拼接

3.7.3　拼接的计算

在不考虑地震作用组合时，构件拼接应按构件处于弹性阶段的内力进行设计。腹板连接按受全部剪力和所分配的弯矩共同作用计算，翼缘连接按所分配的弯矩设计，当拼接处的内力较小时，拼接的承载力应不小于梁全截面承载力的50％。

在考虑地震作用组合时，构件拼接应按等强度原则设计。当拼接处于弹塑性区域时，拼接的极限承载力应满足式(3-48)、式(3-49)和式(3-50)的要求。当梁、柱构件有轴力时，全截面受弯承载力 M_p 应由考虑轴力影响的受弯承载力 M_{pc} 代替。M_{pc} 可按下式计算。

（1）工字形截面绕强轴和箱形截面：

当 $N/N_y \leqslant 0.13$ 时， $$M_{pc} = M_p \tag{3-54a}$$

当 $N/N_y > 0.13$ 时， $$M_{pc} = 1.15\left(1 - \frac{N}{N_y}\right)M_p \tag{3-54b}$$

（2）工字形截面绕弱轴：

当 $N/N_y \leqslant A_w/A$ 时， $$M_{pc} = M_p \tag{3-55a}$$

当 $N/N_y > A_w/A$ 时， $$M_{pc} = \left[1 - \left(\frac{N - A_w f_{ay}}{N_y - A_w f_{ay}}\right)\right]M_p \tag{3-55b}$$

式中　N——构件受到的轴力设计值；

N_y——构件轴向屈服承载力，$N_y = A_n f_{ay}$； $$\tag{3-56}$$

A_w、A——构件腹板和全截面面积；

A_n——构件的净截面面积；

f_{ay}——被拼接构件的钢材屈服强度。

当拼接采用高强度螺栓连接时，还应符合下列要求。

（1）对于翼缘：
$$nN_u^b \geqslant 1.2 A_f f_{ay} \tag{3-57}$$

（2）对于腹板：
$$N_u^b \geqslant \sqrt{(V_u/n)^2 + (N_M^b)^2} \tag{3-58}$$

式中　N_u^b——一个螺栓的极限受剪承载力；

A_f——翼缘的有效截面面积；

N_N^b——腹板拼接中弯矩引起的一个螺栓的最大剪力；

n——翼缘拼接或腹板拼接一侧的螺栓数；

V_u——拼接的极限受剪承载力。

▌3.8 结构设计软件应用

在进行钢框架结构设计时，使用得比较多的有 PKPM-STS、MTS、3D3S 等计算软件，这三种软件都有各自的特点，本章主要介绍中国建筑科学研究院研发的 PKPM-STS 钢结构分析与设计软件，这是一个应用非常广泛的软件。

3.8.1　软件应用操作流程

采用 PKPM-STS 进行钢框架结构的分析与设计，基本的操作流程如图 3.32 所示。

3.8.2　使用说明

1. 启动钢框架程序

打开 PKPM 软件，在钢结构主控菜单中选择框架设计软件，屏幕右侧显示该软件相

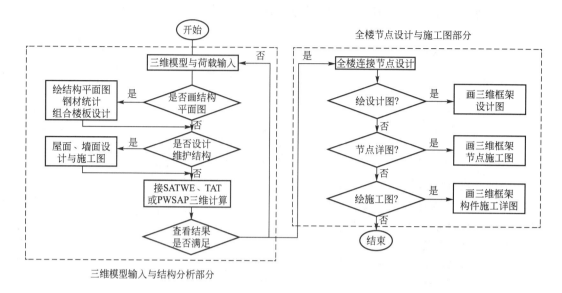

图 3.32　钢框架结构分析与设计流程

应的主菜单。建模之前先建立工作目录，以存放本工程的模型和分析数据。具体操作详见软件操作手册第 1 章介绍。

2. 三维模型与荷载输入

双击图 3.33 中主菜单"1　三维模型与荷载输入"，按提示输入图形文件名后，进入如图 3.34 所示的交互数据输入界面。依次执行界面右侧各项菜单，即可完成结构的整体描述。

图 3.33　PKPM 2010 主窗口

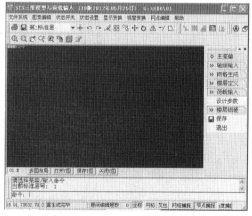

图 3.34　钢框架分析设计交互数据输入界面

1) 轴线输入

"轴线输入"是利用作图工具绘制建筑物的平面定位轴线。轴线输入可以用"两点直线"、"平行直线"、"辐射线"、"圆环"、"圆弧"等方式输入，也可以通过"正交轴网"、"圆弧轴网"命令快速地输入定位轴线。图 3.35 所示为轴网输入主界面。

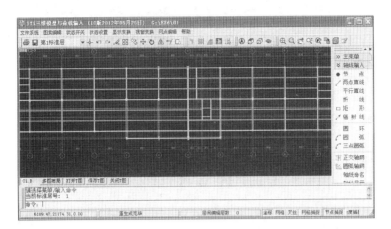

图 3.35 轴网输入主界面

2）网格生成

在"网格生成"菜单中，"轴线显示"命令是隐藏和显示轴线尺寸的开关。通过"形成网点"命令，将输入的几何线条转变成楼层布置需要的白色节点和红色网格线。如定位轴线输入有误，则需要利用"网点编辑"子菜单中的"平移网点"、"删除节点"、"删除网格"等命令进行修改。

3）轴线命名

通过"轴线命名"命令，可以为轴线定义轴线号，以便施工图中使用。单击"网格生成"按扭后，正式形成工程平面的网格线，再用"网点编辑"将多余的节点和网格去掉，这就生成了真正的第一结构标准层网格平面。平面网格的形成是根据建筑平面条件图生成的。轴线的命名也应根据建筑所定轴线号来输入。

4）楼层定义

在"楼层定义"菜单中依照从下到上的次序建立各结构标准层。所谓结构标准层就是把结构几何特征(楼面上的水平构件，梁和支撑面的竖向构件，柱、墙等)相同的楼层用一个标准层来代表。当结构几何特征不一样时则定义不同的标准层。本章工程实例中楼层定义基本步骤如下。

(1)柱布置。单击"柱布置"按钮，进入如图 3.36 所示的柱定义界面，单击"增加"打开如图 3.37 所示截面类型选择界面，定义构件截面，选取构件截面，输入构件截面的偏心和转角后，则用光标在节点处布置柱子截面。若平面很规则，柱截面很单一，也可以用［Tab］用键转换布置方式，用"轴线方式"或"窗口方式"布置柱子截面。

(2)梁布置。梁的布置方法与柱的布置方法相同。这里参照柱的布置方法来布梁，就不用再重复叙述了。需要说明的是，在 PKPM 中，次梁可以按主梁输入，也可以"次梁布置"命令按次梁布置。图 3.38 所示为本章工程实例的第一标准层梁柱布置图。

(3)楼板生成。楼板生成是以主梁围成区域生成楼板，它包括生成楼板、楼板编辑(修改板厚、楼板错层、板洞口布置与删除)、布悬挑板、布预制板、定义与布置压型钢板组合楼板等功能。对于楼梯间楼板的处理，一般有两种处理方式：一种是在其相应位置开洞，并按照导荷方式正确输入荷载；另一种简化的处理方法是通过修改将板厚取为 0，忽略平台梁对框架的影响，但该部分楼面的均布荷载仍可传到周边的框架上(图 3.39)。

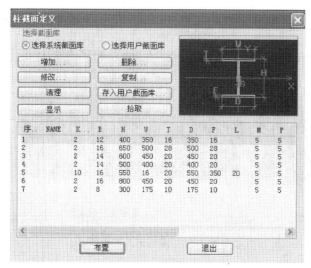

图 3.36　柱定义界面

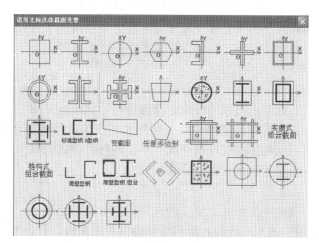

图 3.37　截面类型选择界面

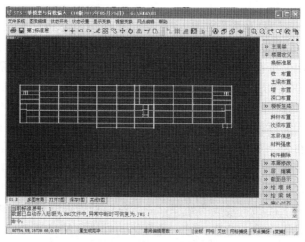

图 3.38　梁柱平面布置图

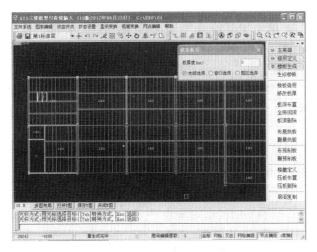

图 3.39 修改板厚

（4）斜杆布置。支撑钢框架的斜向支撑可以按斜杆输入。选取斜杆布置后，程序提示"用节点布置还是用网格布置"，一般都选择"用节点法布置"，所以就直接回车。按要求定义斜杆截面，用增加方式选定斜杆截面。确定后，用光标点取第一节点，输入第一节点相对本层地面的标高，则这一根斜杆就布上去了。同法布置其他斜杆，直至布完为止。

完成本结构标准层的梁柱布置后，单击"本层信息"，查看板厚和混凝土强度等级是否与实际情况相符，如图 3-40 所示。

（5）本层修改。若在布置柱、梁、墙和斜杆时，布置错了，可以用"本层修改"来删除、替换、修改以上布置的构件。通过"截面显示"命令可显示各梁柱构件的截面尺寸和偏心距离，以检查构件布置是否正确。

第一结构标准层建立完成之后，通过"添加标准层"命令，打开"选择/添加标准层"对话框（图 3.41），采用"全部复制"当前标准层命令的方式建立第二结构标准层。在新添加的结构标准层基础上进行修改，完成第二结构标准层的布置。

图 3.40 本标准层对话信息

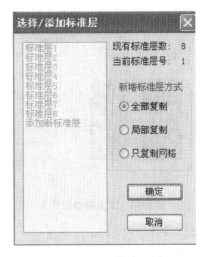

图 3.41 "选择/添加标准层"对话框

5）荷载输入

（1）"荷载输入"菜单中主要输入非楼面传来的梁间荷载、柱间荷载、墙间荷载和节点荷载。本章实例中，将填充墙的自重作为梁间荷载输入到墙下的梁上。选择"梁间荷载"子菜单下的"恒载输入"命令，打开"选择要布置的梁荷载"对话框（图 3.42）；单击"添加"，弹出"选择荷载类型"对话框（图 3.43）；选择正确的荷载类型，在荷载参数定义对话框中（图 3.44）填入正确的荷载参数，完成荷载的定义并布置到相关梁上。

（2）"楼面荷载"菜单的作用是输入各层楼面的恒、活均布面荷标准标准层。先假定每个标准层上选用统一的恒、活面荷载，如各房间不相同时，可进行局部修改。楼面恒、活荷载定义如图 3.45 所示。

重复 1）～5）完成各标准层的楼层定义。

图 3.42 "选择要布置的梁荷载"对话框

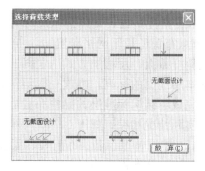

图 3.43 "选择荷载类型"对话框

图 3.44 梁荷载参数定义

图 3.45 楼面恒、活荷载定义

6）设计参数

（1）总信息。包括结构体系、结构材料、结构重要性系数、地下室层数、与基础相连的最大楼层号等，界面形式如图 3.46 所示。

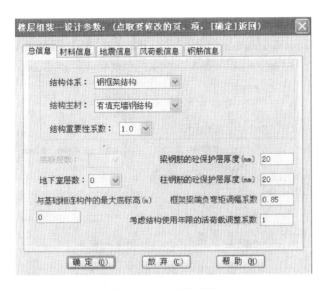

图 3.46　总信息参数

（2）材料信息。包括钢构件材料、钢材密度、净截面系数等，界面形式如图 3.47 所示。

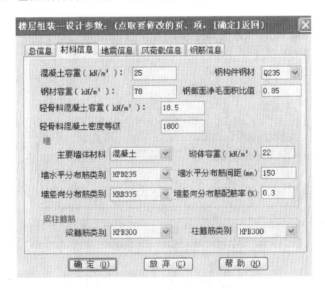

图 3.47　材料信息参数

（3）地震信息。包括地震烈度、场地类别、计算振型个数、周期折减系数等，界面形式如图 3.48。

（4）风荷载信息。包括修正后的基本风压、地面粗糙度、体形系数等，界面形式如图 3.49 所示。

7）楼层组装

单击"楼层组装"，打开楼层组装对话框，如图 3.50 所示。选择"复制层数"、"标准层号"、"层高"后，选择"增加"，则形成第一自然层的信息，同法形成其他各自然层的信息，最后单击"确定"按钮，则完成整幢楼的楼层组装。

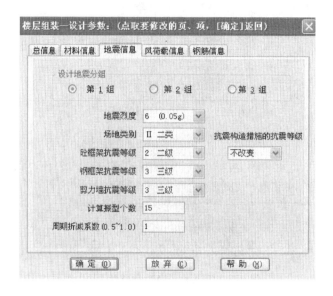

图 3.48　地震信息参数

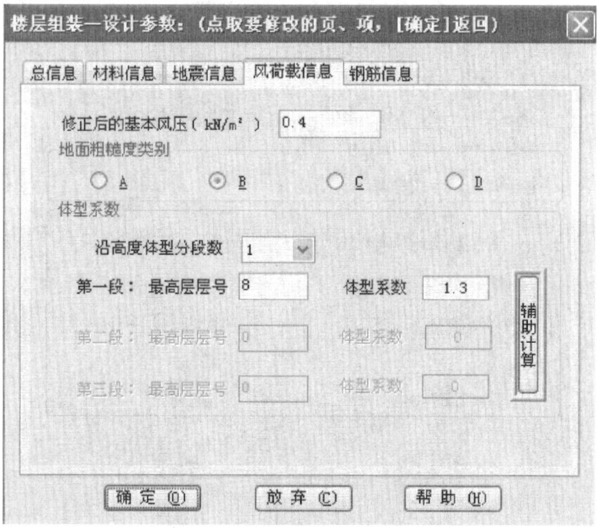

图 3.49　风荷载信息参数

8）保存退出

为确保上述各项工作不被丢弃的必要步骤，应经常执行"保存文件"。

3. 钢框架结构分析

三维模型与荷载输入完成后，接下来即可进行整体框架的结构分析。STS用于结构分析的模块有 TAT、SATWE、PMSAP 三种。可在工作目录下，单击"结构"或"钢结构"菜单，按 TAT、SATWE、PMSAP 操作方式完成结构分析与计算。对于规则钢框架结构，可用 SATWE 计算，对复杂钢框架结构，可以采用 PMSAP 计算。本章主要介绍 SATWE 在钢框架结构分析中的应用。

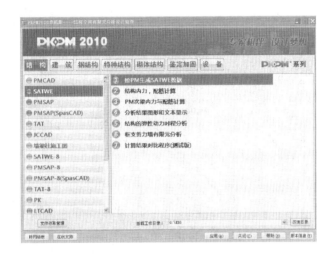

图 3.50 楼层组装对话框

1）接 PM 生成 SATWE 数据

启动 PKPM 软件，单击"SATWE"启动 SATWE 模块后，进入用户界面，如图 3.51 所示。

选择"1 接 PM 生成 SATWE 数据"，单击"应用"进入 SATWE 分析前处理界面，如图 3.52 所示。前处理需要完成如下几项内容：

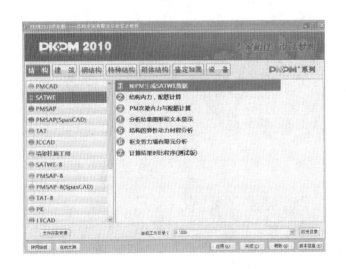

图 3.51 SATWE 分析计算界面

图 3.52 SATWE 分析前处理界面

（1）分析与设计参数补充定义（必须执行）。

在"分析与设计参数补充定义"中，进行总信息、风荷载信息、地震信息、活荷载信息、调整信息、设计信息、荷载组合等参数的补充输入，如图 3.53～图 3.58 所示。

图 3.53　总信息参数

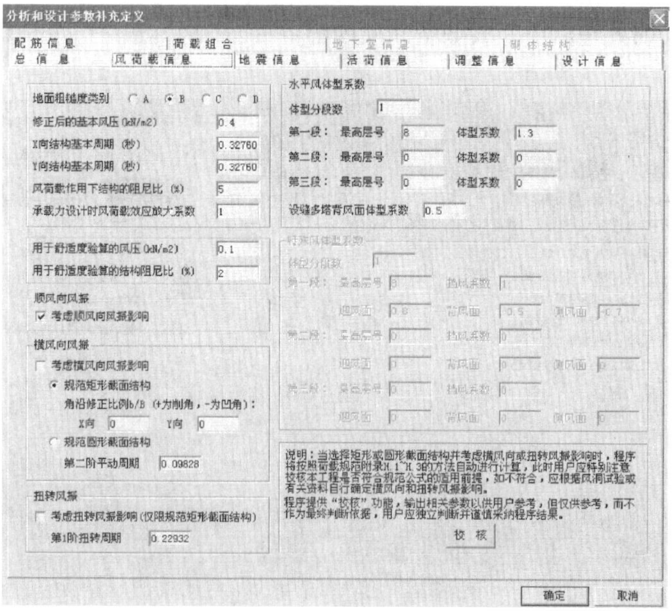

图 3.54　风荷载信息参数

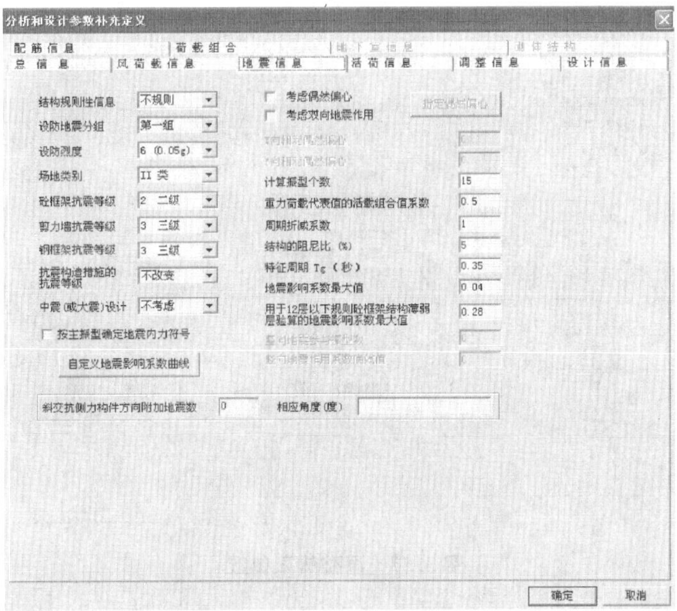

图 3.55 地震信息参数

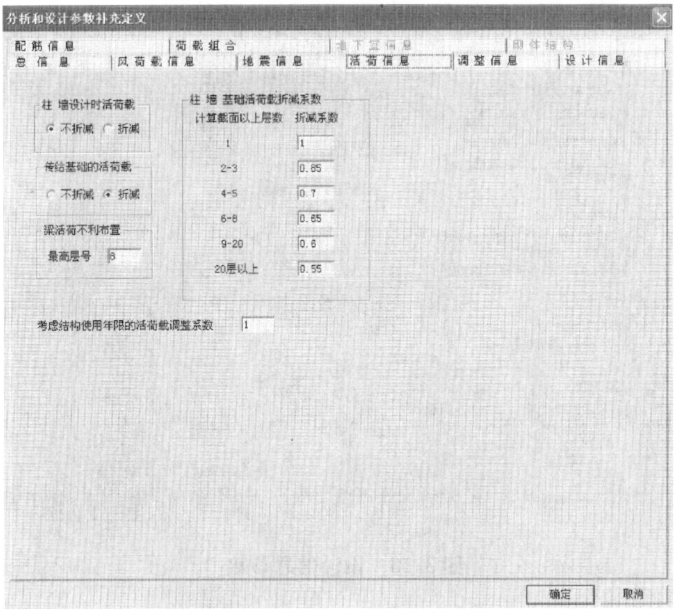

图 3.56 活荷载信息参数

图 3.57　调整信息参数

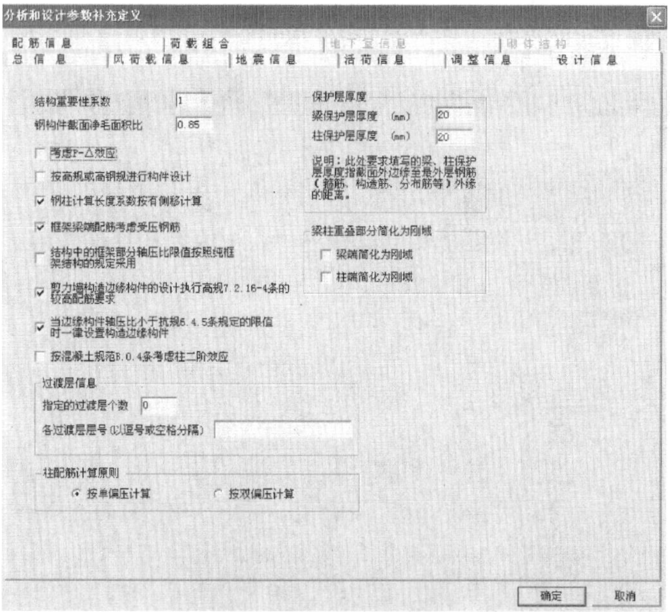

图 3.58　设计信息参数

（2）特殊构件补充定义。

双击"特殊构件补充定义"按钮，进入特殊构件补充定义界面，如图 3.59 所示。本项菜单提供了特殊梁、特殊柱、特殊墙、特殊支撑构件、弹性板、特殊节点等的补充定义功能。

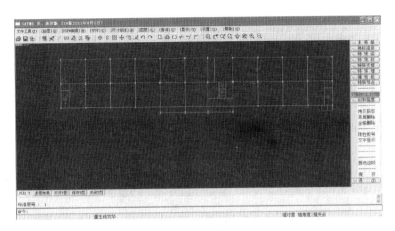

图 3.59 特殊构件补充定义

由于篇幅所限,具体参数选择详见软件操作手册。

(3) 温度荷载定义。

可以输入结构某部位的当前温度值与该部分处于自然状态(无温度应力)时的温度值的差值,升温为正,降温为负。

通常结构分析不要求直接计算非荷载作用,而强调由构造措施来解决。

(4) 特殊风荷载定义。

对于平、立面变化比较复杂,或者对风荷载有特殊要求的结构或某些部位(如底部为钢框架而顶部为大跨的门刚结构等),需要定义特殊风荷载。特殊风荷载信息记录在文件"SPWIND.PM"中,若想取消定义,将该文件删除即可。

需要考虑特殊风荷载时,应在总信息的"风荷载计算信息"选项中选取"计算特殊风荷载"或"计算水平和特殊风荷载"选项,如图 3.60 所示,此时,对应风荷载信息参数也发生了改变,如图 3.61 所示。

图 3.60 "计算特殊风荷载"对话框

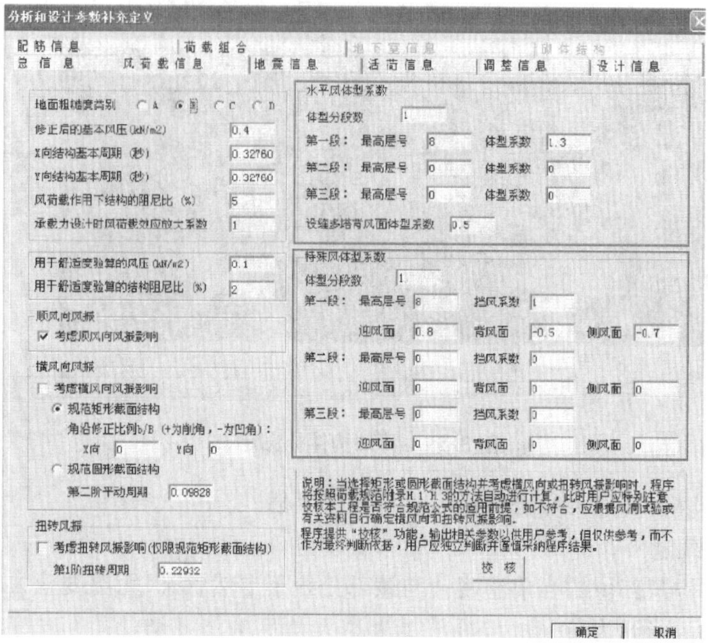

图 3.61 "风荷载信息"对话框

（5）多塔结构补充定义。

本菜单提供了多塔结构的定义、平面布置和立面布置，具体参数设置详见相应操作指南。

（6）生成 SATWE 数据文件及数据检查（必须执行）。

"生成 SATWE 数据文件及数据检查"是 SATWE 前处理的核心。单击本命令时，程序提示是否保留先前定义的几个参数，如果本菜单第一次执行或此前没执行过第 7、8 项菜单，则直接单击"确定"即可，当已经执行过第 7、8 项菜单式，则应勾选"保留用户自定义的柱、梁、支撑长度系数"、"保留用户自定义的水平风荷载"选项（图 3.62）。

（7）修改构件计算长度系数。

单击此菜单后，程序在屏幕上会显示隐含计算的柱、梁外长及支撑计算长度系数，可根据实际情况进行交互修改。

（8）水平风荷载查询/修改。

在执行"生成 SATWE 数据检查"后，程序会自动导算出水平风荷载数据用于后面的计算。如果认为程序自动导算的风荷载有必要修改，则可在本菜单中查看并修改。

（9）图形检查。

在"图形检查"菜单中，可查看各层平面简图，各层恒载、活载简图等图形信息，如图 3.63 所示。图 3.64 为本章实例结构第一层平面简图。

2）结构内力，配筋计算

SATWE 主菜单"2 结构内力，配筋计算"是 SATWE 的核心功能，结构分析的主要计算工作都在这一步完成。进入这项菜单后出现如图 3.65 所示的计算控制参数对话框。这里程序把结构计算和分析分六步进行（左侧一列的前六个），这六个步骤可以连续计算也可以分步计算，各步之间相互独立。

图 3.62 自定义信息确认对话框

图 3.63 补充输入与 SATWE
数据生成对话框

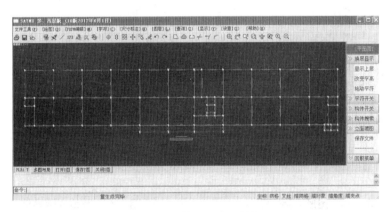

图 3.64 第一层平面简图

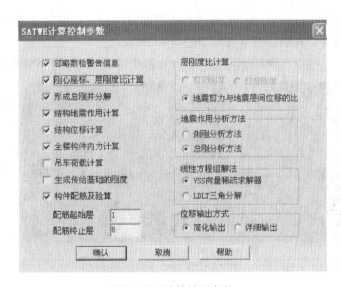

图 3.65 计算控制参数

3）PM 次梁内力，配筋计算

当在 PMCAD 建模中输入了次梁时，应再次对次梁进行次梁内力与配筋的计算。

4）分析结果图形和文本显示

结构整体分析设计完成后，应对分析结果进行检查分析，主要包括：结构设计信息、模态分析情况、各层各构件内力情况和各层各构件配筋情况等。

单击 SATWE 主菜单"4　分析结果图形和文本显示"，可以查看上述分析结果，它包括图形输出和文本输出两部分，如图 3.66 和图 3.67 所示。

图 3.66　图形文件输出

图 3.67　文本文件输出

（1）分析结果图形文件。

在"图形文件输出"菜单中，单击"各层配筋构件编号简图"，可以查看各层柱、梁构件编号以及结构质心和刚心的位置，如图 3.68 所示。

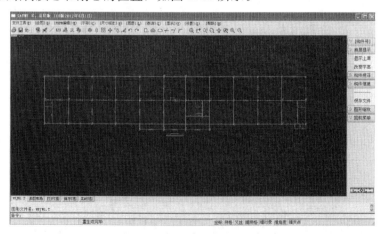

图 3.68　梁柱编号及节点简图

单击"混凝土构件配筋及钢构件验算简图"，可以查看各层钢构件的应力比简图。本章算例中，第一层构件的应力简图如图 3.69 所示。在图 3.69 中，钢梁上方三个数字分别表示钢梁正应力与强度设计值的比值、钢梁整体稳定应力与强度设计值的比值和钢梁剪应力与强度设计值的比值。柱右侧三个数字分别表示钢柱正应力与强度设计值的比值、钢柱 X 向稳定应力与强度设计值的比值、钢柱 Y 向稳定应力与强度设计值的比值。

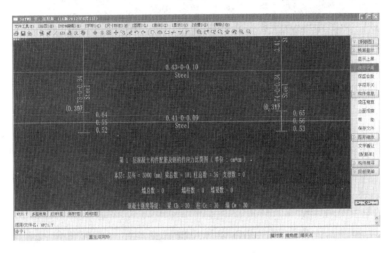

图 3.69　钢构件应力比简图

单击"梁弹性挠度、柱轴压比、墙边缘构件简图"可以查看按照梁的弹性刚度和短期作用效应组合计算的梁的弹性挠度，如图 3.70 所示。单击"底层柱、墙最大组合内力简图"，可以查看各荷载组合工况下底层各柱的最大组合内力，如图 3.71 所示。图中每个柱输出 5 个数($V_X/V_Y/N/M_X/M_Y$)，分别为该柱局部坐标系内 X 和 Y 方向的剪力、轴力、X 和 Y 方向的弯矩。此外，图中还能显示各组合工况下轴力的合力大小以及作用点位置。

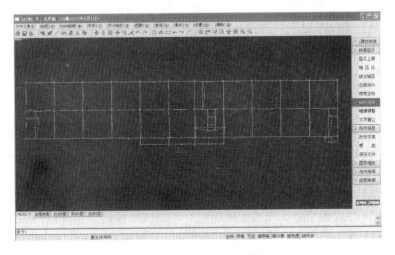

图 3.70　梁的弹性挠度简图

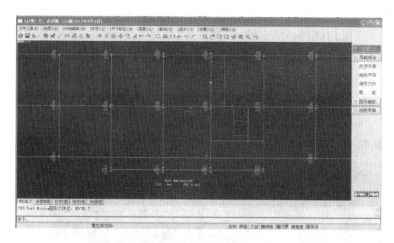

图 3.71　底层柱、墙最大组合内力简图

单击"水平作用下结构各层平均侧移简图",可以查看楼层在多遇地震作用下各层的风力、层剪力、层位移、层位移角等参数,以及在风荷载作用下各层的风力、层剪力、倾覆弯矩、层位移和层位移角等参数沿楼层高度的分布情况。

（2）分析结果文本文件。

双击"1　结构设计信息"弹出结构设计总信息文本显示,如图 3.72 所示。

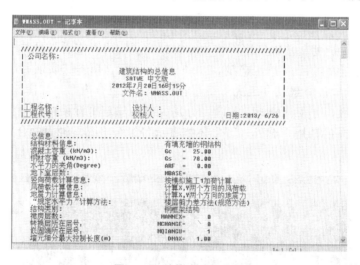

图 3.72　结构设计总信息

双击"2　周期 振型 地震力"进入图 3.73 所示界面,可查看:周期及平扭系数,有效质量系数,楼层剪重比,各振型楼层地震反应力和各振型基底反应力,各楼层地震剪力系数调整。

在分析结果文本文件中,结构设计信息文件（WMASS. OUT）中包含了结构分析过程中的各控制参数,各层的质量、质心坐标信息,各层构件数量、构件材料和层高,风荷载信息,各层刚心、偏心率、相邻层侧移刚度比,抗倾覆验算结果,结构整体稳定验算结果,楼层抗剪承载力、承载力比值等信息。结构周期、振型、地震力文件（WZQ. OUT）中包含了结构各振型信息,地震作用最大的方向,各振型下 X、Y 方向的地震力基底剪力大

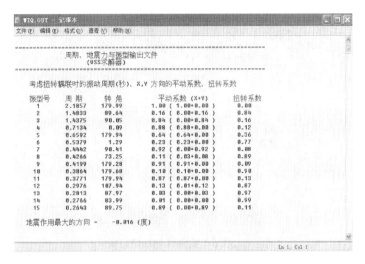

图 3.73 周期、振型与地震力信息

小等信息。结构位移文件(WDISP.PUT)中包含了各荷载工况下结构 X、Y 方向的最大楼层位移和层间位移角等信息。各层内力标准值文件(WNL.OUT)中给出了各层每根构件在各种荷载工况下的内力值。各层配筋文件(WPJ.OUT)给出了各构件的强度和稳定验算结果。超配筋信息文件(WGCPJ.OUT)给出了承载力满足要求的钢构件的强度和稳定验算结果。

5) 全楼节点连接设计

内力分析结束后,在框架设计软件的主菜单"5 全楼节点连接设计"中进行钢框架的梁柱节点连接和柱脚设计。在 STS 连接设计主菜单(图 3.74)中,单击"设计参数定义"按钮,进行施工图参数、抗震调整系数、连接板厚度、连接设计参数、梁柱节点连接形式及柱脚节点形式等参数的定义,如图 3.75～图 3.77 所示。完成参数设置后单击"全楼节点设计"按钮,即可进行节点连接的设计。退出结构连接设计后,就可进入框架设计施工图了。

图 3.74 STS 连接设计主菜单

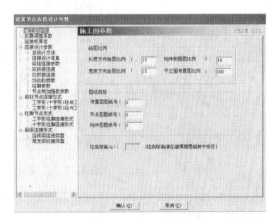

图 3.75 施工图参数设置

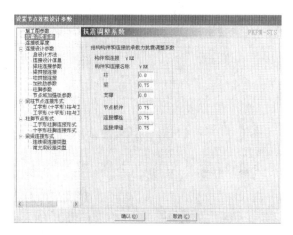

图 3.76　抗震调整系数设置

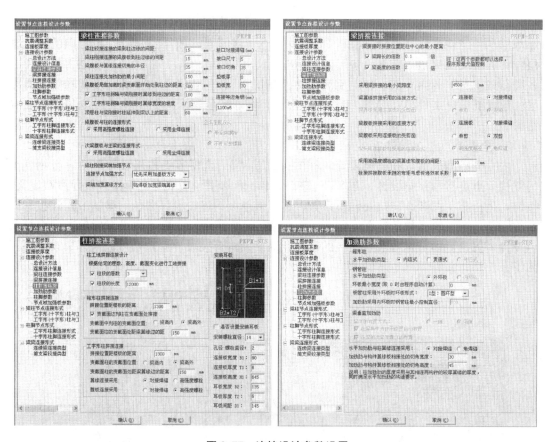

图 3.77　连接设计参数设置

梁、柱节点连接形式(图 3.78)包含：箱形柱与工字形梁铰接/固接连接；钢管柱与工字形梁铰接/固接连接；工字形(含十字形)柱与工字形梁固接(工字形柱强轴固接、工字形柱弱轴固接)；工字形(含十字形)柱与工字形梁铰接(工字形柱强轴铰接、工字形柱弱轴铰接)。

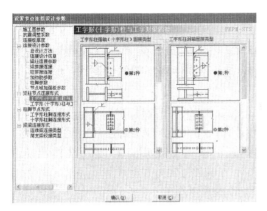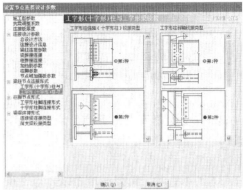

图 3.78　梁、柱节点连接形式

　　柱脚节点形式(图 3.79)包含：箱形柱脚连接形式(铰接类型和固接类型)；工字形柱脚连接形式(铰接类型和固接类型)；钢管柱脚连接形式(铰接类型和固接类型)；十字形柱脚连接形式(铰接类型和固接类型)。

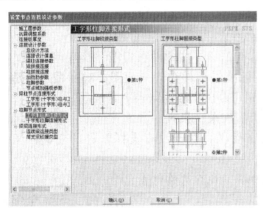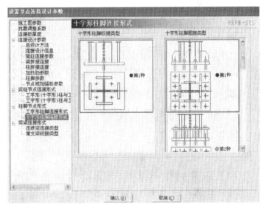

图 3.79　柱脚节点连接形式

　　梁与梁的连接形式(图 3.80)包含：连续梁连接类型(连续梁腹板伸进主梁内、连续梁腹板不伸进主梁内)；简支梁连接类型(主梁连接加劲板不伸至主梁下翼缘、主梁连接加劲板伸至主梁下翼缘)。

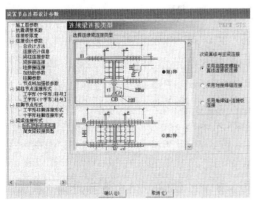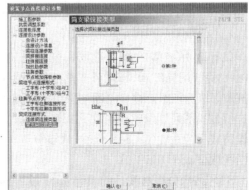

图 3.80　梁与梁连接形式

4. 钢框架结构施工图

节点设计结束后，在框架设计软件主菜单"7 画三维框架节点施工图"和主菜单"8 画三维框架构件施工详图"中进行框架结构节点和构件施工图的绘制。

1) 画三维框架节点施工图

(1) 参数输入与修改。包括输入绘图比例、图纸规格、柱底标高。

(2) 自动绘制节点施工图。输入参数并确定后，程序就自动绘制出全楼节点施工图并排出结构施工图图纸目录，可点击不画的图纸目录并确定后，程序再次排出施工图目录。

(3) 图纸查看。选择相应图纸，点击确定即可查看图纸。

2) 画三维框架构件施工图

(1) 参数输入与修改。包括输入绘图比例、图纸规格、柱底标高。

(2) 自动绘制全楼构件详图。输入绘图参数并确定后，程序就自动绘制全楼构件详图。

(3) 画平面布置图。

① 画柱脚平面图。点击此菜单，程序自动画出柱脚平面布置图，通常用户要对图纸进行编辑，可以单击"回前菜单"，再一层一层地画出结构平面布置图。

② 画结构平面布置图。此类图包括的内容有：梁、柱构件布置图、节点编号图。单击"画结构平面布置图"后，显示出第一结构标准层构件布置平面图，对图纸进行编辑后，再画下一张，直至最后一个结构标准层，则可画出全楼的结构平面布置图。

③ 画立面布置图。支撑布置在平面中显示不出来，只有在立面布置图中才能显示出来。因此，一般在布置支撑构件后才画立面布置图，对于没有支撑杆件的立面图可以不画。

(4) 画全楼构件表。当需要时，单击此菜单，画出全楼构件表。

(5) 图纸查看与编辑。经过(1)～(4)项的工作后，三维框架构件施工图就全部画完了。

由于篇幅所限，钢框架结构的其余相关设计内容请读者参考相关软件操作说明和相关专业资料，本章从略。

3.9 工程应用

某行政办公楼，地上五层，带有一个半地下室，距室外地面1.2m，地下室层高3.0m，除五层局部4.5m以外，其他楼层层高均为3.6m。主体结构采用钢框架结构，钢框架抗震等级为四级，楼、屋面均采用压型钢板组合楼盖，钢材强度等级为Q345B，焊条采用E50和E43系列焊条。基本雪压$0.45kN/m^2$，基本风压$0.4kN/m^2$，地面粗糙度为B类，抗震设防烈度为6度(0.05g)，设计地震分组为第一组。楼面活载标准值取$2.5kN/m^2$，楼梯间活载取$2.5kN/m^2$。

STS结构分析与设计的具体操作过程详见3.8节。建筑与结构的部分施工图如附录C，仅供参考。

本 章 小 结

本章介绍了钢框架的结构体系与不同类型钢框架的受力特点，钢框架结构分析方法与构件、节点的设计要点及相关构造要求。

钢框架应考虑同时承受竖向荷载与水平荷载的作用，学习过程中应注意从结构静力强度与整体稳定两个方面进行考虑。

在工程设计方面，结合具体的工程背景，本章较为全面地介绍了基于 PKPM‐STS 钢结构分析设计软件的钢框架分析设计流程，并详细介绍了钢地框架结构施工图的表示方式。

习　　题

1. 思考题

（1）简述各种多层框架钢结构形式的结构特点。

（2）框架-支撑体系中的支撑作用是什么？有哪些支撑形式？

（3）简述钢框架的设计步骤。

（4）多层钢框架结构有哪些主要连接节点？

2. 设计题

（1）按等强原则设计工字形框架梁（腹板 550mm×10mm，翼缘 250mm×16mm）的拼接，腹板和翼缘均采用 8.8 级 M20 摩擦型高强螺栓连接，钢材 Q235B。

（2）按下面两种情况分别求如图 3.81 所示钢框架各柱段的平面内计算长度。

① 框架无侧移。

② 框架有侧移。

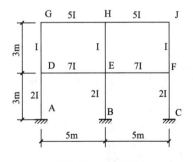

图 3.81　钢框架

第4章
钢管结构设计

教学目标

主要讲述钢管结构设计的基本理论和方法。通过本章学习，应达到以下目标。
(1) 了解钢管结构的特点。
(2) 掌握钢管结构分析与节点计算的基本原理。
(3) 能够较好地运用相关钢结构设计软件进行简单的钢管结构设计。

教学要求

知识要点	能力要求	相关知识
钢管结构的特点	了解钢管结构的特点及其应用范围	(1) 钢管截面的分类 (2) 钢管的加工方法
钢管结构的设计	(1) 了解钢管结构的构造要求 (2) 掌握钢管结构计算与设计过程	(1) 不同类型钢管结构特点及适用范围 (2) 强度、刚度、稳定性的验算方法
设计软件的应用	能较为熟练地进行相关软件的操作	(1) 钢管结构设计的相关参数 (2) 软件操作的基本步骤

基本概念

钢管结构，平面桁架，空间桁架，钢管节点，节点承载力

图 4.1 某体育场钢管结构屋盖

 引例

随着近代钢铁工业的钢管生产技术不断成熟，多维数控切割技术水平的不断提高，加上钢管作为结构构件的独特优势，使钢管结构近20年来在国内外都得到了迅猛发展。由最初的应用于海洋平台、塔桅结构，发展到广泛应用于现代大型工业厂房、仓储建筑、体育场馆、展览馆、机场航站楼、高铁站以及办公大楼、商业建筑等各种类型的建筑结构中。

图 4.1 为某体育场钢管结构屋盖的照片。从图

中可以看出，该屋盖整体呈弧形，跨度大，造型轻巧美观。构成该屋盖的构件均为圆管，这些圆管之间相互焊接，没有多余的零件，连接部位非常简洁明快。那么，这种大跨度钢管结构该如何进行结构分析与计算？杆件相交部位的焊缝以及节点该如何设计？本章将详细讲述钢管结构的设计计算方法。

4.1 钢管结构的特点

本章的钢管结构专指以钢管为基本构件的桁架结构，包括平面和空间钢管桁架结构体系，如图4.2所示。在钢管桁架的结构体系中弦杆称为主管，腹杆称为支管，主管在节点处连续（即中间不切断），支管端部利用自动切割机切割，然后直接焊接于主管的表面，如图4.3所示。钢管构件的截面有圆形和矩形（含方形）。钢管桁架的杆件可以全部采用圆钢管或矩形钢管，也可以主管采用矩形钢管而支管采用圆钢管，在某些工程中也有主管采用圆管而支管采用方管的情况。

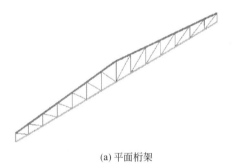

(a) 平面桁架   (b) 空间桁架

图 4.2　钢管桁架结构

(a) 钢管相贯线切割   (b) 支管与主管焊接   (c) 成型后的桁架

图 4.3　钢管桁架的制作

钢管结构与其他形式的钢结构相比，具有许多优点，工程应用包括海洋平台、塔桅结构、大型工业厂房、仓储建筑、体育场馆、展览馆、机场航站楼、高铁站以及办公大楼、商业建筑等各种类型的建筑结构。其优越性能主要表现在以下几个方面。

（1）从力学角度来看，钢管桁架杆件刚度大，用作桁架结构强度高。圆管和方管截面的对称性使得截面惯性矩对各轴相同，有利于单一杆件的稳定性设计；截面闭合使截面本身的抗扭刚度得到了提高；闭合截面在保证板件的局部稳定方面优于开口截面，且结构耐腐蚀性能更好。由于钢管截面的流体动力特性好，承受风力或水流等荷载作用时，荷载对钢管结构的作用效应比其他截面形式结构的效应要低得多。

（2）从美学角度看，钢管结构可以传递独特的视觉效果，建筑师也喜欢对外观简洁的钢管加以利用，从而实现其艺术构思。

（3）从经济角度来看，钢管结构具有很高的强重比，即在用钢量一定的条件下可以提供更高的强度，在强度一定的条件下可减轻结构自重，从而节省材料并减少运输与安装成本。此外，钢管外表面积仅为同样承载性能的开口截面构件的三分之二，这使防腐防火涂层材料的消耗与构件表面涂装工作量大大减少，而且随着相贯线切割技术的成熟，钢管加工更为便利，能节约成本。

虽然就材料单价而言，钢管的价格通常略高于开口截面的型钢，但综合前述优点，钢管结构仍不失为一种性价比很高的结构形式。本章将从截面类型与节点形式、内力分析与截面设计、构造要求、节点承载力计算、结构设计软件应用及工程实例等方面介绍有关钢管结构的设计内容和方法。

4.2 截面类型与节点形式

4.2.1 截面类型及材性

如前所述，钢管结构的截面形式一般有圆形和矩形两种。圆钢管的铸造方式主要有无缝热轧、焊接和铸造，而矩形管主要制作方法有冷弯成型后焊接、冷轧和钢板焊接。由于轧制无缝钢管价格较高，通常宜采用冷弯成型的高频焊接钢管。目前，圆管通常采用无缝热轧钢管或直缝焊管，而矩形管多为冷弯成型的高频焊接钢管。钢管制作过程对钢材性能有很大的影响，由于冷弯成型的高频焊接钢管通常存在残余应力和冷作硬化现象，冷弯成型的高频焊接钢管用于低温地区的外露结构时，应进行专门的研究。

我国《钢结构设计规范》（GB 50017—2003）中对热加工管材及冷成型管材做出如下规定：热加工管材及冷成型管材不应采用屈服强度 f_y 超过 345N/mm² 以及屈强比 $f_y/f_u>0.8$ 的钢材（即应采用 Q235 和 Q345 钢材），且钢管壁厚不宜大于 25mm。原因在于我国规范选用的国内外钢管节点的试验数据，其钢材的屈服强度均小于 345N/mm²，屈强比均不大于 0.8。另外，当钢管壁厚大于 25mm 时，采用冷弯成型方法制造将变得很困难。

4.2.2 平面桁架的节点形式

钢管桁架根据受力特性和杆件布置不同，可分为平面管桁架结构和空间管桁架结构。平面钢管桁架结构的上弦、下弦和腹杆都在同一平面内，结构平面外刚度较差，一般需要通过设置侧向支撑保证结构的侧向稳定。在现有钢管桁架结构的工程中，多采用 Warren 桁架和 Pratt 桁架形式［图 4.4(a)、(b)］。一般认为 Warren 桁架是最经济的，与 Pratt 桁架相比，Warren 桁架只有一半数量的腹杆与节点，且腹杆下料长度统一，这样可极大地节约材料与加工工时。此外，工程中采用的还有 Vierendeel 桁架［图 4.4(c)］，它主要应用于建筑功能或使用功能不允许布置斜腹杆时的情况。

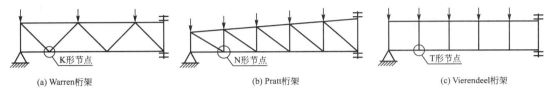

(a) Warren桁架 (b) Pratt桁架 (c) Vierendeel桁架

图 4.4 三类平面桁架简图

钢管结构的节点类型很多。按照非贯通杆件在节点部位的相对位置，钢管节点可以分为间隙节点(gap joint)和搭接节点(overlap joint)。前者的非贯通杆件在节点部位相互分离，后者的非贯通杆件在节点部位则部分或全部重叠。按节点的几何外形，平面桁架的节点形式主要有：Y 形节点、X 形节点、K 形节点、N 形节点和 KT 形节点，如图 4.5 所示。

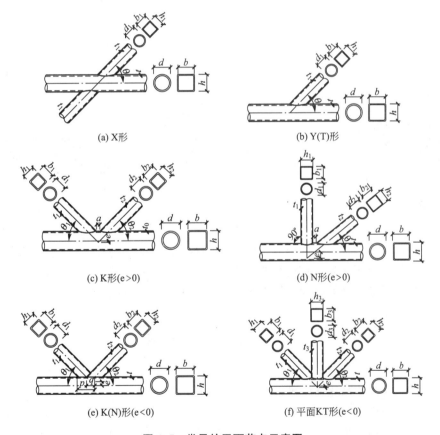

(a) X形 (b) Y(T)形

(c) K形(e>0) (d) N形(e>0)

(e) K(N)形(e<0) (f) 平面KT形(e<0)

图 4.5 常见的平面节点示意图

4.2.3 空间桁架的节点形式

空间钢管桁结构可看成由多榀平面桁架构成的空间体系，如由 3 榀平面桁架组成的截面为三角形的空间桁架结构。与平面钢管桁架结构相比，三角形空间桁架的稳定性好，扭转刚度大，可减少侧向支撑构件的布置，且外形美观；在不布置或不能布置平面外支撑的场合，三角形桁架可提供较大跨度的空间；对于小跨度结构，可以不布置侧向支撑。

对于圆管空间桁架，根据节点的几何外形，其节点形式主要有：TT 形、XX 形、KK 形、KKT 形、KT 形和 KX 形等，如图 4.6 所示。图中所列均为圆管节点，当主支管均为矩形管及主支管截面形式不同时，上述空间节点形式依然适用，本章不再一一表示。

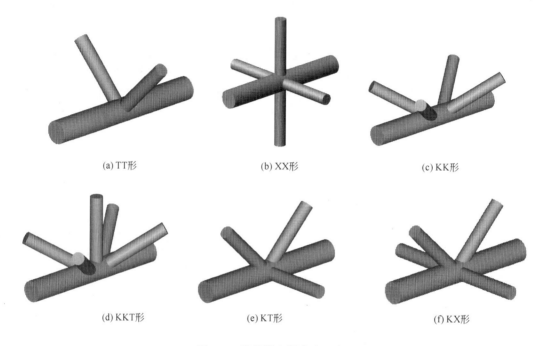

(a) TT形 (b) XX形 (c) KK形

(d) KKT形 (e) KT形 (f) KX形

图 4.6 常见的空间节点示意图

需要说明的是，本章介绍的内容主要适用于不直接承受动力荷载、在节点处直接焊接的钢管桁架结构。对于承受交变荷载的钢管焊接连接节点的疲劳问题，远较其他类型钢杆件节点受力情况复杂，设计时要谨慎处理，并需参考专门规范的规定。

4.3 内力分析与截面设计

钢管桁架结构的跨高比通常可以参考钢檩条屋面体系网架结构的跨高比确定。钢管桁架结构分析时，常视其为理想桁架［图 4.7(a)］进行内力计算，即杆件内力计算时通常做如下假定：①所有荷载都作用在节点上；②所有杆件都是等截面直杆；③各杆轴线在节点处都能相交于一点；④所有节点均为理想铰接。因此，桁架杆件只承受轴心拉力或压力。但在实际工程中，相交杆件的中心线在节点处通常存在一定的偏心［图 4.5(c)、(d)、(e)、(f)］，外荷载也不一定是通过节点的集中荷载。考虑到桁架的主管是通长布置或分段连接，且截面尺寸大于与之相连的支管，采用将主管作为连续杆件、支管为与主管铰接的平面刚架模型进行分析在理论上更为合理。加拿大 Packer 等人最早建议采用如

图 4.7(b)所示的计算模型来分析钢管结构的内力。该模型将主管作为连续杆件，支管铰接在距主管轴线的＋e 或－e 处(e 为铰点至主管轴线的距离)，并且将主管到铰点的杆件连接刚度取得很大。计算时将主管看做梁柱结构，将偏心产生的节点弯矩(即：腹杆内力的水平分力之和乘以节点偏心距 e)根据节点两侧主管的相对刚度分配。模型也可以考虑作用于非节点上的横向荷载对主管产生的弯矩作用。平面刚架内力可以很容易地利用计算软件分析得到。

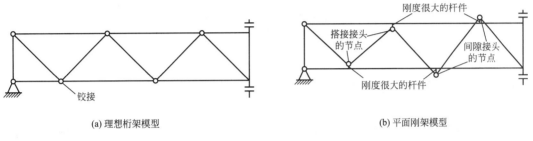

(a) 理想桁架模型   (b) 平面刚架模型

图 4.7　平面桁架的计算模型

一般情况下，在进行钢管桁架的内力分析时，尽量把节点作为理想铰接进行设计分析。

4.3.1　节点视为铰接需符合的条件

钢管桁架结构体系进行内力分析时，将节点视为铰接需满足以下条件。

(1) 符合各类节点相应的几何参数适用范围。如支管外部尺寸应小于等于主管外部尺寸，支管壁厚应小于等于主管壁厚等。

(2) 桁架平面内杆件的节间长度或杆件长度与截面高度(或直径)之比不小于12(主管)和24(支管)。

我国规范还规定，若支管与主管连接节点的偏心不超过式(4-1)限制时，在计算节点和受拉主管承载力时，可忽略因偏心引起的弯矩的影响，但受压主管必须考虑此偏心弯矩 $M=\Delta N \times e$(ΔN 为节点两侧主管轴力的差值)的影响。

$$-0.55 \leqslant e/h(\text{或 } e/d) \leqslant 0.25 \tag{4-1}$$

式中　e——偏心距(支管轴线交点至主管轴线的距离)，偏向支管一侧为负 [图 4.5(e)]，偏向主管外侧为正 [图 4.5(c)、(d)、(f)]；

　　　　h——连接平面内的矩形主管截面高度；

　　　　d——圆主管外径。

4.3.2　管桁架杆件计算长度

在确定桁架弦杆和单系腹杆(用节点板与弦杆连接)的长细比时，其计算长度 l_0 应按表 4-1 采用。当腹杆直接与弦杆相贯焊接时，腹杆计算长度可偏于保守取其几何长度。

表 4-1 桁架弦杆和单系腹杆的计算长度 l_0

项次	弯曲方向	弦杆	腹杆	
			支座斜杆和支座竖杆	其他腹杆
1	在桁架平面内	l	l	$0.8l$
2	在桁架平面外	l_1	l	l
3	斜平面	—	l	$0.9l$

注：1. l 为构件的几何长度（节点中心间距离），l_1 为桁架弦杆侧向支承点之间的距离。

    2. 斜平面是指与桁架平面斜交的平面，适用于构件截面两主轴均不在桁架平面内的单角钢腹杆和双角钢十字形截面腹杆。

4.3.3 构件的局部稳定性要求

当受压圆管的直径与壁厚之比或受压矩形管的宽度与厚度之比较大时，可能出现局部屈曲。圆管管壁在弹性范围局部屈曲临界应力的理论值为：

$$\sigma_{cr} = 1.21E \frac{t}{d} \tag{4-2}$$

式中　d——外径，mm；

　　　t——壁厚，mm。

如果令式(4-2)的临界应力等于钢材的屈服点，可得 $d/t = 1060$（Q235 钢）。但是管壁局部屈曲与一般的平板不同，对缺陷特别敏感，只要管壁稍有局部凹凸，临界应力就会比理论值下降若干倍，加之钢管通常在强塑性状态下屈曲，因此，世界上很多国家的规范及我国的《钢结构设计规范》和《冷弯薄壁型钢结构设计规范》都根据试验将圆钢管杆件的容许径厚比规定为：

$$\frac{d}{t} \leqslant 100\left(\frac{235}{f_y}\right) \tag{4-3}$$

同理，方钢管结构的宽厚比也略偏安全地取为与轴压构件的箱形截面相同，即规定：

$$\frac{b}{t}\left(\vec{\mathbb{g}}\frac{h}{t}\right) \leqslant 40\sqrt{\frac{235}{f_y}} \tag{4-4}$$

4.3.4 构件的截面设计

钢管构件的截面设计，与其他型钢截面的构件相同，需符合强度、稳定性和刚度（长细比）要求。

（1）强度条件：

$$\frac{N}{A_n} \leqslant f \tag{4-5}$$

强度条件通常只有当截面被削弱的情况下才有可能起控制截面设计的作用。

（2）稳定条件（对于受压构件）：

$$\frac{N}{\varphi A} \leqslant f \tag{4-6}$$

稳定条件通常对截面设计起控制作用。当节点存在因偏心引起的弯矩时，应按压弯构件的相关公式验算弯矩作用平面内和平面外的稳定性。

（3）局部稳定条件：

圆管：
$$\frac{d}{t}\leqslant100\left(\frac{235}{f_{\mathrm{y}}}\right) \tag{4-7}$$

矩形管：
$$\frac{b}{t}\left(\text{或}\frac{h}{t}\right)\leqslant40\sqrt{\frac{235}{f_{\mathrm{y}}}} \tag{4-8}$$

（4）刚度条件：

长细比
$$\lambda_{\max}=\max\{\lambda_x,\ \lambda_y\}\leqslant[\lambda] \tag{4-9}$$

由于钢管结构的截面设计过程与其他型钢截面几乎相同，因此钢管结构的设计只重点介绍其构造要求、节点焊缝连接和节点承载力的验算。

4.4 构造要求

钢管结构的构造要求主要包括以下方面。

（1）在管节点处主管应连续，圆支管的端部应加工成马鞍形，直接焊于主管外壁上，而不得将支管插入主管内。为了连接方便和保证焊接质量，主管的外部尺寸应大于支管的外部尺寸，且主管的壁厚不得小于支管的壁厚。

（2）主管与支管之间的夹角 θ 及两支管间的夹角，不宜小于30°，否则支管端部焊缝不易施焊，焊缝熔深也不易保证，并且支管的受力性能也欠佳。

（3）支管与主管的连接节点处，除搭接节点外，应尽可能避免偏心。当主管与支管中心线交于一点，即不存在节点偏心时，内力分析和截面设计的过程都可大大简化，并可充分发挥截面和材料的优良特性。

（4）支管端部应平滑并与主管接触良好，不得有过大的局部空隙。一般来说，管结构的支管端部加工应尽量使用钢管相贯线切割机。它可以按输入的夹角及支管、主管的直径和壁厚，直接切成所需的空间形状，并可按需要在支管壁厚上切成坡口，如用手工切割很难保证切口质量。当然，当支管壁厚小于6mm时可不切坡口。

（5）对有间隙的 K 形或 N 形节点 ［图 4.5（c）、（d）］，支管间隙 a 应不小于两支管壁厚之和，用于保证支管与主管间连接焊缝施焊的空间。

（6）对搭接的 K 形或 N 形节点 ［图 4.5（e）］，其搭接率 $O_{\mathrm{v}}=q/p\times100\%$ 应满足 $25\%\leqslant O_{\mathrm{v}}\leqslant100\%$，且应确保在搭接部分的支管之间的连接焊缝能很好地传递内力。

（7）在搭接节点中，搭接支管要通过被搭接支管传递内力，所以为保证被搭接支管的强度不低于搭接支管的强度，规范规定，当支管厚度不同时，薄壁管应搭在厚壁管上；当支管钢材强度等级不同时，低强度管应搭在高强度管上。

（8）支管与主管之间的连接可沿全周用角焊缝或部分采用对接焊缝，部分采用角焊缝。支管管壁与主管管壁之间的夹角大于或等于120°的区域宜用对接焊缝或带坡口的角焊缝。角焊缝的焊脚尺寸 h_{f} 不宜大于支管壁厚的 2 倍。一般支管的壁厚不大，宜采用全周角焊缝与主管连接。当支管壁厚较大时，宜沿焊缝长度方向部分采用角焊缝，部分采用对接焊缝。由于全部对接焊缝在某些部位施焊困难，所以一般不予推荐。角焊缝的焊脚尺寸，

《钢结构设计规范》（GB 50017—2003)第 8.2.7 条规定不得大于 $1.2t_i$。但对钢管结构，当支管受拉时这势必产生因焊缝强度不足而需加大壁厚的不合理现象，故根据实际经验并参考国外规范，规定 $h_f \leqslant 2t_i$。一般支管壁厚 t_i 较小，不会产生过大的焊接应力和"过烧"现象。

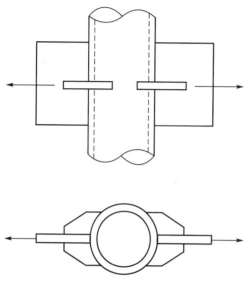

图 4.8　集中荷载作用部位的加强措施

（9）钢管构件承受较大集中荷载的部位其工作情况较为不利，应采取适当的加强措施，例如加套管或加如图 4.8 所示的加劲肋等。如果横向荷载是通过支管施加于主管，则只要满足有关节点强度的要求，就不必对主管进行加强。钢管构件的主要部位应尽量避免开孔，不得已要开孔时，应采取适当的补强措施，例如在孔的周围加焊补强板等。

（10）钢管构件的接长或拼接接头宜采用对接焊缝连接〔图 4.9(a)〕。当两管直径不同时，宜加锥形过渡段〔图 4.9(b)〕。大直径或重要的拼接，宜在管内加短衬管〔图 4.9(c)〕。轴心受压构件或受力较小的压弯构件也可采用通过隔板传递内力的形式〔图 4.9(d)〕。对工地连接的拼接，也可采用法兰板的螺栓连接〔图 4.9(e)、(f)〕。

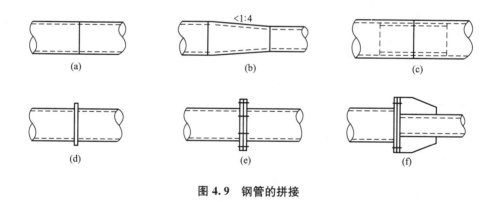

图 4.9　钢管的拼接

4.5 节点焊缝连接计算

在节点处，主管与支管或支管与支管间用焊缝连接时，焊缝的承载能力必须大于或等于支管传递的荷载。当主管分别为圆管和矩形管时，焊缝连接采用不同的计算方法。如前构造要求所述，支管与主管之间的连接焊缝可沿全周用角焊缝，也可以部分采用对接焊缝。支管端部焊缝位置可分为 A、B、C 三个区域，如图 4.10(a)所示。当各区均采用角焊缝时，其形式见图 4.10(b)；当 A、B 两区采用对接焊缝而 C 区采用角焊缝（因 C 区管壁交角小，采用对接焊缝不易施焊)时，其形式见图 4.10(c)。由于坡口角度、焊根间隙都是变化的，对接焊缝的焊根又不能清渣和补焊，考虑到这些原因及为方便计算，同时参考国外规范的相关规定，连接焊缝计算时可以视为全周用角焊缝连接，仍采用如下公式：

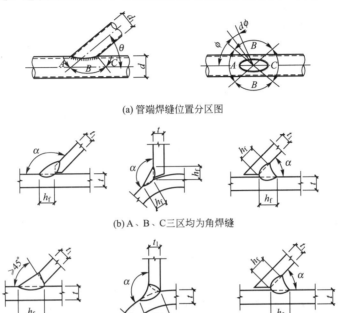

(a) 管端焊缝位置分区图

(b) A、B、C三区均为角焊缝

(c) A、B、C三区部分为对接焊缝部分为角焊缝

图 4.10 管节点连接焊缝形式

$$\sigma_f = \frac{N}{h_e l_w} \leqslant \beta_f f_f^w \tag{4-10}$$

式中　　N——支管所受轴心拉力或轴心压力；

　　　　h_e——角焊缝的计算厚度；

　　　　l_w——角焊缝的计算长度；

　　　　β_f——正面角焊缝的强度设计值增大系数，对于管结构取 1.0；

　　　　f_f^w——角焊缝的强度设计值。

4.5.1 主管为圆管时的焊缝计算

1. 焊缝的计算长度 l_w

连接焊缝的长度实际上是支管与主管的相交线长度，考虑到焊缝传力时的不均匀性，焊缝的计算长度 l_w 不会大于相交线长度。因主管和支管均为圆管时的节点连接焊缝传力较为均匀，焊缝计算长度取为相交线长度。该相交线是一条空间曲线，若将曲线分为 $2n$ 段，微小段 Δl_i 可取空间折线代替空间曲线，则焊缝的计算长度为：

$$l_w = 2\sum_{i=1}^{n} \Delta l_i = K_a d_i \tag{4-11}$$

$$K_{a} = 2\int_0^{\pi} f(d_i/d, \theta)\mathrm{d}\theta \tag{4-12}$$

式中 K_{a}——相交斜率；

d，d_i——分别为主管和支管外径；

θ——支管轴线与主管轴线的夹角。

采用回归分析方法，得出圆管结构中支管与主管连接焊缝的计算长度 l_w 为：

1）当 $d_i/d \leqslant 0.65$ 时

$$l_w = (3.25d_i - 0.025d)\left(\frac{0.534}{\sin\theta_i} + 0.466\right) \tag{4-13}$$

2）当 $d_i/d > 0.65$ 时

$$l_w = (3.81d_i - 0.389d)\left(\frac{0.534}{\sin\theta_i} + 0.466\right) \tag{4-14}$$

式中 θ_i——支管 i 的轴线与主管轴线的夹角。

2. 焊缝的计算厚度 h_e

圆管节点焊缝的计算厚度 h_e 沿相贯线是不均匀的，第 Δl_i 区段的焊缝计算厚度为：

$$h_i = h_f \cos\frac{\alpha_{i+1/2}}{2} \tag{4-15}$$

式中 $\alpha_{i+1/2}$——第 Δl_i 区段中点支管外壁切平面与主管外壁切平面的夹角。分析表明，当支管轴心受力时，焊缝计算厚度的平均值沿焊缝长度可以保守地取为 $h_e = 0.7h_f$。

因此，当支管轴心受力时，支管与主管的连接焊缝强度计算公式(4-10)可改写为：

$$\sigma_f = \frac{N}{0.7h_f l_w} \leqslant f_f^w \tag{4-16}$$

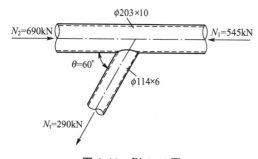

图 4.11 例 4-1 图

【例 4-1】 如图 4.11 所示为某圆钢管直接焊接的 Y 形节点。主管为 $\phi 203 \times 10$（即外径 $d = 203$mm，壁厚 $t = 10$mm），截面积 $A = 60.63$cm²；支管为 $\phi 114 \times 6$。钢管为 Q235B 钢，强度设计值 $f = 215$N/mm²。手工焊，E43 型焊条。钢管受力如图所示，其中主管上的剪力（用于平衡支管中的竖向分力）未示出。试计算支管与主管的连接角焊缝焊脚尺寸 h_f。

解： 支管外径 $d_1 = 114$mm，主管外径 $d = 203$mm，支管轴线与主管轴线夹角 $\theta = 60°$。

（1）焊缝计算长度。

支管与主管的外径比值 $\dfrac{d_1}{d} = \dfrac{114}{203} = 0.562 < 0.65$

故节点连接角焊缝的计算长度 l_w 应按式(4-13)计算，即：

$$\begin{aligned} l_w &= (3.25d_i - 0.025d)\left(\frac{0.534}{\sin\theta_i} + 0.466\right) \\ &= (3.25 \times 114 - 0.025 \times 203)\left(\frac{0.534}{\sin 60°} + 0.466\right) \\ &= 395.6(\text{mm}) \end{aligned}$$

（2）角焊缝焊脚尺寸 h_f。

支管轴心受力，连接角焊缝的强度按式（4-16）计算，即

$$\sigma_f = \frac{N}{0.7 h_f l_w} \leqslant f_f^w$$

将角焊缝的强度设计值 $f_f^w = 160 N/mm^2$ 代入上式，得所求的角焊缝焊脚尺寸

$$h_f \geqslant \frac{N}{0.7 l_w f_f^w} = \frac{290 \times 10^3}{0.7 \times 395.6 \times 160} = 6.55 (mm)$$

采用 $h_f = 8mm < 2t_1 = 2 \times 6 = 12mm$，满足角焊缝的焊脚尺寸 h_f 不宜大于支管壁厚的 2 倍的构造要求。

4.5.2 主管为矩形管时的焊缝计算

矩形管节点中，支管和主管的相交线是直线，所以计算起来相对方便，但是考虑到主管顶面板件沿相交线周围在支管轴力作用下刚度的差异和传力的不均匀性，相交焊缝的计算长度将不等于支管周长，需要通过试验来确定。我国规范基于试验研究与理论分析，对矩形管结构支管与主管的焊缝计算长度 l_w 的计算规定如下。

1. 对于有间隙的 K 形和 N 形节点

当 $\theta_i \geqslant 60°$ 时：

$$l_w = \frac{2h_i}{\sin\theta_i} + b_i \tag{4-17}$$

当 $\theta_i \leqslant 50°$ 时：

$$l_w = \frac{2h_i}{\sin\theta_i} + 2b_i \tag{4-18}$$

当 $50° < \theta_i < 60°$ 时，计算长度 l_w 按照插值法得到。

2. 对于 T、Y 和 X 形节点

$$l_w = \frac{2h_i}{\sin\theta_i} \tag{4-19}$$

式（4-17）~式（4-19）中，h_i 和 b_i 分别为支管的截面高度和宽度。

此外，当支管为圆管，主管为矩形管时，焊缝计算长度 l_w 取为主管和支管的相交线长度减去 d_i（支管外径）。

4.6 节点承载力计算

4.6.1 主管和支管均为圆管的直接焊接节点承载力计算

在实际工程中，应避免由节点破坏而造成结构失效。圆管结构节点的破坏方式，因节点形式不同而有所不同，节点承载力的计算应按不同破坏方式分别进行计算。我国规范在比较、分析国外有关规范和国内外研究资料的基础上，筛选建立了一个包含 1546 个圆钢管节点试验结果和 790 个圆钢管节点有限元分析结果的数据库，对不同形式的节点的承载

力，通过回归分析并采用校准法换算得到了半理论半经验的计算公式。由于规范公式都具有半理论半经验的性质，因此利用这些公式设计时，必须符合提出这些公式所依据的各种参数要求，然后才能进行节点承载力验算。

为保证圆管结构节点处主管的强度，《钢结构设计规范》（GB 50017—2003）规定，支管的轴心力不得大于下列规定的承载力设计值。此时，其适用范围为：$0.2 \leqslant \beta \leqslant 1.0$；$d_i/t_i \leqslant 60$；$d/t \leqslant 100$；$\theta \geqslant 30°$；$60° \leqslant \phi \leqslant 120°$（其中，$\beta$ 为支管与主管外径之比，ϕ 为空间管节点支管的横向夹角，即支管轴线在主管横截面所在平面投影的夹角）。

1. X 形节点［图 4.5(a)］

(1) 受压支管在管节点处的承载力设计值 N_{cX}^{pj} 应按下式计算：

$$N_{cX}^{pj} = \frac{5.45}{(1-0.81\beta)\sin\theta}\psi_n t^2 f \tag{4-20}$$

式中　ψ_n——参数，$\psi_n = 1 - 0.3\dfrac{\sigma}{f_y} - 0.3\left(\dfrac{\sigma}{f_y}\right)^2$，当节点两侧或一侧主管受拉时，则取 $\psi_n = 1$；

　　　　f——主管钢材的抗拉、抗压和抗弯强度设计值；

　　　　f_y——主管钢材的屈服强度；

　　　　σ——节点两侧主管轴心压应力的较小绝对值。

(2) 受拉支管在管节点处的承载力设计值 N_{tX}^{pj} 应按下式计算：

$$N_{tX}^{pj} = 0.78\left(\frac{d}{t}\right)^{0.2} N_{cX}^{pj} \tag{4-21}$$

2. T 形（或 Y 形）节点［图 4.5(b)］

(1) 受压支管在管节点处的承载力设计值 N_{cT}^{pj} 应按下式计算：

$$N_{cT}^{pj} = \frac{11.51}{\sin\theta}\left(\frac{d}{t}\right)^{0.2}\psi_n \psi_d t^2 f \tag{4-22}$$

式中　ψ_d——参数，当 $\beta \leqslant 0.7$ 时，$\psi_d = 0.069 + 0.93\beta$；当 $\beta > 0.7$ 时，$\psi_d = 2\beta - 0.68$。

(2) 受拉支管在管节点处的承载力设计值 N_{tT}^{pj} 应按下式计算：

当 $\beta \leqslant 0.6$ 时

$$N_{tT}^{pj} = 1.4 N_{cT}^{pj} \tag{4-23}$$

当 $\beta > 0.6$ 时

$$N_{tT}^{pj} = (2-\beta) N_{cT}^{pj} \tag{4-24}$$

3. K 形节点［图 4.5(c)、(e)］

(1) 受压支管在管节点处的承载力设计值 N_{cK}^{pj} 应按下式计算：

$$N_{cK}^{pj} = \frac{11.51}{\sin\theta_c}\left(\frac{d}{t}\right)^{0.2}\psi_n \psi_d \psi_a t^2 f \tag{4-25}$$

式中　θ_c——受压支管轴线与主管轴线的夹角；

　　　　ψ_a——反映支管间隙等因素对节点承载力的影响参数，按下式计算：

$$\psi_a = 1 + \frac{2.19}{1 + \dfrac{7.5a}{d}}\left(1 - \frac{20.1}{6.6 + \dfrac{d}{t}}\right)(1 - 0.77\beta) \tag{4-26}$$

式中　a——两支管间的间隙，当 $a<0$ 时，取 $a=0$。

（2）受拉支管在管节点处的承载力设计值 N_{tK}^{pj} 应按下式计算：

$$N_{tK}^{pj}=\frac{\sin\theta_c}{\sin\theta_t}N_{cK}^{pj}\qquad(4-27)$$

式中　θ_t——受拉支管轴线与主管轴线的夹角。

4. TT 形节点 ［图 4.6(a)］

（1）受压支管在管节点处的承载力设计值 N_{cTT}^{pj} 应按下式计算：

$$N_{cTT}^{pj}=\psi_g N_{cT}^{pj}\qquad(4-28)$$

$$\psi_g=1.28-0.64\frac{g}{d}\leqslant1.1$$

式中　g——两支管的横向间距。

（2）受拉支管在管节点处的承载力设计值 N_{tTT}^{pj} 应按下式计算：

$$N_{tTT}^{pj}=N_{tT}^{pj}\qquad(4-29)$$

5. KK 形节点 ［图 4.6(c)］

受压或受拉支管在管节点处的承载力设计值 N_{cKK}^{pj} 或 N_{tKK}^{pj} 应等于 K 形节点相应支管承载力设计值 N_{cK}^{pj} 或 N_{tK}^{pj} 的 0.9 倍。

【例 4-2】　如图 4.12 所示为一圆钢管直接焊接的 X 形节点。主管为 $\phi203\times10$，截面积 $A=60.63\text{cm}^2$。两支管均为 $\phi114\times6$，钢材为 Q235B，强度设计值 $f=215\text{N/mm}^2$。手工焊，E43 型焊条。钢管受力如图所示。试计算各支管的轴心力是否满足该节点处的承载力设计值，并求支管与主管的连接角焊缝焊脚尺寸 h_f。

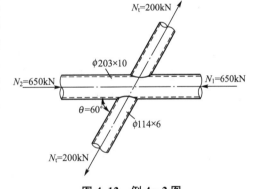

图 4.12　例 4-2 图

解： 已知节点几何参数及材料特性：

$d=203\text{mm}$　$d_1=114\text{mm}$　$f=215\text{N/mm}^2$

$t=10\text{mm}$　$t_1=6\text{mm}$　$f_f^w=160\text{N/mm}^2$

$A=60.63\text{cm}^2$　$\theta=60°$

（1）节点处支管的承载力计算。

① 节点几何参数验证。

支管与主管的直径比 $\beta=\dfrac{d_1}{d}=\dfrac{114}{203}=0.562$，$0.2<0.562<1.0$

支管径厚比 $\dfrac{d_1}{t_1}=\dfrac{114}{6}=19<60$

主管径厚比 $\dfrac{d}{t}=\dfrac{203}{10}=20.3<100$

支管轴线与主管轴线的夹角 $\theta=60°>30°$

均在规定的适用范围内，因此以下所涉及的计算公式有效。

② 承载力计算。

按式（4-21）得受拉支管在节点处的承载力设计值

$$N_{tX}^{pj}=0.78\left(\frac{d}{t}\right)^{0.2}N_{cX}^{pj}=0.78\times20.3^{0.2}N_{cX}^{pj}=1.4243N_{cX}^{pj}$$

上式中 N_{cX}^{pj} 是受压支管在节点处的承载力设计值，应按式(4-20)计算，即：

$$N_{cX}^{pj}=\frac{5.45}{(1-0.81\beta)\sin\theta}\psi_n t^2 f=\frac{5.45\psi_n}{(1-0.81\times0.562)\sin60°}\times10^2\times215\times10^{-3}$$
$$=248.36\psi_n(kN)$$

节点两侧主管轴心压应力的较小绝对值为

$$\sigma=\frac{N}{A}=\frac{650\times10^3}{6063}=107.2(N/mm^2)$$

主管轴力影响系数 ψ_n 为

$$\psi_n=1-0.3\frac{\sigma}{f_y}-0.3\left(\frac{\sigma}{f_y}\right)^2=1-0.3\times\frac{107.2}{235}-0.3\times\left(\frac{107.2}{235}\right)^2=0.8007$$

因此受压支管在节点处的承载力设计值为

$$N_{cX}^{pj}=248.36\psi_n=248.36\times0.8007=198.9(kN)$$

所求受拉支管在节点处的承载力设计值为

$$N_{tX}^{pj}=1.4243N_{cX}^{pj}=1.4243\times198.9=283.3(kN)>N_t=200kN，满足$$

（2）节点处支管与主管的连接角焊缝计算。

① 焊缝计算长度。

因支管外径与主管外径的比值 $\beta=0.562<0.65$，故按式(4-13)计算：

$$l_w=(3.25d_i-0.025d)\left(\frac{0.534}{\sin\theta_i}+0.466\right)$$

$$=(3.25\times114-0.025\times203)\left(\frac{0.534}{\sin60°}+0.466\right)=395.6(mm)$$

② 焊脚尺寸 h_f。

支管轴心受力，支管与主管的连接角焊缝强度按式(4-16)计算。将角焊缝的强度设计值 $f_f^w=160N/mm^2$ 代入式(4-16)，得所求的角焊缝焊脚尺寸

$$h_f\geq\frac{N}{0.7l_wf_f^w}=\frac{200\times10^3}{0.7\times395.6\times160}=4.5(mm)$$

采用 $h_f=6mm$，满足构造要求：

$$h_f\geq1.5\sqrt{t}=1.5\sqrt{10}=4.7(mm)$$
$$h_f\leq2t_1=2\times6=12(mm)，可以$$

【例4-3】 如图4.13所示为某圆钢管直接焊接的TT形节点。主管为 $\phi203\times10$，截面积 $A=6063mm^2$，支管为 $\phi114\times6$，钢材为Q235B，强度设计值 $f=215N/mm^2$。手工焊，E43型焊条。钢管受力如图所示，其中主管上的剪力（用于平衡支管中的竖向分力）未示出。试计算支管的轴心压力是否满足该节点处的承载力设计值。

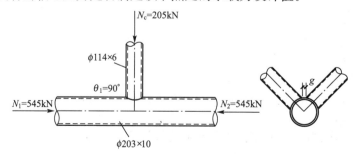

图4.13 例4-3图

解：已知节点几何参数及材料特性：

$d=203$mm	$d_1=114$mm	$f=215$N/mm^2
$t=10$mm	$t_1=6$mm	$f_y=235$N/mm^2
$A=60.63$cm^2	$g=40$mm	$f_t^w=160$N/mm^2

节点几何参数均在适用范围内（验证过程同例 4-2），因此以下所涉及的计算公式有效。

TT 形节点受压支管在节点处的承载力设计值应按式（4-28）计算，即

$$N_{cTT}^{pj}=\psi_g N_{cT}^{pj}$$

式中，N_{cT}^{pj} 为 T 形节点受压支管在节点处的承载力设计值，应按式（4-22）计算，即

$$N_{cT}^{pj}=\frac{11.51}{\sin\theta}\left(\frac{d}{t}\right)^{0.2}\psi_n\psi_d t^2 f$$

节点两侧主管轴心压应力的较小绝对值为

$$\sigma=\frac{N}{A}=\frac{545\times10^3}{6063}=89.9(\text{N/mm})^2$$

反映主管轴向应力状态对承载能力影响的参数 ψ_n 为

$$\psi_n=1-0.3\frac{\sigma}{f_y}-0.3\left(\frac{\sigma}{f_y}\right)^2=1-0.3\times\frac{89.9}{235}-0.3\times\left(\frac{89.9}{235}\right)^2=0.8413$$

支管与主管外径比 $\beta=d_1/d=114/203=0.562<0.7$，故反映支管与主管外径比的参数 ψ_d 为

$$\psi_d=0.069+0.93\beta=0.069+0.93\times0.562=0.5917$$

得 T 形节点受压支管在节点处的承载力设计值为

$$N_{cT}^{pj}=\frac{11.51}{\sin\theta_1}\left(\frac{d}{t}\right)^2\psi_n\psi_d t^2 f=\frac{11.51}{\sin90°}\left(\frac{203}{10}\right)^{0.2}\times0.8413\times0.5917\times10^2\times215\times10^{-3}$$
$$=224.9\text{kN}$$

两支管的横向间距 $g=40$mm，得参数 ψ_g 为

$$\psi_g=1.28-0.64\frac{g}{d}=1.28-0.64\times\frac{40}{203}=1.1539>1.1$$

取 $\psi_g=1.1$，得所求受压支管在节点处的承载力设计值

$$N_{tT}^{pj}=\psi_g N_{cT}^{pj}=1.1\times224.9=247.4(\text{kN})>N_c=205\text{kN}，满足$$

4.6.2 矩形管直接焊接节点承载力计算

矩形管结构与圆管结构的节点相比，节点受力情况更复杂，破坏形式多种多样。国内外试验研究表明，矩形管节点有 7 种破坏模式：①主管平壁因形成塑性铰线而失效 [图 4.14(a)]；②主管平壁因冲切而破坏或主管侧壁因剪切而破坏 [图 4.14(b)]；③主管侧壁因受拉屈服或受压局部失稳而失效 [图 4.14(c)]；④受拉支管被拉坏 [图 4.14(d)]；⑤受压支管因局部失稳而失效 [图 4.14(e)]；⑥主管平壁因局部失稳而失效 [图 4.14(f)]；⑦有间隙的 K、N 形节点中，主管在间隙处被剪坏或丧失轴向承载力而破坏 [图 4.14(g)]。对于不同的破坏模式，应按不同的方法分别进行计算。我国规范中给出的矩形管平面管节点承载力设计值计算公式，是依据国内矩形管节点试验和有限元分析结果，结合国内外收集到的其他试验结果，对 CIDECT（国际管结构发展与研究委员会）和欧洲规范（Eurocode3）进行局部修订得到的，因此是半理论半经验的，设计时必须符合几何参数的构造要求。

矩形管直接焊接节点（图 4.5）的承载力应按下列规定计算，其适用范围如表 4-2 所示。

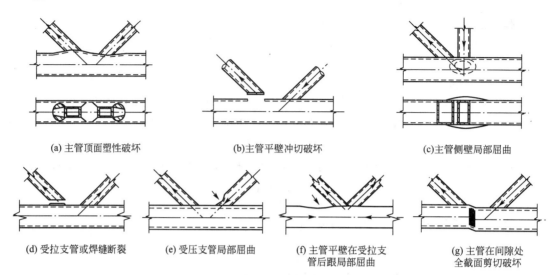

(a) 主管顶面塑性破坏　　　　　(b)主管平壁冲切破坏　　　　　(c)主管侧壁局部屈曲

(d) 受拉支管或焊缝断裂　　(e) 受压支管局部屈曲　　(f) 主管平壁在受拉支　　(g) 主管在间隙处
　　　　　　　　　　　　　　　　　　　　　管后跟局部屈曲　　　全截面剪切破坏

图 4.14　直接焊接矩形管节点破坏模式

表 4-2　矩形管节点几何参数的适用范围

管截面形式	节点形式	节点几何参数，$i=1$ 或 2，表示支管；j—表示被搭接的支管					
		$\dfrac{b_i}{b}$、$\dfrac{h_i}{b}$ $\left(\text{或}\dfrac{d_i}{b}\right)$	$\dfrac{b_i}{t_i}$、$\dfrac{h_i}{t_i}\left(\text{或}\dfrac{d_i}{t_i}\right)$		$\dfrac{h_i}{b_i}$	$\dfrac{b}{t}$、$\dfrac{h}{t}$	a 或 O_v b_i/b_j，t_i/t_j
			受压	受拉			
主管为矩形管	支管为矩形管	T、Y、X 形 ≥0.25			0.5≤$\dfrac{h_i}{b_i}$ ≤2	≤35	$0.5(1-\beta)$ ≤$\dfrac{a}{b}$≤ $1.5(1-\beta)^*$ $a≥t_1+t_2$
		有间隙的 K 形和 N 形 ≥0.1+ $\dfrac{0.01b}{t}$ $\beta≥0.35$	≤37$\sqrt{\dfrac{235}{f_{yi}}}$ ≤35	≤35			
		搭接 K 形和 N 形 ≥0.25	≤33$\sqrt{\dfrac{235}{f_{yi}}}$			≤40	25%≤O_v ≤100% $\dfrac{t_i}{t_j}$≤1.0， 1.0≥$\dfrac{b_i}{b_j}$ ≥0.75
	支管为圆管	0.4≤$\dfrac{d_i}{b}$ ≤0.8	≤44$\sqrt{\dfrac{235}{f_{yi}}}$	≤50	用 d_i 取代 b_i 之后， 仍应满足上述相应条件		

注：1. 标注 * 处当 $a/b>1.5(1-\beta)$ 时，按 T 形或 Y 形节点计算。

　　2. b_i、h_i、t_i 分别为第 i 个矩形支管的截面宽度、高度和壁厚；d_i、t_i 分别为第 i 个圆支管的外径和壁厚；b、h、t 分别为矩形主管的截面宽度、高度和壁厚；a 为支管间的间隙，见图 4.5(c)、(d)；$O_v=q/p\times100\%$ 为搭接率，q 为搭接管搭接部分延伸到主管上的长度，p 为搭接管延伸到主管上的长度，如图 4.5(e)所示；β 为参数，对 T、Y、X 形节点，$\beta=\dfrac{b_i}{b}$ 或 $\dfrac{d_i}{b}$；对 K、N 形节点，$\beta=\dfrac{b_1+b_2+h_1+h_2}{4b}$ 或 $\beta=\dfrac{d_1+d_2}{2b}$；$f_{yi}$ 为第 i 个支管钢材的屈服强度。

为保证节点处矩形主管的强度，支管的轴心力 N_i 和主管的轴心力 N 不得大于下列规定的节点承载力设计值。

1. 支管为矩形管的 T、Y 和 X 形节点［图 4.5(a)、(b)］

(1) 当 $\beta \leqslant 0.85$ 时，支管在节点处的承载力设计值 N_i^{pj} 应按下式计算：

$$N_i^{\mathrm{pj}} = 1.8\left(\frac{h_i}{bc\sin\theta_i} + 2\right)\frac{t^2 f}{c\sin\theta_i}\psi_{\mathrm{n}} \tag{4-30}$$

$$c = (1-\beta)^{0.5} \tag{4-31}$$

式中　ψ_{n}——参数，当主管受压时，$\psi_{\mathrm{n}} = 1.0 - \dfrac{0.25}{\beta}\cdot\dfrac{\sigma}{f}$；当主管受拉时，$\psi_{\mathrm{n}} = 1.0$。

　　σ——节点两侧主管轴心压应力的较大绝对值。

(2) 当 $\beta = 1.0$ 时，支管在节点处的承载力设计值 N_i^{pj} 应按下式计算：

$$N_i^{\mathrm{pj}} = 2.0\left(\frac{h_i}{\sin\theta_i} + 5t\right)\frac{t f_{\mathrm{k}}}{\sin\theta_i}\psi_{\mathrm{n}} \tag{4-32}$$

当为 X 形节点，$\theta_i < 90°$ 且 $h \geqslant h_i/\cos\theta_i$ 时，尚应按下式验算：

$$N_i^{\mathrm{pj}} = \frac{2ht f_{\mathrm{v}}}{\sin\theta_i} \tag{4-33}$$

式中　f_{k}——主管强度设计值，当支管受拉时，$f_{\mathrm{k}} = f$；当支管受压时，对 T、Y 形节点，$f_{\mathrm{k}} = 0.8\varphi f$；对 X 形节点，$f_{\mathrm{k}} = (0.65\sin\theta_i)\varphi f$。

　　φ——按长细比 $\lambda = 1.73\left(\dfrac{h}{t} - 2\right)\left(\dfrac{1}{\sin\theta_i}\right)^{0.5}$ 确定的轴心受压构件的稳定系数。

　　f_{v}——主管钢材的抗剪强度设计值。

(3) 当 $0.85 < \beta < 1.0$ 时，支管在节点处承载力的设计值 N_i^{pj} 应按式(4-30)与式(4-32)或式(4-33)所求得的值，根据 β 进行线性插值。此外，还不应超过下列二式的计算值：

$$N_i^{\mathrm{pj}} = 2.0(h_i - 2t_i + b_{\mathrm{e}})t_i f_i \tag{4-34}$$

$$b_{\mathrm{e}} = \frac{10}{b/t}\cdot\frac{f_y t}{f_{yi} t_i}\cdot b_i \leqslant b_i \tag{4-35}$$

当 $0.85 \leqslant \beta \leqslant 1 - \dfrac{2t}{b}$ 时：

$$N_i^{\mathrm{pj}} = 2.0\left(\frac{h_i}{\sin\theta_i} + b_{\mathrm{ep}}\right)\frac{t f_{\mathrm{v}}}{\sin\theta_i} \tag{4-36}$$

$$b_{\mathrm{ep}} = \frac{10}{b/t}\cdot b_i \leqslant b_i \tag{4-37}$$

式中　h_i、t_i、f_i、f_{yi}——分别为支管的截面高度、壁厚、抗拉(抗压和抗弯)强度设计值以及钢材屈服强度。

2. 支管为矩形管的有间隙的 K 形和 N 形节点［图 4.5(c)和(d)］

(1) 节点处任一支管的承载力设计值应取下列各式的较小值：

$$N_i^{\mathrm{pj}} = 1.42\frac{b_1 + b_2 + h_1 + h_2}{b\sin\theta_i}\left(\frac{b}{t}\right)^{0.5} t^2 f \psi_{\mathrm{n}} \tag{4-38}$$

$$N_i^{\mathrm{pj}} = \frac{A_{\mathrm{v}} f_{\mathrm{v}}}{\sin\theta_i} \tag{4-39}$$

$$N_i^{\mathrm{pj}} = 2.0\left(h_i - 2t_i + \frac{b_i + b_e}{2}\right)t_i f_i \tag{4-40}$$

当 $\beta \leqslant 1 - \dfrac{2t}{b}$ 时，尚应小于：

$$N_i^{\mathrm{pj}} = 2.0\left(\frac{h_i}{\sin\theta_i} + \frac{b_i + b_{\mathrm{ep}}}{2}\right)\frac{t f_v}{\sin\theta_i} \tag{4-41}$$

式中 A_v——主管的受剪面积，按下列公式计算：

$$A_v = (2h + \alpha b)t \tag{4-42}$$

$$\alpha = \sqrt{\frac{3t^2}{3t^2 + 4a^2}} \tag{4-43}$$

（2）节点间隙处的主管轴心受力承载力设计值为：

$$N^{\mathrm{pj}} = (A - \alpha_v A_v)f \tag{4-44}$$

$$\alpha_v = 1 - \sqrt{1 - \left(\frac{V}{V_p}\right)^2} \tag{4-45}$$

$$V_p = A_v f_v \tag{4-46}$$

式中 α_v——考虑剪力对主管轴心承载力的影响系数；

V——节点间隙处主管所受的剪力，可按任一支管的竖向分力计算。

3. 支管为矩形管的搭接 K 形和 N 形节点 [图 4.5(e)]

搭接支管的承载力设计值应根据不同的搭接率 O_v 按下列公式计算（下标 j 表示被搭接的支管）。

（1）当 $25\% \leqslant O_v < 50\%$ 时：

$$N_i^{\mathrm{pj}} = 2.0\left[(h_i - 2t_i)\frac{O_v}{0.5} + \frac{b_e + b_{\mathrm{ej}}}{2}\right]t_i f_i \tag{4-47}$$

$$b_{\mathrm{ej}} = \frac{10}{b_j/t_j} \cdot \frac{t_j f_{yj}}{t_i f_{yi}} b_i \leqslant b_i \tag{4-48}$$

（2）当 $50\% \leqslant O_v < 80\%$ 时：

$$N_i^{\mathrm{pj}} = 2.0\left(h_i - 2t_i + \frac{b_e + b_{\mathrm{ej}}}{2}\right)t_i f_i \tag{4-49}$$

（3）当 $80\% \leqslant O_v \leqslant 100\%$ 时：

$$N_i^{\mathrm{pj}} = 2.0\left(h_i - 2t_i + \frac{b_i + b_{\mathrm{ej}}}{2}\right)t_i f_i \tag{4-50}$$

被搭接支管的承载力应满足下式要求：

$$\frac{N_j^{\mathrm{pj}}}{A_j f_{yj}} \leqslant \frac{N_i^{\mathrm{pj}}}{A_i f_{yi}} \tag{4-51}$$

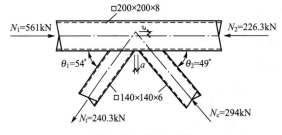

图 4.15 例 4-4 图

4. 支管为圆管的各种形式的节点

当支管为圆管时，上述各节点承载力的计算公式仍可使用，但需用 d_i 取代 b_i 和 h_i，并将各式右侧乘以系数 $\pi/4$，同时应将式（4-42）中的 α 值取为零。

【例 4-4】 如图 4.15 所示为某方管桁架中一直接焊接的 K 形节点。主管为

□$200 \times 200 \times 8$，截面积 $A = 61.44 \text{cm}^2$，支管为□$140 \times 140 \times 6$，钢材为 Q235B，强度设计值 $f = 215 \text{N/mm}^2$。手工焊，E43 型焊条。两支管的间隙 $a = 45 \text{mm}$。钢管受力如图所示。试计算该节点处的承载力设计值是否满足要求。

解： 已知节点几何参数及材料特性：

$b = 200 \text{mm}$	$b_1 = 140 \text{mm}$	$b_2 = 140 \text{mm}$	$f = 215 \text{N/mm}^2$
$h = 200 \text{mm}$	$h_1 = 140 \text{mm}$	$h_2 = 140 \text{mm}$	$f_v = 125 \text{N/mm}^2$
$t = 8 \text{mm}$	$t_1 = 6 \text{mm}$	$t_2 = 6 \text{mm}$	$f_y = 235 \text{N/mm}^2$
$a = 45 \text{mm}$	$\theta_1 = 54°$	$\theta_2 = 49°$	$f_i^w = 160 \text{N/mm}^2$

（1）节点的几何参数验证。

① 节点偏心〔式（4-1）〕。

两支管轴线交点至主管轴线的距离—偏心距 e 偏向主管的外侧，为正值。

由几何关系得

$$e = \frac{\sin\theta_1 \sin\theta_2}{\sin(\theta_1 + \theta_2)}\left(\frac{h_1}{2\sin\theta_1} + \frac{h_2}{2\sin\theta_2} + a\right) - \frac{h}{2}$$
$$= \frac{\sin54° \sin49°}{\sin(54° + 49°)}\left(\frac{140}{2\sin54°} + \frac{140}{2\sin49°} + 45\right) - \frac{200}{2} = 40.54 \text{(mm)}$$

与主管的相对偏心率 $\dfrac{e}{h} = \dfrac{40.54}{200} = 0.2027$，$-0.55 < 0.2027 < 0.25$

因此，在计算节点承载力时可忽略因偏心而引起的弯矩的影响。

② 节点几何尺寸适用范围（表 4-2）。

因支管为方管，故其截面高宽比必然满足要求，不必计算。

支管截面宽度、高度与主管截面宽度比

$$\frac{b_i}{b} = \frac{h_i}{b} = \frac{140}{200} = 0.7 > 0.1 + \frac{0.01b}{t} = 0.1 + \frac{0.01 \times 200}{8} = 0.35，满足$$

支管截面等效宽度与主管截面宽度的比

$$\beta = \frac{b_1 + b_2 + h_1 + h_2}{4b} = \frac{4 \times 140}{4 \times 200} = 0.70 > 0.35，满足$$

受拉支管截面宽（高）厚比 $\qquad \dfrac{b_1}{t_1} = \dfrac{h_1}{t_1} = \dfrac{140}{6} = 23.3 < 35，满足$

受压支管截面宽（高）厚比 $\qquad \dfrac{b_2}{t_2} = \dfrac{h_2}{t_2} = \dfrac{140}{6} = 23.3 < 35，满足$

主管截面宽（高）厚比 $\qquad \dfrac{b}{t} = \dfrac{h}{t} = \dfrac{200}{8} = 25 < 35，满足$

节点间隙与主管截面宽度比

$$\frac{a}{b} = \frac{45}{200} = 0.225$$

$$0.225 > 0.5(1 - \beta) = 0.5 \times (1 - 0.7) = 0.15$$
$$0.225 < 1.5(1 - \beta) = 1.5 \times (1 - 0.7) = 0.45，均满足$$

两支管间隙 $\qquad a = 45 \text{mm} > t_1 + t_2 = 6 + 6 = 12 \text{mm}$，满足

综上，节点几何尺寸均在表 4-2 的适用范围之内。

此外，支管轴线与主管轴线的夹角分别为 $\theta_1 = 54° > 30°$，$\theta_2 = 49° > 30°$，满足构造要求。

因此，以下所涉及的计算公式有效。

（2）支管承载力计算。

① 受拉支管。

因 $\beta=0.70<1-2t/b=0.92$，故受拉支管在节点处的承载力设计值应取下列 4 个公式中的较小值 [式(4-38)~式(4-41)]：

$$N_1^{pj}=1.42\left(\frac{b_1+b_2+h_1+h_2}{b\sin\theta_1}\right)\left(\frac{b}{t}\right)^{0.5}t^2f\psi_n$$

$$=1.42\times\frac{4\times140}{200\sin54°}\times25^{0.5}\times8^2\times215\times10^{-3}\psi_n$$

$$=338\psi_n(kN) \tag{a}$$

$$N_1^{pj}=\frac{A_vf_v}{\sin\theta_1}=\frac{A_v\times125}{\sin54°}\times10^{-3}=0.1545A_v(kN) \tag{b}$$

$$N_1^{pj}=2.0\left(h_1-2t_1+\frac{b_1+b_e}{2}\right)t_1f_1$$

$$=2.0\times\left(140-2\times6+\frac{140+b_e}{2}\right)\times6\times215\times10^{-3}$$

$$=1.29\times(396+b_e)(kN) \tag{c}$$

$$N_1^{pj}=2.0\left(\frac{h_1}{\sin\theta_1}+\frac{b_1+b_{ep}}{2}\right)\frac{tf_v}{\sin\theta_1}$$

$$=2.0\times\left(\frac{140}{\sin54°}+\frac{140+b_{ep}}{2}\right)\times\frac{8\times125}{\sin54°}\times10^{-3}$$

$$=1.236\times(486+b_{ep})(kN) \tag{d}$$

式(a)中，反映主管轴向应力状态对承载能力影响的参数 ψ_n，应按下式计算（当主管受压时）：

$$\psi_n=1.0-\frac{0.25}{\beta}\cdot\frac{\sigma}{f}=1.0-\frac{0.25}{0.70}\times\frac{91.3}{215}=0.8483$$

式中 $\sigma=N_1/A=561\times10^3/6144=91.3N/mm^2$，为节点两侧主管轴心压应力的较大绝对值。

式（b）中，A_v 为主管的受剪面积，按式(4-42)和式(4-43)计算：

$$A_v=(2h+\alpha b)t=\left(2h+b\sqrt{\frac{3t^2}{3t^2+4a^2}}\right)t$$

$$=\left(2\times200+200\times\sqrt{\frac{3\times8^2}{3\times8^2+4\times45^2}}\right)\times8$$

$$=3443mm^2$$

式中(c)中，参数 b_e 为 [式(4-35)]

$$b_e=\frac{10}{b/t}\frac{f_yt}{f_{y1}t_1}b_1=\frac{10}{200/8}\times\frac{235\times8}{235\times6}\times140=74.7mm<b_1=140mm$$

式中(d)中，参数 b_{ep} 为 [式(4-37)]

$$b_{ep}=\frac{10}{b/t}b_1=\frac{10}{200/8}\times140=56mm<b_1=140mm$$

将求得的 ψ_n、A_v、b_e 和 b_{ep} 数值分别代入上述式(a)~式(d)，得：

$$N_1^{pj}=338\psi_n=338\times0.8483=286.7kN$$

$$N_1^{pj} = 0.1545 A_v = 0.1545 \times 3443 = 531.9 (kN)$$

$$N_1^{pj} = 1.29 \times (396 + b_e) = 1.29 \times (396 + 74.7) = 607.2 (kN)$$

$$N_1^{pj} = 1.236 \times (486 + b_{ep}) = 1.236 \times (486 + 56) = 669.9 (kN)$$

因此，受拉支管在节点处的承载力设计值为

$$N_1^{pj} = \min\{286.7, 531.9, 607.2, 669.9\} = 286.7 (kN) > N_t = 240.3 kN，满足$$

② 受压支管。

按上述同样步骤，可得受压支管在节点处的承载力设计值为

$$N_2^{pj} = \min\{307.4, 570.3, 607.2, 751.3\} = 307.4 kN > N_c = 294 kN，满足$$

(3) 主管承载力计算。

节点间隙处的主管轴心受力承载力设计值按式(4-44)计算，即

$$N^{pj} = (A - \alpha_v A_v) f = (6144 - \alpha_v \times 3443) \times 215 \times 10^{-3} = 1321 \times (1 - 0.5604 \alpha_v)(kN)$$

式中，α_v 是考虑剪力对主管轴心承载力的影响系数，按式(4-45)计算：

$$\alpha_v = 1 - \sqrt{1 - \left(\frac{V}{V_p}\right)^2}$$

这里，V 是节点间隙处主管所受的剪力，按受力较大的受压支管的竖向分力计算：

$$V = N_2 \sin\theta_2 = 294 \times \sin 49° = 221.9 (kN)$$

主管的受剪承载力设计值 V_p 为 [式(4-46)]：

$$V_p = A_v f_v = 3443 \times 125 \times 10^{-3} = 430.4 kN$$

得

$$\alpha_v = 1 - \sqrt{1 - \left(\frac{221.9}{430.4}\right)^2} = 0.1432$$

$$N^{pj} = 1321 \times (1 - 0.5604 \times 0.1432) = 1225.2 (kN) > 561 kN，满足$$

节点处支管与主管的连接角焊缝计算参考前述计算方法，本处略。

4.7 钢管桁架结构设计步骤

钢管桁架结构设计的步骤可归纳如下。

(1) 先确定桁架形状、跨度、高度、节间长度、支撑，尽量使节点数量最少。

(2) 将荷载简化成节点上的等效荷载。

(3) 按铰接无偏心的桁架确定杆件轴力。

(4) 根据轴力和规范要求确定杆件截面，应控制杆件种类，使杆件截面形式最少。

(5) 验算节点承载力及焊缝强度。

(6) 验算荷载标准值作用下的桁架挠度。

4.8 结构设计软件应用

在进行钢管桁架结构设计时，工程中常用的软件有 3D3S、PKPM、SAP2000 等，这些软件各有特点。由于篇幅所限，本章主要介绍 3D3S 钢与空间结构设计系统中的钢管桁架结构模块使用方法。

4.8.1　软件功能及特点

3D3S 钢与空间结构设计系统从 V5.0 版开始就基于 AutoCAD 图形平台进行开发，与 AutoCAD 的命令紧密结合，所有 AutoCAD 中建立线框模型的二维和三维命令都可以在 3D3S 软件中使用，因此该软件操作最为方便。其主要包括轻型门式刚架、多高层建筑结构、网架与网壳结构、钢管桁架结构、建筑索膜结构、塔架结构及幕墙结构的设计与绘图，可以满足绝大部分钢结构的设计需求。

4.8.2　使用说明

3D3S 钢管桁架结构模块建模遵循的顺序可归纳为：建立几何模型→定义杆件及节点特性→施加荷载→进行结构分析与验算→节点设计及后处理。主窗口的主菜单项中有文件、结构编辑、显示查询、构件属性、荷载编辑、内力分析、设计验算、节点验算、后处理、施工图、相贯加工、窗口、模块切换/帮助 13 个菜单项，下面将有选择性地介绍常用项的使用方法。

1. 文件菜单

提供了主要用于图形文件管理的工具，例如新建、打开、关闭、存盘、打印及数据导出等，这些菜单与 AutoCAD 中的完全一致。

2. 结构编辑菜单

1）桁架

弹出选择桁架生成方式的对话框，分别为由单线段生成桁架、由两线段生成桁架、由三线段生成桁架、由四线段生成桁架，共 4 种。其中单线段生成桁架包括直线桁架、圆弧桁架、平面曲线桁架。

2）添加杆件

该命令用于直接添加杆件（单元），这里提供了两种添加杆件的方式：选择线定义为杆件和直接画杆件。

3）打断

该功能键包括打断杆件、构件两两相交打断、直线两两相交打断。相交的构件必须要打断，否则会出现错误。

4）杆件延长

用来对杆件做指定长度的延伸，延伸时候可以选择相邻杆件的端点随延伸杆件移动或者不移动。

5）起坡

该命令用于将选中的节点按指定方向起坡。按了该命令后，选择要起坡的节点，然后输入两点来表示起坡的基点和方向即可。命令完成后，节点的 X、Y 坐标不变，Z 坐标按起坡的基点和方向改变。

6）移动节点到直线或曲线上

该命令用于将选中的节点按指定方向移动到指定直线或曲线所代表的视平面上。按了该命令后，首先选择一直线、圆、椭圆、圆弧或 SPLINE，然后选择要移动的节点，最后通过输入两个点来指定移动的方向。命令完成后，节点移动到所选择到的直线或曲线与屏幕视图法线所定的平面上。

7）沿径向移动节点到圆、椭圆上

该命令用于将选中的节点沿所选择圆或椭圆的径向移动到该圆或椭圆所代表的圆柱体或椭圆柱体上。按了该命令后，首先选择圆或椭圆，然后选择要移动的节点即可。

8）节点移动

该命令用于将选中的节点进行相对或绝对的移动。

9）删除重复单元节点

该命令用于将重复的单元或节点删除，删除的精度由显示参数中的"建模允许误差值"控制，若两节点间距小于建模允许误差值，则认为是重复节点。重复节点的存在会影响内力计算及导荷载等和构件有关的操作，所以一般建模完成后至少执行一次该命令以删除重复单元节点，在进行结构编辑过程中也应该多次执行该命令。

10）结构体系

通过桁架快捷建模得到的桁架默认结构体系为空间框架（即杆件间刚接），中间腹杆默认为两端单元释放。

3. 显示查询

提供了主要用于模型显示和查询的工具，例如总体信息、构件查询、总用钢量、构件信息显示、显示截面、按杆件属性显示、按层面显示、部分显示、部分隐藏、全部显示、取消附加信息显示、显示节点荷载、显示单元荷载、显示板面荷载、按荷载序号显示导荷载、按工况显示导荷载、符号缩小、符号放大、显示参数、显示颜色、双击控制及最小夹角查询等。

4. 构件属性菜单

1）建立截面库

软件截面库中已建立了国产各类常用的圆钢管和方钢管截面表，用户可以添加或修改截面尺寸，但必须重新计算截面性质。

2）定义截面

对话框左侧列出所有截面库中的截面形式，选择欲定义的截面类型；同时可以用来查询单元截面和修改截面。

3）定义材性

该命令用于定义、查询和修改单元材性。

4）定义方位

相当于定义了构件的局部坐标（在构件信息显示中，可以选择显示构件局部坐标），确定单元的摆放位置。

5）定义偏心

该命令用于定义、查询和修改单元偏心。

6）定义计算长度

计算长度的概念详见钢结构设计理论中有关钢结构稳定设计的内容。此时需确定输入的是平面内计算长度，还是平面外计算长度，再根据结构单元的方位定义，确定平面内

(外)转动是绕 2 轴还是绕 3 轴。

7）定义层面和轴线号

通过桁架菜单建立的桁架模型自动定义了杆件的上、下弦、腹杆的弦杆类型，手工建立的桁架模型或者手工添加的杆件需要手工定义弦杆类型。该命令在批量选择杆件时非常有效。

8）支座边界

定义结构的支座边界条件：一般支座边界（包含刚性约束、弹性约束、支座位移三种选择）；斜边界（提供三个约束方向矢量 $\{X，Y，Z\}$）；正向约束和负向约束（用于单向受力支座，比如 X 正向约束表示支座约束点只对上部结构提供整体坐标 X 正方向的约束）。

9）单元释放

用于刚接体系中存在铰接节点的结构。通过桁架快捷建模得到的桁架默认结构体系为空间框架（即杆件间刚接），中间腹杆默认为两端单元释放。

5．荷载编辑菜单

输入并修改结构节点及单元的恒、活、风载、地震、吊车、温度、支座位移 7 种工况作用，进行各工况下的导荷载，其中只有恒、活、风载这 3 种工况是用工况号（0，1，2，…）区分的。

1）荷载库

在荷载库内可分别添加节点荷载、单元荷载、板面荷载、杆件导荷载、膜面导荷载，桁架中用得比较多的是节点荷载、单元荷载、杆件导荷载 3 种。

2）施加节点荷载

该命令用于增加、修改、查询及删除节点荷载。

3）施加单元荷载

该命令用于增加、修改、查询及删除单元荷载。

4）施加杆件导荷载

该命令用于选择和删除受力范围及受力单元。

5）杆件导荷载

导荷载是将由杆件或者虚杆围成的封闭区域的面荷载按照一定原则分配到杆件或节点上成为单元荷载或节点荷载。

6）地震作用

本命令用于地震参数输入、定义附加质量及定义质量源，用户根据规范要求填写相关参数。

7）温度作用

本命令用于输入温度作用。温度增量值一般一个为正值、一个为负值，即软件计算时考虑温度正增量和负增量两个温度工况。两个温度表示结构安装时的温度和全年最高和最低温度的差值。

8）组合

用户根据现行《建筑结构荷载规范》（GB 50009—2012）对基本工况进行效应组合。

6．内力分析菜单

1）模型检查

本命令是软件对模型做初步的检查，判断是否存在建模问题，检查的内容包括：截面、材性、方位是否定义,所有相交构件是否打断,是否存在特别短或特别长的单元,结构是否为机构等。

2)带宽优化

本命令用于对结构节点进行重新编号以达到加快计算速度的目的,该命令相对独立,不影响模型的其他操作;对大型杆系结构带宽优化对计算速度的加快作用比较明显。

3)计算内容选择及计算

在计算内容中列出了初始态确定、地震周期分析、线性分析、非线性分析4项内容,用户根据实际情况,选择计算内容。

4)地震周期查询与振型显示

列出计算完成的所有振型的周期值,显示计算完成的所有振型。

5)线性分析结果显示查询

包括显示内力、显示最大组合内力、按颜色显示内力最值、显示内力包络图、显示位移、显示支座反力、查询内力、查询位移、查询最大节点位移、查询支座反力等内容。

6)模型解锁

为保证模型的严格性(比如截面重新定义后需要更新内力),在进行了地震计算或内力分析后,软件自动将模型锁住,即禁止定义截面、材性、荷载编辑等操作;可以使用本命令进行解锁,但一旦解锁后,上次内力分析的结果将被删除。

7. 设计验算菜单

1)选择规范

管桁架结构验算时通常选择《钢结构设计规范》。

2)单元验算

可以选择线性分析结果或者非线性分析结果进行构件验算。

3)验算结果按颜色显示

可以用颜色显示不同的验算结果数值结果,还能用文本的形式按验算项的大小统计查询验算结果。

4)验算结果显示

可选择分别用不同颜色表示截面不足、截面过大、截面增大、截面缩小4种情况。

5)验算结果查询

该命令用于查询强度验算、整体稳定、局部稳定、刚度验算的结果。

6)生成计算书

可以按照具体要求选择需要输出的内容,生成计算书。

值得说明的是,为了便于使用,上述子菜单均设置了相应的快捷图标。此外,该模块还包含节点验算、后处理、施工图、相贯加工等多个菜单项,由于篇幅所限,此处不再详细介绍,具体可参考软件使用说明。

4.9 工程应用

某一屋盖采用圆钢管桁架结构,其支承在下部钢筋混凝土柱的牛腿上,天沟采用混凝土天沟。抗震设防烈度为 6 度，基本风压为 0.30kN/m^2，基本雪压为 0.30kN/m^2，上弦恒载标准值为 0.30kN/m^2，下弦恒载标准值为 0.50kN/m^2，上弦活载标准值为 0.70kN/m^2，无积灰荷载。屋盖平面尺寸为 $27.36\text{m} \times 24\text{m}$，主桁架采用 Pratt 桁架形式，采用周边支承，但角部无支承。屋面为夹芯板，采用结构找坡，排水坡度为 10%。桁架结构设计步骤如下。

（1）建立桁架几何模型：在 XZ 平面上，用 CAD 命令画一长 28m 的直线；点击"结构编辑—桁架—由单线段生成桁架—直线桁架"，在 AutoCAD 命令行提示选择起点，接着选择需要由直线生成桁架的线段。选择完毕，单击鼠标右键结束选择，弹出直线桁架快捷生成对话框，如图 4.16 所示，输入相应的参数，点击确定，生成如图 4.17 所示图形；删除辅助直线，用起坡命令对直线桁架起坡，并调整支座处的节间长度生成如图 4.18 所示的主桁架；使用 COPY 命令，把整榀桁架沿 Y 方向每隔 4m 进行复制，共复制 6 榀；考虑到主桁架主管平面外的计算长度问题，沿屋盖纵向每隔 4m 设置侧向支撑桁架（次桁架），在支座处的上弦和屋脊部位设置纵向系杆，得到如图 4.19 所示的桁架结构布置图；执行"构件两两相交打断"命令，使相交杆件相互打断，再执行"删除重复单元节点"命令。

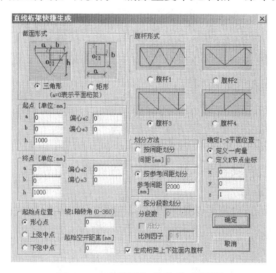

图 4.16 直线桁架快捷生成界面

图 4.17 快捷生成的直线桁架立面图

图 4.18 起坡后的主桁架立面图

（2）定义杆件及节点特性：建立截面库，如图 4.20 所示，再分别对各杆件单元定义截面；将次桁架主管在主桁架连接处进行单元释放形成铰接，将支管端部进行单元释放形成铰接；定义杆件计算长度时，对于主桁架的主管，其面外计算长度为次桁架间距，面内计算长度为主桁架节间长度，支管计算长度均取几何长度；之后定义支座约束，如图 4.21 所示。

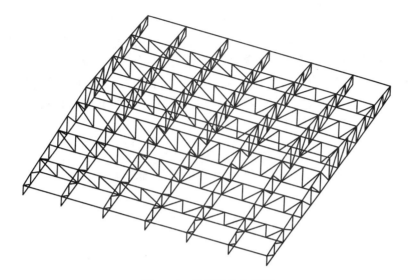

图 4.19　桁架结构布置图

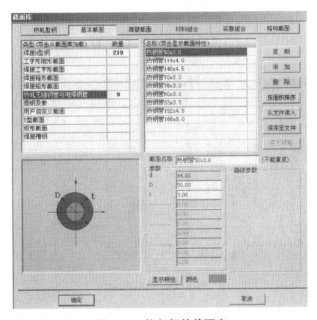

图 4.20　桁架杆件截面库

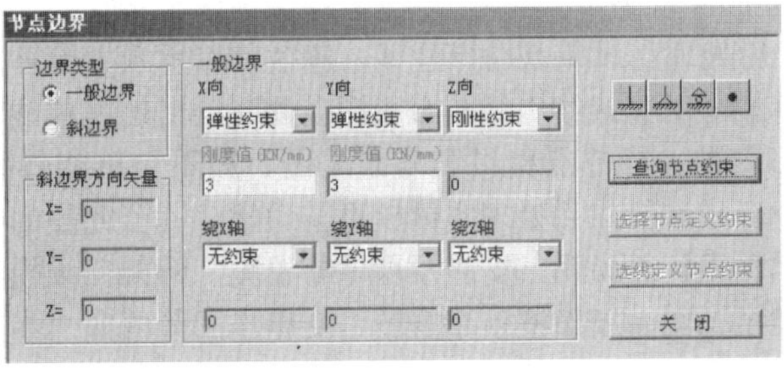

图 4.21　定义支座约束

（3）施加荷载：首先建立荷载库，选择杆件导荷载库，输入各荷载标准值并选择双向分配到节点；施加杆件导荷载，针对不同的荷载选择受荷范围，如图 4.22 所示。值得注意的是，上弦荷载是双向导到主次桁架还是仅导到主桁架与屋面檩条的布置有关。生成导荷载封闭面，确定生成封闭面，按照提示进行自动导荷载；自动导荷载完毕后，屏幕上出现导荷载面，可按工况号显示自动导得的节点荷载；不考虑地震作用，温度作用设为 ±25℃；再进行荷载组合如图 4.23 所示。

图 4.22　施加杆件导荷载

图 4.23　荷载组合

（4）结构分析与验算：模型检查后进行结构分析，分析完毕选择规范对杆单元进行验算，再根据验算结果对杆件截面进行调整以得到合适的截面，这是一个多次反复的过程。

（5）节点验算及后处理：对节点进行验算，包括节点承载力验算及焊缝验算。完成节点验算就可以在计算模型下直接绘出结构布置图，此时绘出的是单线图。将计算模型导到后处理实体模型的目的是进行节点相贯和出施工图，如不需出相贯线展开图和双线施工图，就没有必要将计算模型导成后处理实体模型。通常，一套完整的管桁架施工图至少应包含以下内容：钢结构设计总说明、支座预埋件布置图、桁架三维模型及支座反力图、桁架平面布置图、桁架展开图、屋面檩条布置图、支座详图等内容。本算例的部分施工图如附录 D 所示，仅供参考。

本 章 小 结

本章主要介绍了钢管桁架结构的基本知识和设计方法。

钢管桁架结构因其受力性能好、外形美观等诸多优点，在工程中得到了广泛应用。钢管桁架结构布置非常灵活，影响其受力的因素较多，掌握钢管桁架结构计算分析的假定、构造要求、节点计算方法，是学好本章的关键。

结合目前工程应用情况，介绍了3D3S钢与空间结构设计系统中钢管桁架结构模块的设计过程和钢管桁架结构施工图的表达方式，为学习这类结构的计算与设计提供参考。

习　　题

1. 思考题

(1) 钢管结构的优越性能，主要表现在哪些方面？

(2) 钢管结构的节点视为铰接需满足的条件是什么？

(3) 钢管结构的构造要求有哪些？

(4) 钢管桁架结构设计有哪些步骤？

2. 设计题

某工程屋盖檐口标高为18m，两边支承在下部钢筋混凝土柱上，采用圆钢管平面桁架结构，桁架跨度21m，桁间距为6m，共6榀。屋面材料为压型钢板、玻璃丝棉保温层，屋面檩条为冷弯薄壁型钢（屋面恒载可取 $0.25kN/m^2$），基本风压为 $0.35kN/m^2$，基本雪压为 $0.45kN/m^2$，屋面活荷载为 $0.7kN/m^2$，结构的安全等级为二级，设计使用年限为50年，抗震设防烈度为6度。

要求：① 完成管桁架结构及檩条计算书。

② 绘制结构施工图，包括支座预埋件布置图、桁架结构平面布置图、桁架展开图、屋面檩条布置图、支座详图。

第 **5** 章
钢网架结构设计

 教学目标

主要讲述钢网架设计的基本理论和方法。通过本章学习，应达到以下目标。

(1) 掌握钢网架结构的几何不变分析基本方法。

(2) 掌握钢网架结构计算的基本方法。

(3) 能够较好地运用相关钢结构设计软件进行简单的钢网架设计。

教学要求

知识要点	能力要求	相关知识
网架结构的几何不变性分析	(1) 理解几何不变的概念 (2) 掌握基本单元的几何不变性判定方法	(1) 平面结构中几何不变的判别 (2) 几何不变性的必要条件
网架的设计	(1) 了解网架的选型要点 (2) 掌握网架计算过程	(1) 不同类型网架的特点及适用范围 (2) 强度、刚度、稳定性的验算方法
设计软件的应用	能较为熟练地进行相关软件的操作	(1) 网架设计的相关参数 (2) 软件操作的基本步骤

基本概念

网架结构形式，支座，强度，刚度，SFCAD2000

引例

网架结构作为大跨度结构的典范，具有空间受力、自重轻、刚度大、抗震性能好等优点，经常被用作体育馆、影剧院、展览厅、候车厅、体育场看台雨篷、飞机库、双向大柱距车间等建筑的屋盖，使用较为广泛。但几乎每年都会有一定数目的网架结构发生垮塌，从而带来巨大的经济损失甚至造成人员伤亡。

图 5.1 为一中石化加油站顶棚发生垮塌后的图片，从图片中我们可以看出该网架为一正放四角锥网架。事故发生在 2009 年，11 月 9 日至 12 日期间长治县普降特大暴雪，沉重的积雪使得加油站顶棚网架不堪重负，发生垮塌，导致 12 架加油机均被砸坏，一辆小轿车被压其中，造成巨额经济损失。

工程中网架垮塌的原因很多，一部分是网架本身设计不合理造成的，一部分是施工单位在施工时没有严格把关，施工质量不合格造成的。当然还有其他一些导致网架垮塌的原因，如遭受罕见的自然灾害等。希望我们通过对本章的学习，能对事故产生的原因进行分析，从而在以后的实际工程中能避免此类事故的发生。

图 5.1 倒塌的加油站顶棚

5.1 网架的常用形式及选择

空间网格结构是由许多杆件按一定规律布置，通过节点连接而形成的一种高次超静定的空间杆系结构。其外形可以呈平板状或曲面状，前者称平板网架（简称网架），后者称曲面网架（简称网壳），网架结构杆件以钢制管材为主。本章主要介绍平板网架结构的设计。

5.1.1 平板式网架的分类及特点

平板网架具有空间刚度大，整体性强，稳定性好，工厂预制、现场安装和施工方便等优点，已成为当前大跨度结构中发展较快的一种结构形式，得到了广泛应用。

在对网架结构分类时，采取不同的分类方法，可以划分出不同的网架结构形式。

1. 按结构组成分类

1) 双层网架

具有上、下两层弦杆以及腹杆，由上、下平放的网架作表层，分别称为上弦杆和下弦杆，连接上下两个表层的杆件为腹杆，如图 5.2 所示。双层网架是最常用的网架结构形式。

2) 三层网架

具有上中下三层弦杆以及上下腹杆，如图 5.3 所示。该类型网架强度和刚度都比双层网架有很大提高，一般情况下，三层

图 5.2 双层网架

网架比双层网架弦杆内力降低25%～60%，同时扩大了螺栓球节点的应用范围，减小了腹杆长度，便于制作和安装，在跨度较大的工程中应用较多。在实际应用时，如果跨度 $l>50m$，可酌情考虑；当跨度 $l>80m$ 时，应当优先考虑。

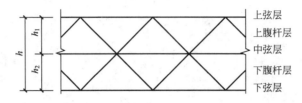

图 5.3　三层网架

3）组合网架

根据不同材料物理力学性质不同，组成网架的结构所用的材料不同。由于上弦杆一般为受压杆件，故通常利用混凝土楼板替代上弦杆能较好地发挥混凝土板的受压性能。这种网架结构形式的刚度大，适宜于建造活动荷载较大的大跨度楼层结构。

2. 按支承情况分类

1）周边支承网架

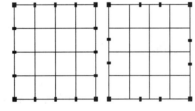

图 5.4　周边支承网架

周边支承网架是目前采用较多的一种形式，所有边界节点都搁置在柱或梁上，传力直接，网架受力均匀，如图 5.4 所示。当网架周边支承于柱顶时，网格宽度可与柱距一致；当网架支承于圈梁时，网格尺寸根据需要确定，网格划分比较灵活，可不受柱距影响。

2）点支承网架

点支承是指网架仅搁置在几个支座节点上，一般有四点支承和多点支承两种情形，如图 5.5 所示。点支承在一些柱距要求较大的公用建筑（如展览厅、加油站等）和工业厂房应用较多。由于支承点较少，支承点处集中受力较大。对跨度较大的网架结构，为了使通过支点的主桁架及支点附近的杆件内力不至过大，宜在支承点处设置柱帽以扩散反力。柱帽可设置于下弦平面之下或上弦平面之上，也可用短柱将上弦节点直接搁置于柱顶，如图 5.6 所示。同时，宜在周边设置悬挑，以减小网架跨中杆件的内力和挠度。

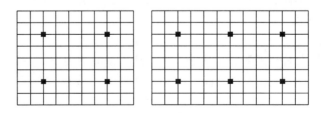

图 5.5　点支承网架

3）周边支承与点支承相结合的网架

在点支承网架中，当周边没有维护结构和抗风柱时，可采用点支承与周边支承相结合的形式，如图 5.7 所示。在某些大型展览厅等公用建筑或工业厂房采用周边支承时，结合

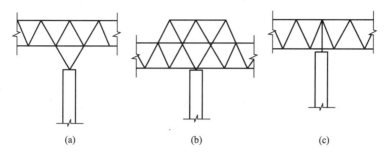

图 5.6　点支承网架柱帽设置

建筑平面布置，也可在内部布置一些点支承，以改善其受力性能。

4）三边或两边支承的网架

在矩形平面的建筑中，当考虑建筑进出口等要求，需要在一边或两对边上开口，使网架仅在三边或两对边上支承，另一边或两对边为自由边，如图 5.8 所示。开口边为自由边，对网架的受力是不利的，此时应在开口边增加网架层数或增加网架高度，对中、小跨度网架也可局部加大杆件截面尺寸，且开口边必须形成竖直或倾斜的边桁架以保证整体刚度。

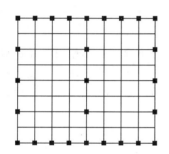

图 5.7　周边与点相结合支承

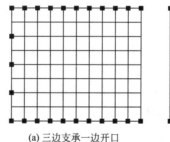

(a) 三边支承一边开口　　(b) 两边支承两边开口

图 5.8　三边支承一边开口或两边支承两边开口

3. 按照跨度分类

网架结构按照跨度分类时，一般用其短向跨度 L 来衡量。当跨度 $L \leqslant 30\text{m}$ 的网架称之为小跨度网架；当跨度 L 满足 $30\text{m} < L \leqslant 60\text{m}$ 时，为中跨度网架；跨度 $L > 60\text{m}$ 的网架为大跨度网架。

近些年，随着技术不断发展，网架跨度不断增大，出现了所谓的特大跨度和超大跨度结构，但目前还没有对特大跨和超大跨网架给出准确定义。一般地，当 $L > 90\text{m}$ 或 120m 时称为特大跨度网架；当 $L > 150\text{m}$ 或 180m 时为超大跨度网架。

4. 按网格形式分类

根据《空间网格结构技术规程》（JGJ 7—2010）的规定，目前常采用的网架结构可分为 4 个体系 13 种网架结构形式。

1）交叉平面桁架体系

交叉平面桁架结构是由若干相互交叉的竖直平面桁架组成，一般应设计成：斜腹杆受拉，竖腹杆受压，竖腹杆与弦杆相互垂直，斜腹杆与弦杆之间夹角宜在 $40°\sim60°$ 之间，上、下弦杆和腹杆在同一垂直平面内。当平面桁架沿两个方向相交,交角为 90°时称为正交,交角也可以是其他任意值,称为斜交,当平面桁架沿三个方向相交时,其交角一般为 60°。组成网架的竖向平面桁架与边界方向相互垂直(或平行)时称为正放,与边界方向斜交时称为斜放。

(1) 两向正交正放网架。

两向正交正放网架也称井字形网架,它是由互成 90°的两组平面桁架交叉而成,桁架与边界平行或垂直,上、下弦网格尺寸相同,同一方向的各平面桁架长度一致,这种形式的网架构件种类相对较少,制作、安装较为简便,如图 5.9 所示。

由于上、下弦平面均为方形网格,属于几何可变体系,应适当设置上下弦水平支撑,以增加结构空间刚度,保证结构的几何不变性,有效地传递水平荷载。两向正交正放网架的受力状况与其平面尺寸及支承情况关系很大,周边支承的正方形和接近正方形的平面网架两个方向桁架弦杆的受力比较均匀,内力相差不大;长宽比较大的双向正交网架长方向桁架弦杆内力比短方向桁架弦杆小很多;点支承网架支承点附近杆件及主桁架跨中弦杆内力很大,而其他部位杆件内力相对较小,相差较为悬殊。两向正交正放网架通常用于正方形或接近正方形的建筑平面,支座宜为周边支座、四点支承或多点支承。

(2) 两向正交斜放网架。

两向正交斜放网架由两组平面桁架相互垂直交叉而成,弦杆与网架主要边界成 45°角。两向正交斜放网架中同时存在着长桁架(如图 5.10 中 AB)和短桁架(如图 5.10 中 CD),靠近角部的桁架为短桁架,长度较小,相对线刚度较大,对与其垂直的长桁架有一定的弹性支承作用。另一方面,长桁架在支座处产生负弯矩,减小了跨中正弯矩,使结构受力得到改善,与正交正放网架相比更为经济。但由于长桁架两端有负弯矩,四角支座将产生较大拉力,需要考虑设置特殊的拉力支座。

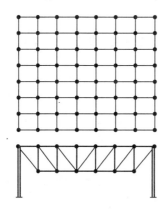

图 5.9　两向正交正放网架

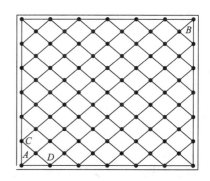

图 5.10　两向正交斜放网架

两向正交斜放网架适用于正方形和长方形的建筑平面,经济性好,当跨度较大时优越性更为突出,是工程中使用较多的一种网架形式。

两向斜交斜放网架由两组平面桁架斜向相交而成,桁架沿两个方向的夹角宜为 30°～60°,弦杆与主要边界的夹角为锐角。由于两组桁架相互斜交,这类网架在网格布置、构造、计算分析和制作安装上都比较复杂,受力性能也比较差,一般不适用。

（3）三向网架。

三向网架由三组互成 60°交角的平面桁架相交而成，如图 5.11 所示。三向网架上、下弦平面的网格均为正三角形，基本组成单元为三棱体的几何不变体系。这类网架空间刚度大，抗弯、抗扭性能都较好，受力比较均匀，三个方向都能很好地将力传递到支承系统。三向网架除了这些优点外当然也存在一些不足之处，即在构造上汇交于一个节点的杆件数量多，最多可达 13 根，这样使得节点构造比较复杂。三向网架宜采用圆钢管作杆件，节点采用焊接球，适用于建筑平面为三角形、六边形、多边形和圆形等平面形状比较规则的大跨度结构屋盖。

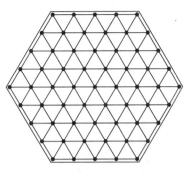

图 5.11　三向网架

2）四角锥体系

四角锥体系网架的组成单元是倒置的四角锥体，上、下弦平面网格呈正方形（或接近正方形的矩形），相互错开半格，下弦网格的角点与上弦网格的形心点对准，上、下弦节点间以腹杆相连。四角锥体系网架有以下 5 种形式。

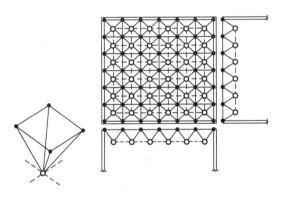

图 5.12　正放四角锥网架

（1）正放四角锥网架。

正放四角锥网架由倒置的四角锥体为基本单元连接而成，锥底的四边为网架的上弦杆，锥棱为腹杆，各锥顶相连杆件为下弦杆，如图 5.12 所示。上、下弦网格尺寸相同，故其上、下弦杆等长，杆件种类相对较少，便于制作和安装，有利于屋面板规格的统一。当腹杆与下弦平面夹角取为 45°时，网架所有杆件长度相同。由于网架弦杆均与边界正交，故称为正放四角锥网架。

正放四角锥网架的优点是网架杆件受力较为均匀，空间刚度比其他四角锥网架及两向网架要好。屋面板规格单一，便于起拱，屋面排水较容易处理；缺点是杆件数量较多，用钢量略高。

正放四角锥网架适用于建筑平面为正方形或接近正方形，支承为周边支承、四点支承或多点支承的屋盖结构，同时适用于屋面荷载较大、柱距较大的点支承及设有悬挂吊车的工业厂房。

（2）正放抽空四角锥网架。

正放抽空四角锥网架是在正放四角锥网架的基础上，除周边网格不动外，跳格抽掉一些四角锥单元中的腹杆和下弦杆，使得下弦网格尺寸扩大一倍，如图 5.13 所示。若将未抽空的四角锥部分看作梁，正放抽空四角锥网架就类似于交叉梁体系，虽然结构刚度由于抽空而减小，但仍能满足工程要求，另一方面抽空部分可作采光天窗。正放抽空四角锥网架杆件数量较少、构造简单、起拱方便，同时

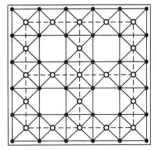

图 5.13　正放抽空四角锥网架

201

降低了用钢量。其下弦内力较正放四角锥放大约一倍，在工程上使用得也比较多。它适用于建筑平面为正方形或长方形的周边支承、四点支承及混合支承的屋盖体系，跨度不宜过大，以中、小跨度为主。

（3）斜放四角锥网架。

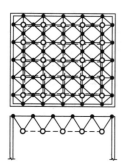

图 5.14　斜放四角锥网架

斜放四角锥网架以倒四角锥为基本组成单元，网架的上弦杆与边界成 45°角呈正交斜放，下弦正交正放，上弦杆较短，下弦杆较长，腹杆与下弦在同一垂直平面内，如图 5.14 所示。在周边支承情况下，一般上弦为压杆，下弦为拉杆。汇交于上弦节点的杆件为 6 根，汇交于下弦节点的杆件为 8 根，故杆件相对较少，用钢量较省，经济性好。当选用钢筋混凝土屋面板时，由于上弦网格呈正交斜放，屋面板规格较多，屋面排水坡的形成也较困难。当采用压型钢板屋面时，处理相对容易些。

当平面长宽比为 1～2.25 时，长跨跨中下弦内力大于短跨跨中的下弦内力；当平面长宽比大于 2.5 时则相反。当平面长宽比为 1～1.5 时，上弦杆的最大内力不出现在跨中，而是在网架 1/4 平面的中部，这些内力分布规律与普通简支平板内力分布规律是完全不同的。

斜放四角锥网架适用于中、小跨度周边支承或周边支承与点支承相结合的方形或矩形平面(长边与短边之比小于 2)建筑。

（4）星形四角锥网架。

这种网架基本为两个倒置的三角形小桁架相垂直交叉而成，在交点处有一根共用的竖杆，形状如同天上的星星。小桁架底边构成网架上弦，它们与边界成 45°角。竖杆设置于两个小桁架交汇处，各单元顶点相连即为下弦杆，斜腹杆与上弦杆在同一竖直平面内，如图 5.15 所示。它的上弦为正交斜放，内力大小对应相等，一般为压力，但在网架角部可能为拉杆；下弦为正交正放，上弦杆比下弦杆短，受力合理。竖杆为压杆，其内力等于上弦节点荷载。网架的受力情况接近交叉梁系，刚度稍差于正放四角锥网架。星形凹角锥网架受力情况接近平面桁架体系，但整体刚度相比正放四角锥网架有所减小。星形四角锥网架适用于中、小跨度周边支承的屋盖结构。

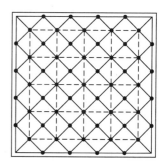

图 5.15　星形四角锥网架

（5）棋盘形四角锥网架。

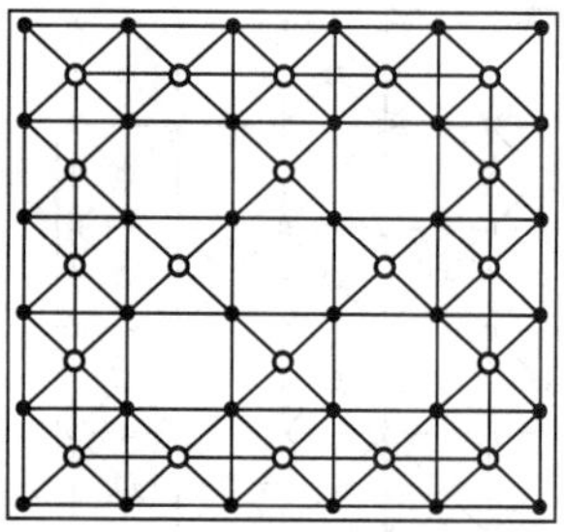

棋盘形四角锥得名于其形状与国际象棋的棋盘相似，它是在正放四角锥网架的基础上，将中间的四角锥间隔抽空设置，上弦杆呈正交正放，下弦杆为正交斜放，如图 5.16 所示。

这种网架具有上弦杆短，下弦杆相对较长，在周边支承时，上弦杆受压，下弦杆受拉，受力合理；网架周边满锥，刚度较好，空间作用能得到保证。棋盘四角锥网架适用于小跨度周边支承的网架结构。

图 5.16　棋盘形四角锥网架

3）三角锥体系

三角锥体系网架是以倒置的三角锥体作为其基本单元。锥底的三边组成正三角形上弦杆，三角锥的三条棱组成腹杆，锥顶用杆件相连即为下弦杆。随着三角锥单元体布置的不同，上下弦网格可为正三角形或六边形，从而构成三种不同的三角锥网架。三角锥网架刚度大，受力均匀，应用较为广泛。

（1）三角锥网架。

三角锥网架(图 5.17)上下弦平面均为三角形网格，倒置三角锥的锥顶位于上弦三角形的形心。这种三角锥网架的特点是受力均匀，抗弯和抗扭刚度好。特别是当网架高度满足 $h=\sqrt{2/3}S$(S 为网格尺寸)时，所有上、下弦和腹杆等长。网架一般采用焊接空心球节点或螺栓球节点，汇交于上下弦节点杆件数均为 9。三角锥网架适用于三角形、六边形、圆形、扇形等建筑平面。

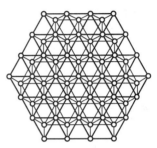

图 5.17　三角锥网架

三角锥网架一般适用于大中跨度及重屋盖的建筑物。当建筑物平面为三角形、六边形或圆形是最为合适的。

（2）抽空三角锥网架。

抽空三角锥网架是在三角锥网架的基础上，有规律地抽去部分三角锥单元的腹杆和下弦得到的。网架上弦平面由三角形网格组成，下弦平面可由三角形和六角形网格或全为六角形网格组成，前者称为抽空三角锥网架Ⅰ型［图 5.18(a)］，后者称为抽空三角锥网架Ⅱ型［图 5.18(b)］。

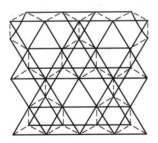

(a) 抽三角锥网架Ⅰ型

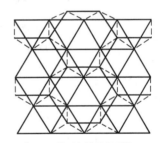

(b) 抽三角锥网架Ⅱ型

图 5.18　抽空三角锥网架

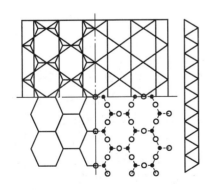

图 5.19　蜂窝形三角锥网架

抽空三角锥网架的特点是杆件数量少，用钢量相对较小，但由于抽掉杆件较多其刚度不如三角锥网架。为保证其刚度，网架周边宜布置成满锥。

抽空三角锥网架适用于荷载较小的中小跨度的三角形、六边形、圆形和扇形平面的建筑。

（3）蜂窝形三角锥网架。

蜂窝形三角锥网架(图 5.19)得名于其图形与蜜蜂的蜂巢相似，它同样是由倒置的三角锥组成，但其排列方式与前述三角锥网架有所不同。上弦平面为正三角形和正六边形网格，下弦平面呈单一的正六边形网格，腹杆与下弦杆在同一垂直平面内。网架上弦杆较短，承受压力，下弦杆较长，承受拉力，受力合理。汇交于每个节点的杆件只有 6 根，是常用网架中杆件数和节点数最少的一种。

5.1.2　网格尺寸与网架高度

网架的网格尺寸应按上弦平面划分，它的大小与网架的经济性有很大关系，通常是根据工程的网架形式、平面尺寸、支承情况、屋面构造和建筑设计等因素，并结合以往的工程经验确定。表 5-1 为网格尺寸的建议值，L_2 为网架短向跨度。

表 5-1　上弦网格尺寸

网格短向跨度 L_2(m)	小于 30	30～60	大于 60
网格尺寸	$(1/6～1/12)L_2$	$(1/10～1/16)L_2$	$(1/12～1/20)L_2$

当网架结构采用无檩体系屋面时，其网格不宜过大，以 2～4m 为宜，否则会由于屋面板太大而增加结构自重，同时吊装也会比较困难。当采用有檩体系屋面时，网格尺寸受到檩条长度的限制，一般宜小于 6m。当网格尺寸大于 6m 时，随着网格尺寸的增加，网架用钢量增加较快。

网架的高度对网架空间刚度影响较大，同时也影响网架中杆件的内力以及腹杆与弦杆的相对位置。表 5-2 是网架高度(跨高比)的建议值，当跨度在 18m 以下时，网格数可适当减少。

表 5-2　(周边支承)网架上弦网格数和跨高比

网架形式	钢筋混凝土屋面体系		钢檩条屋面体系	
	网格数	跨高比	网格数	跨高比
两向正交正放网架、正放四角锥网架、正放抽空四角锥网架	$(2～4)+0.2L_2$	10～14	$(6～8)+0.07L_2$	$(13～17)-0.03L_2$
两向正交斜放网架、斜放四角锥网架	$(6～8)+0.08L_2$			

5.1.3　网架结构的选型

网架结构的形式很多，影响网架结构选型的因素也是多方面的，如建筑的平面形状和尺寸大小、网架的支承方式、荷载大小、屋面构造、建筑构造要求、制作安装方法等。网架型式选择是否得当，对网架结构的技术经济指标、制作安装质量及施工进度等均有直接影响。

周边支承的网架，当其平面形状为正方形或接近正方形，由于斜放四角锥、星形四角锥、棋盘形四角锥三种网架结构上弦承受压力，杆件短，下弦杆承受拉力，杆件相对较长，杆件受力合理，且节点汇交杆件较少，用钢量较小，在中小跨度时应优先考虑选用。当跨度较大时，容许挠度将起主要控制作用，宜选用刚度较大的交叉桁架体系或满锥形式的网架。

大跨度网架选型时，由于其相比中、小跨度网架更为重要，工程上用得较多的是设计与施工经验比较丰富、技术比较熟练的两向正交正放网架、两向正交斜放网架和三向网架等平面格架系组成的网架结构。

从屋面构造情况来看，正放类型的网架屋面板规格整齐单一，上弦网格相对较大，屋面板的规格也大。斜放类型的网架屋面板规格有两三种，上弦网格较小，屋面板的规格也小。

从节点构造要求来看，焊接空心球节点可以适用于各类网架；焊接钢板节点则以选用两向正交类的网架为宜；螺栓球节点则要求网架相邻杆件的内力不要相差太大。

当考虑网架制作时，交叉平面桁架体系较角锥体系简便，正交比斜交方便，两向比三向简单。

从安装方面来考虑，特别是采用分条或分块吊装方法施工时，选用正放类网架相比斜放类的网架方便。因为斜放类网架在分条或分块后，可能因刚度不足或几何可变而需增设临时杆件予以加强。

总之，在网架选型时，必须根据经济合理、安全实用的原则，结合实际情况进行综合分析比较而确定。

5.2 网架结构的几何不变性分析

对组成钢网架结构的基本单元进行分析时，一般有两种类型和两种分析方法。

1）两种类型

（1）自约结构体系——自身就为几何不变体系。

（2）它约结构体系——需要加设支承链杆，才能成为几何不变体系。

2）两种分析方法

（1）以一个几何不变的单元为基础，通过三根不共面的杆件交出一个新节点所构成的钢结构网架也为几何不变，如此延伸。

（2）以总刚度矩阵 $[K]$ 为研究对象的分析方法。

在平面里我们定义如图 5.20(a)所示的由两根杆件与基础组成的铰接三角形，受到任意荷载作用时，若不考虑材料所示的变形，则其几何形状与位置均能保持不变，这样的体系成为几何不变体系。而如图 5.20(b)所示铰接四边形，即使不考虑材料的变形，在很小的荷载作用下也会发生机械运动而不能保持原有的几何形状和位置，这样的体系称为几何可变体系。空间结构的几何不变性分析与平面体系的机动分析有很多类似的地方。

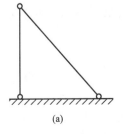
(a)

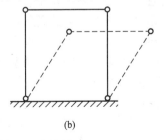
(b)

图 5.20 平面杆系结构可变性判别

在平面内三角形是几何不变的最小单元，而在空间中三角锥是几何不变的最小单元[图 5.21(a)]。由这些几何不变的稳定单元构成的网架结构也一定是几何不变的稳定体系，这种体系为"自约结构体系"[图 5.21(b)]。要是一个"自约结构体系"在空间是"静定"的，其外部必须由 6 根以上的支承约束链杆。四角锥本身是几何可变的不稳定单元，但在锥底面增加一根链杆，也可组成一个结构不变的稳定单元，这种依靠其他链杆的约束作用才能保持几何不变的基本单元所构成的结构体系称为"它约体系"[图 5.21(c)]。

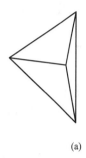 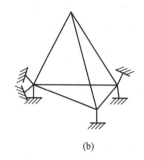 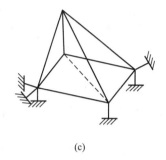

(a)   (b)   (c)

图 5.21　自约结构体系和它约结构体系

网架结构是一个铰接的空间杆系结构，因此，每个节点都有 3 个独立的线位移，需要用三根杆件加以约束。同时，为了保证网架结构的几何不变性，其外部必须有 6 个以上的支承约束链杆。对于具有 j 个节点的网架结构，其几何不变性的必要条件是：

$$m+r-3j \geqslant 0 \text{ 或 } m \geqslant 3j-r \qquad (5-1)$$

式中　m——网架杆件数；

　　　r——支座约束链杆数$(r \geqslant 6)$；

　　　j——网架节点数，系数 3 表示一个空间节点有 3 个独立的自由度。

由此可以知道：

当 $m=3j-r$，为静定结构；

当 $m>3j-r$，为超静定结构；

当 $m<3j-r$，为几何可变结构。

由于网架结构的组成有许多形式，所以即使满足式(5-1)的条件，也不一定能保证结构几何不变性。即稳定判别式仅仅是判断空间结构几何可变的必要条件，而不是充分条件。要确保网架结构的几何不变性还必须满足结构几何不变的充分条件，即应使网架具有合理的组成。网架结构几何不变的充分条件是：从一个几何不变的基本单元开始，连续不断地通过 3 根不共面的杆件交出一个新节点所构成的结构仍是一个几何不变结构。在进行网架结构几何不变性分析时，还应该注意结构体系不应是瞬变的。因此，钢结构网架几何不变性分析必须满足两个条件：一是具备必要的约束数量，否则是可变体系；二是约束布局要合理，布局不合理虽满足约束数量也会可变。

根据以上原则，不难对各种形式的网架进行几何不变分析。

随着电子计算机应用的发展，也可通过对结构总刚度矩阵的检查来实现。如果考虑了边界条件后的结构总刚度矩阵 $[K]$ 为非奇异矩阵，即该矩阵的行列式 $|K|$ 不等于零，则所求的网架位移和杆件内力是唯一解，网架为几何不变体系。如该总刚度矩阵 $[K]$ 是奇异的，即矩阵行列式 $|K|$ 等于零，一般无法求出网架位移和杆件内力的正常值，此

时网架为几何可变体系。需要特别提出的是，当 $|K|=0$ 时，在某种荷载作用下，电算网架位移值(或杆件内力)也可能得出一定值(非正常值)，但并不能说明这个机构是几何不变的，采用"零载法"(即在结构刚度方程的右端项输入零荷载)可进一步判断网架结构是否几何可变。空间结构的几何不变性是一个非常重要的问题，是钢网架结构设计的前提条件。

5.3 网架作用效应计算

5.3.1 荷载代表值

网架结构的荷载和作用主要有永久荷载、可变荷载、温度作用及地震作用。对永久荷载应采用标准值作为其代表值，可变荷载应根据设计要求采用标准值、组合值、频遇值、或准永久值作为其代表值，而对偶然荷载(地震荷载)应按建筑结构使用的特点确定其代表值。

1. 永久荷载

永久荷载是指在结构作用期间，其值不随时间变化，或其变化与平均值相比可以忽略不计，或其变化是单调的并能趋于限值的荷载。在网架结构上的永久荷载包括网架结构、楼面或屋面结构、保温层、防水层、吊顶、设备管道等材料自重，上述前两项必须考虑，后几项应根据工程实际情况来确定是否考虑。对于结构自重，永久荷载标准值可以按结构构件的设计尺寸和材料单位体积的自重计算确定。网架结构杆件一般采用钢材，它的自重可通过计算机计算。一般钢材容重取 $\gamma=78.5\text{kN/m}^3$，可预先估算网架单位面积自重。双层网架自重可按下式估算：

$$g_{0k}=\xi \sqrt{q_w}L_2/200 \tag{5-2}$$

式中 g_{0k}——网架自重，kN/m^2；

         L_2——网架的短向跨度，m；

         q_w——除网架自重外的屋面荷载或楼面荷载的标准值，kN/m^2；

         ξ——系数，对杆件采用钢管的网架取 $\xi=1.0$，采用型钢的网架取 $\xi=1.2$。

其他荷载参阅《建筑结构荷载规范》(GB 50009—2012)(以下简称《荷载规范》)取用，如采用钢筋混凝土屋面板时，其自重取 $1.0\sim1.5\text{kN/m}^2$，采用轻质板时，自重取 $0.3\sim0.7\text{kN/m}^2$。

2. 可变荷载

可变荷载是在结构使用期间，其值随时间变化，且变化与平均值相比不可忽略不计的荷载。作用在网架结构上的可变荷载包括屋面或楼面活荷载、风荷载、雪荷载、积灰荷载及悬挂吊车荷载。

(1)屋面活载或楼面活载。一般不上人的网架，屋面活荷载标准值一般取 0.5kN/m^2。

楼面活荷载根据工程性质查阅《荷载规范》规范使用。

（2）风荷载。风荷载标准值根据公式

$$w_k = \beta_z \mu_s \mu_z w_0 \tag{5-3}$$

式中　w_k——风荷载标准值，kN/m²；

　　　β_z——z 高度处的风振系数；

　　　μ_s——荷载体型系数；

　　　μ_z——风压高度变化系数；

　　　w_0——基本风压值，kN/m²。

具体系数取值参阅《荷载规范》，需要指出的是在网壳结构中，风振系数 β_z 的取值比较复杂，与结构的跨度、矢高、支撑条件等因素有关，即使在同一标高处，β_z 值也不一定相同。

（3）雪荷载。按《荷载规范》取值，需要注意的是雪荷载与屋面活荷载不必同时考虑，取两者的较大值。

（4）积灰荷载及吊车荷载。对于屋面上易形成积灰处，当设计屋面板、檩条时，积灰荷载标准值乘以相应的增大系数。

① 在高低跨处两倍于屋面高差但不大于 6.0m 的分布宽度内取 2.0。

② 在天沟内不大于 3.0m 分布宽度内取 1.4。

积灰荷载应与屋面活荷载或雪荷载两者中较大值同时考虑。积灰荷载与吊车荷载具体取值按《荷载规范》的规定取值。

3. 温度作用

温度作用是指由于温度变化，使网架杆件产生附加温度应力，必须在计算和构造措施中加以考虑。网架结构是超静定结构，在均匀温度场变化下，由于杆件不能自由热胀冷缩，杆件会产生应力，这种应力称为网架的温度应力。温度场变化范围是指施工安装完毕（网架支座与下部结构连接固定牢固)时的气温与当地全年最高或最低气温之差。另外，工厂车间生产过程中引起的温度场变化，可由工艺提出。

4. 地震作用

网架结构虽然具有良好的抗震性能，但我国是地震多发国家，地震作用不容忽视。根据《空间网格结构技术规程》(GBJ 7—2010)规定，在抗震设防烈度为 6 度或 7 度的地区，网架屋盖结构可不进行竖向抗震验算；在抗震设防烈度为 8 度或 9 度的地区，网架屋盖结构应进行竖向抗震验算。在抗震设防烈度为 7 度的地区，可不进行网架结构水平抗震验算。在抗震设防烈度为 8 度的地区，对于周边支承的中小跨度网架可不进行水平抗震验算；在抗震设防烈度为 9 度的地震区，对各种网架结构均应进行水平抗震验算。水平地震作用下网架的内力，位移可采用空间桁架位移法计算。

5.3.2　网架结构的计算模型

网架结构是一种空间汇交杆件体系，属高次超次超静定结构。在对网架进行分析时，通常假定杆件之间的连接为铰接，即忽略节点刚度和次应力对杆件内力的影响，使问题简单化。虽然与实际有所不同，但无数模型试验和工程实践都表明这种假定是完全可以接受的。此外，在进行设计时，网架结构的材料都按弹性受力状态考虑，不考虑材料的非线性性质。

在对网架进行静动力计算时，进行了以下四个基本假定。

(1) 节点为铰接，忽略节点刚度影响，杆件均为二力杆，只承受轴向力。

(2) 按小挠度理论计算，网架位移远小于网架高度。

(3) 材料在弹性工作阶段，符合虎克定律。

(4) 网架只作用节点荷载，如在杆件上作用有荷载时要等效地转化为节点荷载。

其计算模型大致可分为四种(图5.22)。

(1) 铰接杆系计算模型。把网架看成为铰接杆件的集合，以每根铰接杆件作为网架计算的基本单元，根据每根杆件的工作状态集合得到整个网架的工作状态，与之前的假定完全吻合。

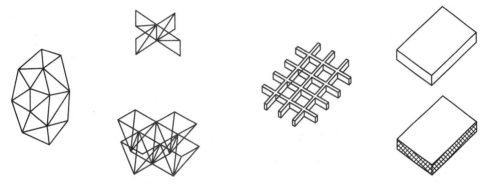

图5.22　网架结构的计算模型

(2) 桁架系计算模型。桁架系计算模型是将网架看作由交叉桁架组成，将每段桁架视为网架计算的基本单元。桁架系计算模型也可分为平面桁架系计算模型和空间桁架系计算模型。

(3) 梁系计算模型。这种模型是在基本假定的基础上，通过折算的方法把网架简化为交叉梁，以梁段作为网架计算分析的基本单元，最后把梁的内力再折算为杆件内力，这种模型的计算精确度稍低。

(4) 平板计算模型。与梁系计算模型相似，平板计算模型是把网架折算等代为平板，按板的理论进行分析。在计算得到板的内力后，把板的内力再折算为杆件内力。平板有单层的普通平板与夹层板之分，所以又可以将平板计算模型分为普通平板计算模型和夹层平板计算模型。

上述四种计算模型中，前两者是离散型计算模型，比较符合网架本身离散构造的特点，如果不再引入新的假定，采用合适的分析方法，就有可能求得网架结构的精确解答。后两者是连续化的计算模型，在分析计算中，必然要增加从离散折算成连续，再从连续回代到离散这样两个过程，而这种折算和回代过程通常会影响结构计算的精度。所以采用连续化的计算模型，一般只能求得网架结构的近似解。但是，连续化的计算模型往往比较单一，不复杂，分析计算方便，或可直接利用现有的解答，虽然所求得的解答为近似解，只要计算结果能满足工程所需的精度要求，这种连续化的计算模型仍是可取的。

5.3.3 网架结构的计算方法

网架结构是一种高次超静定的空间杆系结构，构件数目非常大，因此要想准确地计算出其内力和位移非常困难，因此在计算过程中需要适当简化，忽略一些次要因素，使得计算结果偏差仍能符合工程要求。当然，忽略的因素越少计算模型越接近实际计算结果、越准确，但另一方面工作量也会越大。相反，忽略的因素越多计算越简单，但误差越大。因此，需要适当地取舍。有了计算模型，还需要适当的分析方法，以反映和描述网架的内力和变位状态，并求得这些内力和变位。

网架结构的计算方法通常有精确法和简化法两种，常用的精确法为空间桁架位移法，简化法有交叉梁系差分法、拟夹层板法等。

1. 空间桁架位移法

空间桁架位移法也称矩阵位移法，是一种以网架节点三个线位移作为未知量、所有杆件作为承受轴向力的铰接杆系有限单元分析方法。不仅可用于网架结构的静力分析，还可用于网架结构的地震作用分析、温度应力计算和安装阶段的验算，是目前网架分析中运用最广、最精确的方法。该方法适用于分析不同类型、任意平面形状、具有不同边界条件、承受任意荷载的网架。

空间桁架位移法的基本计算步骤如下。

（1）对杆件单元进行分析。根据虎克定律，建立单元杆件内力与位移之间的关系，形成单元刚度矩阵。

（2）对结构进行整体分析。根据各节点的变形协调条件和静力平衡条件，建立结构上的节点荷载和节点位移之间的关系，形成结构的总刚度矩阵和总刚度方程。

（3）根据给定的边界条件，利用电子计算机求解各节点的位移值。

（4）由单元杆件的内力和位移之间的关系求出杆件内力 N。

（5）拉杆按 $N/A \leqslant f$，压杆按 $N/(\phi A) \leqslant f$ 进行验算。

理论和实践表明，空间桁架位移法的计算结果与结构实际受力相差很小，具有较高的计算精度。现在工程上使用的很多空间网架结构计算软件都是以这种计算方法为基础开发的。

2. 拟夹层板法

把网架结构等代为一块由上下表层与夹心层组成的夹层板，以一个挠度、两个转角共3个广义位移为未知函数，采用非经典的板弯曲理论来求解。拟夹层板法考虑了网架剪切变形，可提高网架计算的精度。拟夹层板法计算误差小于 10%，可用于跨度在 40m 以下由平面桁架系或角锥系组成的网架计算。

3. 交叉梁系差分法

交叉梁系差分法用于由两向平面桁架系组成的网架的一种计算方法，将网架经过惯性矩的折算，将其简化为相应的交叉梁系，然后用差分法进行内力和位移的计算。在计算中，以交叉梁系节点的挠度为未知数，不考虑网架的剪切变形，所以未知数较少。在网架只能进行手算时，几乎都采用这种方法。我国曾采用此法编制了一些相关计算图表，查用方便。

5.4 网架结构杆件与节点设计

5.4.1 网架结构的杆件

1. 杆件材料

网架杆件的材料一般采用 Q235 钢和 Q345 钢，当杆件内力较大时，宜采用 Q345 钢，以减轻网架结构自重，节约钢材。

2. 截面形式

网架杆件截面形式有圆管、角钢、薄壁型钢三种，目前工程中使用最多的是壁厚较薄的圆钢管。薄壁圆钢管因其相对回转半径大和其截面特性无方向性，对受压和受扭有利。一般情况下，圆钢管截面比其他型钢截面可节约 20% 的用钢量。钢管宜采用高频电焊钢管或无缝钢管。

3. 杆件最小截面尺寸

在选用截面时需要注意的是，每个网架钢管规格不宜过多，以 4～7 种为宜，大型网架不宜多于 7～9 种，且相邻杆件截面不宜相差过大。钢管尺寸不宜小于 φ48×3，当采用角钢时不宜小于 ∟50×3 或 ∟56×36×3，采用薄壁型钢时壁厚不应小于 2mm。

4. 杆件的计算长度 l_0

杆件的计算长度与汇集于节点的杆件受力状况及节点构造有关。网架节点处汇集杆件较多，且有较多拉杆，节点嵌固作用大，对杆件稳定是有利的。球节点与钢板节点相比，前者的抗扭刚度大，对压杆的稳定性比较有利。焊接空心球接点比螺栓球节点对杆件的嵌固作用大。确定网架杆件长细比时，其计算长度按表 5-3 采用。

表 5-3 网架杆件计算长度 l_0

杆件	节点类型		
	螺栓球节点	焊接空心球节点	板节点
弦杆与支座腹杆	$1.0l$	$0.9l$	$1.0l$
其他腹杆	$1.0l$	$0.8l$	$0.8l$

注：表中 l 为杆件几何长度（节点中心件距离）。

5. 网架容许长细比 $[\lambda]$

网架的长细比 λ 由式(5-4)计算：

$$\lambda = |l_0/r_{min}| \qquad (5-4)$$

式中 l_0——杆件计算长度，查表 5-3 计算，mm；

    r_{min}——杆件最小回转半径，mm。

杆件长细比不宜超过容许长细比 [λ]，即：

$$\lambda \leqslant [\lambda] \tag{5-5}$$

杆件的容许长细比取值按表 5-4 取用。

表 5-4　网架杆件容许长细比 [λ]

杆件类型	受压杆件	受拉杆件		
		一般杆件	支座附近处杆件	直接承受动力荷载杆件
容许长细比	180	400	300	250

6. 网架容许挠度

网架结构的容许挠度不应超过下列数值。

用作屋盖时，不应超过 $L_2/250$。

用作楼层时，不应超过 $L_2/300$。

其中，L_2 为网架的短向跨度。

5.4.2　网架结构的节点构造及设计

网架的节点是网架结构的重要组成部分，主要体现在节点起着连接汇交杆件、传递杆件内力以及传递荷载的作用。网架节点数目众多，用钢量一般占总用钢量的 20%～25%。合理的节点设计对网架结构的安全性能、制作安装、工程进度及工程造价都有直接影响。因此，节点是网架结构的一个重要组成部分，在对网架的节点设计中应给予足够重视。

在进行网架设计时，通常需遵循以下原则。

（1）受力合理，传力明确，安全可靠的原则。

（2）构造合理，节点受力状态与假定相符的原则。

（3）构造简单，制作简便，安装方便的原则。

（4）经济性原则。

目前，国内常用网架结构节点为焊接空心球节点、螺栓球节点及焊接钢板节点。在进行节点设计时，我们要充分结合网架类型、受力性质、杆件截面形状、制造工艺、安装方法以及施工水平等因素。

1. 焊接空心球节点

焊接空心球节点（图 5.23）是在我国应用较早，也是最为广泛的节点形式之一。它是由两块钢板经加热，压成两个半圆球，然后相对焊接而成。节点构造和制造均较为简单，球体外形美观、具有万向性，可以连接任意方向的杆件。焊接空心球节点可分为加肋和不加肋两种。

1）球体尺寸

在确定空心球尺寸时，要求连接在空心球上的两钢管间隙不小于 10mm，以便于施焊。如图 5.23 所示，空心球直径 D 可按下式估算：

$$D \approx (d_1 + d_2 + 2a)/\theta \tag{5-6}$$

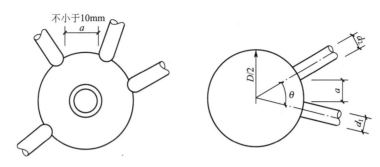

图 5.23 焊接空心球节点

式中 D——空心球外径，mm；

d_1、d_2——组成 θ 角的钢管外径，mm；

a——杆件净距；

θ——两杆件夹角，rad。

钢管杆件与空心球连接时，钢管应开坡口。在钢管与空心球之间应留有一定缝隙予以焊透，以实现焊缝与钢管等强，否则应按角焊缝计算。为保证焊缝质量，钢管端头可加套管与空心球焊接(图 5.24)。角焊缝的焊脚尺寸应符合下列要求。

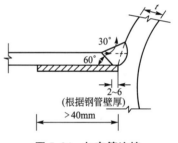

图 5.24 加套管连接

(1) 当 $t \leqslant 4$mm 时，$h_f \leqslant 1.5t$。

(2) 当 $t > 4$mm 时，$h_f \leqslant 1.2t$。

其中，t 为钢管壁厚；h_f 为焊脚尺寸。

当空心球外径不小于 300mm 且杆件内力较大，需要提高其承载力时，球内可加环肋，其厚度不应小于球壁厚度，内力较大的杆件应位于肋板平面内。

2) 受压承载力计算

空心球以受压为主时，其破坏机理属于壳体的稳定问题，目前的计算公式是在大量试验资料的基础上经回归分析确定的。试验表明，双向受压空心球的承载力与单向受压空心球的承载力基本接近，并且空心球的钢种对其受压承载力的影响不大。

当空心球直径 $D=120\sim500$mm 时，其受压承载力设计值 N_c 按下式计算：

$$N_c \leqslant \eta_c \left(400dt - 13.3 \frac{t^2 d^2}{D} \right) \tag{5-7}$$

式中 D——空心球外径，mm；

d——钢管外径，mm；

t——空心球壁厚，mm；

η_c——受压空心球加肋承载力提高系数，不加肋时 $\eta_c=1.0$，加肋时 $\eta_c=1.4$。

3) 受拉承载力计算

空心球受拉破坏属于强度破坏，其破坏具有冲切破坏的特征，破坏面多为球体沿杆件管壁拉出。当空心球直径 $D=120\sim500$mm 时，其受拉承载力设计值 N_t 按下式计算：

$$N_t < 0.55 \eta_t t d \pi f \tag{5-8}$$

式中　N_t——受拉空心球所受的轴向拉力设计值，N；

　　　　η_t——受拉空心球加肋承载力提高系数，不加肋时 $\eta_t=1.0$，加肋时 $\eta_t=1.1$；

　　　　f——钢材强度设计值，N/mm²。

空心球外径 D 与壁厚 t 一般需要满足关系 $D/t=25\sim45$，空心球壁厚与钢管最大壁厚比值宜为 $1.2\sim2.0$，且空心球壁厚不宜小于 4mm。

2. 螺栓球节点

螺栓球节点(图 5.25)由螺栓、钢球、销子(或螺钉)、套筒和锥头或封板等零件组成，是我国应用较早的节点形式之一，适用于钢管连接。采用这种螺栓球进行组合相当灵活，既适用于一般的网架结构，也适用于任何形式的空间网格结构。此外，对于双层网壳结构、塔架、平台和脚手架等也都可以采用螺栓球节点。

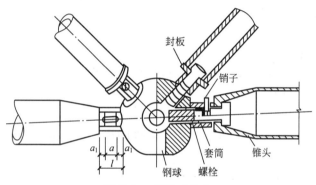

图 5.25　螺栓球节点

螺栓球节点现场装配快捷，工期短，拼接费用较低，也可用于临时设施的建造，便于拆装。但这种节点也有自身的缺点，如制作费用比焊接空心球高，组成节点的零件多，高强度螺栓上开槽对其受力不利，安装时是否拧紧不易检查等，安装时应注意对结合面处进行密封防腐处理。拧紧螺栓的过程中，螺栓受预拉力，套筒受预压力，力的大小与拧紧程度成正比，这一对力在节点上形成自相平衡的内力，而杆件不受力。当网架承受荷载后，拉杆内力通过螺栓受拉传递，套筒预压力随着荷载的增加逐渐减小；对于压杆，则通过套筒传递内力，随着内力的增加，螺栓受力逐渐减小。

1) 钢球直径的确定

如图 5.26 所示，钢球直径大小取决于螺栓的直径、相邻杆件的夹角和螺栓伸入球体的长度等因素，要求伸入球体的相邻两个螺栓不相碰，则必须满足下式：

$$D\geqslant[(d_2/\sin\theta+d_1\cot\theta+2\xi d_1)+\eta^2 d_1^2]^{1/2}$$

$$(5-9)$$

为满足套筒接触面的要求，螺栓球直径还应满足下式：

$$D\geqslant[(\eta d_2/\sin\theta+\eta d_1\cot\theta)^2+\eta^2 d_1^2]^{1/2} \quad (5-10)$$

式中　D——钢球直径，mm；

　　　　θ——两螺栓轴线之间的最小夹角，rad；

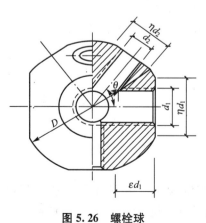

图 5.26　螺栓球

d_1, d_2——螺栓直径，$d_1 \geqslant d_2$，mm；

ξ——螺栓伸进钢球长度与高强度螺栓直径的比值，可取 $\xi = 1.1$；

η——套筒外接圆直径与螺栓直径的比值，可取 $\eta = 1.8$。

螺栓球直径 D 取式(5-9)、式(5-10)两者中的较大值。

2）高强度螺栓

螺栓球节点的设计中，高强度螺栓直径一般是由网架中最大受力杆件内力控制，每个高强度螺栓抗拉承载力设计值按式(5-11)计算：

$$N_t^b \leqslant \psi A_e f_t^b \qquad (5-11)$$

式中 N_t^b——高强度螺栓的抗拉承载力设计值，N。

ψ——螺栓直径对承载力影响系数，当螺栓直径 <30mm 时，$\psi = 1.0$；当螺栓直径 $\geqslant$30mm 时，$\psi = 0.93$。

A_e——高强度螺栓的有效截面积，即螺栓螺纹处的截面积；当螺栓钻有销孔或键槽时，A_e 应取螺纹处和销孔键槽处有效截面面积的较小值，mm²。

f_t^b——高强度螺栓经热处理后的抗拉强度设计值：对 40Cr 钢、40B 钢、20MnTiB 钢取值 430N/mm²；对 45 号钢取值 365N/mm²。

套筒长度 l 由计算式(5-12)得到：

$$l = l_1 + 2l_2 - l_3 + d_s + 4\text{mm} \qquad (5-12)$$

式中 l_1——螺栓伸入钢球长度，mm；

l_2——套筒端到滑槽端距离，mm；

l_3——螺栓露出套筒长度，可预留 4～5mm，但不少于 2 个丝扣，mm；

d_s——销子长度，2mm。

3）焊接钢板节点

焊接钢板节点可用于两向网架，也可用于有四角锥体组成的网架，其构造应符合下列要求。

（1）杆件重心线在节点处宜交于一点，否则应考虑其偏心影响。

（2）杆件与节点连接焊缝的分布，应使焊缝截面的重心与杆件重心相重合，否则应考虑其偏心影响；

（3）便于制作和拼装。

网架弦杆应与盖板和十字节点板共同连接，当网架跨度较小时，弦杆也可直接与十字节点板连接。节点板厚度可根据网架最大杆件内力确定，并应较连接杆件的厚度大 2mm，但不得小于 6mm，节点板的平面尺寸应适当考虑制作和装配的误差。

当网架杆件与节点板间采用高强度螺栓或角焊缝连接时，连接计算应根据连接杆件内力确定，且宜减少节点类型。当角焊缝强度不足时，在施工质量确有保证的情况下，可采用槽焊与角焊缝相结合并以角焊缝为主的连接方案(图5.27)，槽焊强度应由试验确定。

焊接钢板节点主要用于弦杆呈两向布置的各类网架，如两向正交正放网架、两向正交斜放网架及各种

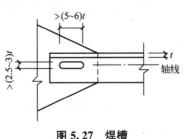

图 5.27 焊槽

类型的四角锥网架。它具有刚度大、用钢量少、费用较低的优点，但同时也存在如焊接工作量大、不便于标准化生产等缺点，现在工程上一般使用较少。

4. 支座节点

支座节点是直接支承于柱、圈梁、墙体等下部承重结构上，将荷载传递给下部结构的连接部件。支座节点应传力明确，安全可靠，构造简单，且尽量符合计算假定，以避免网架的实际内力和变形与计算值存在较大的差异而危及结构安全。实际工程中应根据网架跨度、温度影响、构件材料以及施工安装条件等因素，设置不同的支座节点。支座节点按其受力状况通常可以分为压力支座和拉力支座。

1）压力支座节点

（1）平板压力支座节点。

平板压力支座节点（图 5.28）由十字型节点板和一块底板组成，其优点是构造相对简单，加工方便，用钢量较省；缺点是支承底板与结构支承面的应力分布不均匀，且支座不能完全转动和移动，同时支座节点构造对网架制作、拼装精度及锚栓埋设位置的尺寸控制要求较严，易造成网架正确就位的困难。平板压力支座节点一般只适用于小跨度的网架。

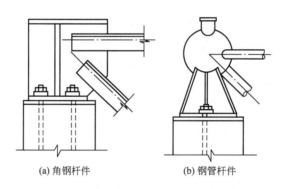

(a) 角钢杆件　　　　　(b) 钢管杆件

图 5.28　平板压力(拉力)支座节点

（2）单面弧形压力支座节点。

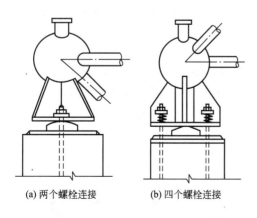

(a) 两个螺栓连接　　　(b) 四个螺栓连接

图 5.29　单面弧形压力支座节点

单面弧形压力支座节点（图 5.29）相比平板压力支座有一定的改进，弧形支座板的设置使得支座节点可沿弧面转动，从而弥补了平板压力支座节点不能转动的缺点。另一方面，支承垫板下的反力比较均匀，减小了较大跨度网架由于挠度和温度应力对支座受力性能造成的影响，但摩擦力仍较大。当采用两个锚栓连接时，锚栓放在弧形支座的中心线上。当支座反力较大需要设置 4 个螺栓时，可在置于支座四角的螺栓上部加设弹簧，以免影响支座的转动。单面弧形压力支座节点适用于中、小跨度网架。

(3) 双面弧形压力支座节点。

双面弧形压力支座节点(图5.30)又称为摇摆支座节点,它是在支座板与柱顶板之间设一块上下均为弧形的铸钢件,它的特点是既能自由伸缩又能自由转动,构造较复杂,加工麻烦,造价较高,但只能在一个方向转动,不利于结构的抗震。它适用于跨度大、且下部支承结构刚度较大或温度变化较大、要求支座节点既能转动又有一定侧移的网架。

(4) 球铰压力支座节点。

当采用球铰压力支座节点(图5.31)时,网架结构在支承处能做两个方向的转动而不能产生线位移和弯矩。它是由一半圆实心球于带有凹槽的底板下嵌合,再由四根带弹簧的锚栓连接而成。它既能较好地承受水平力,又能自由转动。这种支座节点比较符合不动球铰支承的约束条件,对抗震有利,但构造较为复杂,适用于多支点的大跨度网架。

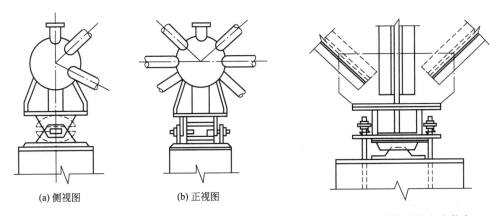

(a) 侧视图	(b) 正视图	
图 5.30 双面弧形压力支座节点		图 5.31 球铰压力支座节点

(5) 板式橡胶支座节点。

这种支座节点的特点是它不仅可以沿切向及法向产生位移,同时还可以绕两向转动。板式橡胶支座节点(图5.32)是在平板压力支座的支承底板与支承面顶板间设置一块由多层橡胶片与薄钢板粘合、压制成的矩形橡胶垫块,并以锚栓连接而成。这种节点具有构造简单、安装方便、用材较省等优点,适用于大、中跨度的网架结构,应用较广。

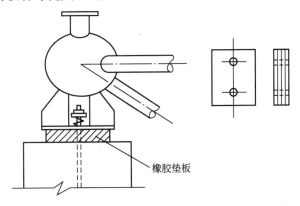

橡胶垫板

图 5.32 板式橡胶支座节点

2）拉力支座节点

（1）平板拉力支座节点。

当支座拉力较小时，可以采用与平板压力支座节点相同的构造。此时的锚栓承受拉力，锚栓的直径按计算确定，一般不小于 20mm。平板拉力支座节点适用于跨度较小的网架。

（2）单面弧形拉力支座节点。

单面弧形拉力支座的构造与单面弧形压力支座节点相似。当支座拉力较小且对支座的节点有转动要求时，可以采用单面弧形拉力支座节点，利用螺栓来承受拉力。为了更好地传递拉力，可在节点底板上加设肋板。它主要适用于中、小跨度的网架。

5.5 结构设计软件应用

在进行网架结构设计时，工程中常用的软件有 SFCAD2000、MST、3D3S 等，这些软件各有特点。由于篇幅所限，本章主要介绍空间网架结构设计软件 SFCAD2000 的使用。

5.5.1 参数限制

SFCAD2000 标准版适用于网架节点数不超过 3000 个、杆件数不超过 12000 根、支座数不超过 2000 个、荷载序号数不超过 256 种（一个工况最多有 X、Y、Z 三个序号）的工程结构设计。

5.5.2 使用说明

SFCAD2000 软件操作界面较为友好，主窗口的主菜单项中有文件、视图、修改、辅助工具、节点、杆件、荷载、分析设计、数据、制图和帮助 11 个菜单项，下面将有选择性地介绍常用项的使用方法。

1. 文件菜单

1）新建□

建立新的 SFCAD 数据文件。

弹出选择网架类型的对话框，分别为正放四角锥、斜放四角锥、棋盘形四角锥、正交正放交叉梁、斜放交叉梁、星形四角锥、蜂窝形三角锥、筒壳（正放四角锥式圆筒壳）、三角锥、三叉、联方、人工生成，共 12 种。选择网架类型后，根据窗口提示，输入相关工程数据和设计参数，如：网架长度、跨度、长跨两向的格数、腹杆与水平面夹角、上弦静载标准值、下弦静载标准值、上弦活载标准值等。在荷载输入时，程序自动按网架规程中的公式估算网架自重，加到上面的静载中并折算成网架节点荷载。对于选择人工生成网架结构时，只生成 1 个节点，其余无需输入。

以上各项中的"工程名称"即为生成网架数据的文件名称，点击"保存"就生成了所需的网架图形和数据文件（后缀为 DAT）。

2）插入

当已经有数据文件打开，此功能才能使用。点击此菜单将弹出一插入文件对话框，在"要插入的文件名"处输入想要插入的数据文件全路径名称，或点击浏览选择要插入的数据文件名；在"插入点坐标"处输入将要插入的数据的原点与已打开数据合并点的坐标；"两节点最小合并距离"处输入合并重复节点的最小距离。输入完后点击插入按钮就可以将所选数据文件插入到当前的数据中。

3）导入 DXF 文件

将后缀为 DXF 的文件转换并生成网架数据文件。点击此菜单将弹出打开文件对话框，选择一个要导入的后缀为 DXF 的文件，点击打开，又出现保存文件对话框，输入将要生成的网架数据文件名并点击保存按钮。

注：DXF 文件是用 AutoCAD 生成的，在 AutoCAD 中用线段将网架的每根杆表示出来，输出为 DXF 文件。在 AutoCAD 中若用毫米做单位，转入 SFCAD2000 后，将整个网架缩放 0.001 倍，使其转换为以米为单位。

4）保存

保存当前编辑的数据文件，程序自动判断数据是否优化，若数据需要优化，弹出对话框，点击"是"将进行节点优化；若程序未算出网架面积，弹出对话框，输入网架面积。存盘结束后在状态栏中显示出网架面积。

2. 视图菜单

1）刷新 R

重新刷新当前显示的图形，并取消已绘制的辅助直线或辅助圆。快捷键为 R。

2）设置层号

层数有 0、1、2 三种，程序最初调入数据时默认节点 Z 坐标大于等于 0 为 0 层，小于 0 为 1 层。选择此功能后，若有已选择的节点，弹出对话框，输入所要设置的层号即可。若无已选择的点，则进入选点状态，选择好要设层的点后，按鼠标右键弹出对话框，输入所要设置的层号即可。

3）显示图层

输入所要显示的从第几层至第几层的层号。只显示某一层，两个数值均输入此层号或在工具栏中点击相应的层号。

3. 修改菜单

1）Undo

当网架的图形数据被修改或运行了 Redo 后，此项才能使用。对点击此项前的最后一次修改进行恢复。

注：本版本只设了一次 Undo 和 Redo。

2）Redo

运行了 Undo 后此项才能使用，重作 Undo 的操作。

3）节点相对移动

选中节点相对其当前坐标进行移动或旋转一定的角度。在对话框中输入 X、Y、Z 三个方向相对移动增量，或点击下面的小方框，输入绕原点旋转的角度增量，完成后点击 OK 按钮。

4）节点绝对移动

选中节点以原点为基点，绝对移动到所输入的坐标处。在对话框中输入选中节点移动后的相对于原点的 X、Y、Z 方向的坐标值。若目标处已有相同坐标节点，程序询问是否移动。

5）节点水平移动到直线上

将选中节点沿屏幕的水平方向移动到一条辅助直线上。此项只有作好一条辅助直线后，才能使用。选择此项后直接进入选点状态，选择需要移动的节点，自动将选中节点沿水平方向移动到直线上，按鼠标右键结束此操作。

6）节点垂直移动到直线上

将选中节点沿屏幕的上下垂直方向移动到一条辅助直线上。此项只有作好一条辅助直线后，才能使用。具体操作与前同。

7）节点水平移动到圆上

将选中节点沿屏幕的水平方向移动到一个辅助圆上。此项只有作好一个辅助圆后，才能使用。具体操作与前同。

8）节点垂直移动到圆上

将选中节点沿屏幕的上下垂直方向移动到一个辅助圆上。此项只有作好一个辅助圆后，才能使用。具体操作与前同。

9）节点沿半径移动到圆上

将选中节点沿此点到圆心的半径方向移动到此辅助圆上。此项只有作好一个辅助圆后，才能使用。具体操作与前同。

10）旋转

将网架整体旋转一定的角度。选择此项后进入选点状态，选择一点或选择的多个点的当前坐标系的坐标值相等时，弹出对话框，输入旋转原点的坐标及旋转的角度，点击 OK 按钮后，将网架整体以旋转原点为基点旋转相应的角度。

11）弯折

弯折分为两种：直线弯折和弧形弯折。直线弯折又分为整体弯折和垂直提升。弯折时可以将网架整体弯折，也可以将选中节点进行弯折，以形成结构找坡。选择此功能后，进入选点状态，选择两个节点作为弯折脊线，弹出对话框，输入弯折坡度及选择如何弯折（整体或垂直），点击 OK 即可。弧形弯折是以坐标原点为内圈半径处，输入该半径，把网架在平面内按一定角度弯曲成为扇形；在 XY 平面内可处理扇形平面，在 XZ 或 YZ 侧面可形成筒壳。选择此功能后，弹出对话框，输入半径和弯折后的圆心角，点击 OK 即可。

12）镜像

将网架以某一轴线做镜像。选择此功能后，进入选点状态。选择两个节点作轴线，网架进行镜像。

4. 辅助工具菜单

本菜单下绘制辅助线、辅助圆时，辅助图形只能画一个，画某一个则前一个自动消除，且在哪个坐标平面绘制的只能在该平面使用。用刷新功能消除辅助图形。

1）两节点直线

选择此功能后，进入选点状态，选取两个节点直接绘制线段。

2）任意坐标直线

选择此功能后，弹出对话框，输入此坐标平面内两点平面坐标，点击 OK 即可。

3）两节点画圆

选择此功能后，进入选点状态，选取两个节点，第一个节点作为圆心，第二个节点确定圆的半径，做出一个圆。

4）三节点画圆

选择此功能后，进入选点状态，选取三个节点绘制一个圆，此三点为圆上的点。

5）任意坐标圆

选择此功能后，弹出对话框，输入此坐标平面内圆心坐标和半径，点击 OK 即可。

6）查两点间距离

计算两节点间的距离。选择此功能后，进入选点状态，选择两个节点后，弹出信息框。

7）从三点计算面积

计算三节点组成的三角形的面积、周长、各边长度、各角角度等。选择此功能后，进入选点状态，选择三个节点后，弹出信息框。

8）设网架计算温差

输入分析网架时的温差。

5. 节点菜单

1）选择节点

选择此功能后进入选点状态。逐个选择节点后，在状态栏中显示出节点信息。依次为节点号、所在层号、XYZ 坐标、选中节点个数。若为支座则后面为支座条件、弹簧刚度系数。支座条件：−1 代表弹簧、0 代表固定、1 代表自由。

2）赋支座条件

给选中的节点赋 X、Y、Z 三个方向约束信息。选择此功能后，若已有选中节点直接弹出对话框，若无选中节点，则进入选点状态，选择完节点后按鼠标右键弹出对话框，在对话框中选择节点约束信息，点击 OK 即可。完成此功能后仍处于选点状态。

3）固定球直径

可设定选中节点设计时球的直径。选择此功能后，若已有选中的节点直接弹出对话框，选择好节点后按鼠标右键弹出对话框，输入球直径，点击 OK 即可。

4）显示固定球直径

若有固定球直径，选择此项后可以在图形上显示出来。

5）设(0，0)点

设置当前坐标系的(0，0)点。当前坐标系的(0，0)点在屏幕上被显示为一个小红点。选择此项后进入选点状态，选择节点，可以直接将此点设为(0，0)点。

6）增加节点

此板块功能包括：增加一个节点、增加一片节点、在圆弧上增点、拷贝节点、两点间等分等。各种功能可通过相应操作实现，此处不再详细介绍。

7）拖动节点 ✥

用鼠标将选中节点拖动到任意位置。选择此功能后，若已有选择的节点，用鼠标选择一基准点，移动鼠标至目标位置，按鼠标左键，所选节点将按此方向和距离移动。

8）删除节点 ✂

删除选中的节点。选择此功能后，若已有选中的节点，将直接删除这些节点，此功能结束。

6. 分析设计菜单

1）材料表

弹出一个窗口，可改变设计控制参数和钢管规格。设计控制参数：节点类型（螺栓球/焊接球）、钢材屈服强度（N/mm²）和钢材设计强度（N/mm²）、拉杆允许长细比和压杆允许长细比、钢管规格（可直接修改外径和壁厚，增加或删除钢管规格）等。

2）内力分析 ▱

运行内力分析程序弹出对话框，可选择：自动全过程满应力优化设计，只把超应力的杆件截面加大，固定杆件截面计算。

输入：由分析程序自动计算网架自重时的节点系数，程序将杆件重量乘以该系数（螺栓球一般取 1.3），如数据文件中的荷载已包含有网架自重则输 0。

提示：每次迭代的杆件重量，百分比，最大拉、压力杆件的编号及两端节点码。

荷载组合：程序自动按下面原则进行组合。

$$1.2 \times 静载(1) + 1.4 \times 活载(2)$$
$$1.2 \times 静载(1) + 1.4 \times 活载(2) + 1.4 \times 附加活载(3)$$
$$1.2 \times 静载(1) + 1.4 \times 活载(2) + 1.4 \times 附加活载(4)$$
……
$$1.0 \times 静载(1) + 1.4 \times 上吸风力(3)$$
$$1.0 \times 静载(1) + 1.4 \times 上吸风力(4)$$
……

当有工况（3）以上荷载时，程序自动累计该工况 Z 方向的荷载，如合力向下则认为是附加活载，向上则认为是上吸风力。

3）节点设计 ✪

运行节点详图零件设计，弹出对话框。根据材料表中设置的节点类型，自动判断且进入螺栓球或焊接球节点设计。根据提示完成螺栓选择、螺栓球选择、加工孔方向、屋面排水坡度和支座底板尺寸等设计环节。

软件还包含荷载菜单、杆件菜单、数据菜单和制图菜单等多个模块，由于篇幅所限，此处不再详细介绍，具体可参考软件使用说明。

5.6 工程应用

某一在建建筑下部为钢筋混凝土结构，屋面采用钢网架结构，抗震设防烈度为 6 度，

风荷载为 $0.35kN/m^2$，基本雪压为 $0.5kN/m^2$，无积灰荷载。网架采用正放四角锥，平面尺寸为 30m×33m。由于建筑使用要求，网架右侧不能设置支座，采用周边支承。屋面为夹芯板，采用檩条并用钢管小立柱找坡，排水坡度为 5%。网架结构设计步骤如下。

图 5.33 网架结构选型界面

（1）单击"新建"，则出现如图 5.33 所示的选项框，选择"正放四角锥"选项。

（2）新建四角锥网架，输入几何尺寸和网格数，确定网架高度，输入网架上弦和下弦荷载，如图 5.34 所示。

（3）单击"OK"，保存工程数据文件，得到网架平面布置图，如图 5.35 所示。

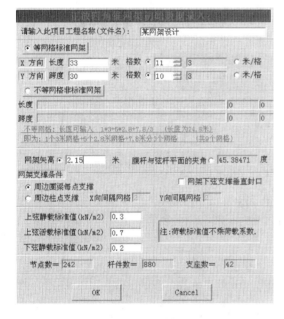

图 5.34 网架初始设计数据输入界面

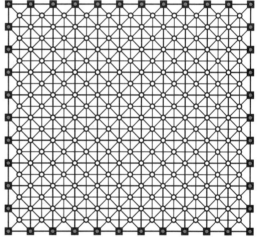

图 5.35 网架结构平面布置图

（4）根据设计条件，修改支座布置，得到网架最终平面布置图，如图 5.36 所示。

（5）单击"荷载"选项，查看节点荷载是否正确，如图 5.37 所示为恒荷载作用下所转换的节点力。

（6）单击"材料表"，选择节点类型、屈服强度、设计强度及拉压杆长细比等分析参数，确定钢管规格和型号，如图 5.38 所示。

（7）进行内力分析。节点系数默认值为 1.3，根据具体情况选取合适的值，单击"开始分析"按钮后自动进行内力分析，如图 5.39 所示。

（8）进行节点设计。设计过程包括：杆件碰撞检查、螺栓标准选择、底板支座尺寸选择、输入支托找坡坡度、输入支托圆盘直径和厚度等过程。需要注意的是选择螺栓直径和螺栓球直径时，通常软件计算得到的螺栓直径种类较多，需要根据具体情况进行选择，便于网架施工安装。

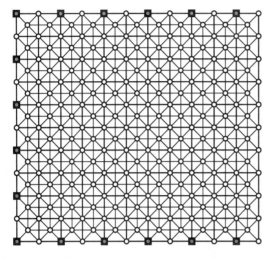

图 5.36 修改后的网架结构布置图

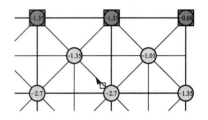

图 5.37 恒载作用下的节点力

图 5.38 分析设计界面

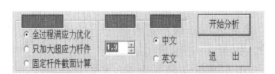

图 5.39 网架内力分析界面

（9）网架出图。节点设计完成后，单击"制图"按钮，完成网架施工图绘制。通常，一套完整的网架施工图至少应包含以下内容：网架结构布置及支座反力图、网架整体安装图、上弦安装图、腹杆安装图、下弦安装图、材料表、螺栓球下料图、支座大样图、檩条布置图等内容。本算例的部分施工图如附录 E 所示，仅供参考。

本 章 小 结

本章主要介绍了空间钢网架结构的基本知识和设计方法。

空间钢网架结构有着优越的力学性能，在工程中得到广泛应用。钢网架的结构类型及影响因素有许多种，掌握网架结构几何可变性的判别、各网架形式的适用范围、设计原则及设计要点，是学好本章的关键。

结合目前工程应用情况，较为全面地介绍了空间钢网架结构的专业设计软件 SF-CAD2000 的设计过程和钢网架结构施工图的表达方式。

习　　题

1. 思考题

(1) 网架结构一般可分为几类？分别包括哪几种形式？在受力上各有什么特点？

(2) 正放四角锥网架和斜放四角锥网架各有什么优点？各适合在什么条件下使用？

(3) 一般网格大小及网架高度是如何选用的？影响因素有哪些？

2. 设计题

条件：檐口高度为 10m，采用夹芯板，无吊顶荷载，建设地点为长沙，基本风压为 0.35kN/m^2，基本雪压为 0.45kN/m^2，屋面活荷载为 0.7kN/m^2，地震烈度为 6 度。

结构平面尺寸：边长为 18m 的正六边形平板网架结构，每边外挑 3m，柱距为 6m。

要求：① 完成结构计算书，包括网架和屋面檩条。

② 结构施工图，包括结构平面布置图、整体安装图、材料表和螺栓球下料图。

参 考 文 献

[1] 中华人民共和国国家标准. 钢结构设计规范（GB 50017—2003）[S]. 北京：中国计划出版社，2003.

[2] 中华人民共和国国家标准. 钢结构工程施工质量验收规范（GB 50205—2001）[S]. 北京：中国计划出版社，2001.

[3] 中国人民共和国行业标准. 建筑钢结构焊接技术规程（JGJ 81—2002）[S]. 北京：中国建筑工业出版社，2002.

[4] 中国人民共和国行业标准. 钢结构高强度螺栓连接技术规程（JGJ 82—2011）[S]. 北京：中国建筑工业出版社，2011.

[5] 中华人民共和国国家标准. 建筑结构设计术语和符号标准（GB/T 50083—1997）[S]. 北京：中国建筑工业出版社，1997.

[6] 沈祖炎，陈以一，陈扬骥. 房屋钢结构设计 [M]. 北京：中国建筑工业出版社，2008.

[7] 夏志斌，姚谏. 钢结构原理与设计 [M]. 2 版. 北京：中国建筑工业出版社，2011.

[8] 张耀春. 钢结构设计 [M]. 北京：高等教育出版社，2007.

[9] 陈富生，邱国桦，范重. 高层建筑钢结构 [M]. 北京：中国建筑工业出版社，2004.

[10] 李国强. 多高层建筑钢结构设计 [M]. 北京：中国建筑工业出版社，2004.

[11] 舒兴平. 高等钢结构分析与设计 [M]. 北京：科学出版社，2006.

[12] 胡习兵，张再华. 钢结构设计原理 [M]. 北京：北京大学出版社，2012.

[13] 沈祖炎，陈杨骥. 网架与网壳 [M]. 上海：同济大学出版社，1997.

[14] 刘锡良，刘毅轩. 平板网架设计 [M]. 北京：中国建筑工业出版社，1979.

[15] 戴国欣. 钢结构 [M]. 武汉：武汉理工大学出版社，2007.

[16] 王新堂. 钢结构设计 [M]. 上海：同济大学出版社，2005.

[17] 刘声扬，王汝恒. 钢结构——原理与设计 [M]. 武汉：武汉理工大学出版社，2009.

[18] 宋岩丽，王社欣，周仲景. 建筑材料与检测 [M]. 北京：人民交通出版社，2007.

[19] 编委会. 轻型钢结构设计便携手册 [M]. 北京：中国计划出版社，2008.

[20] 钢结构设计规范编制组. 钢结构设计规范讲解 [M]. 北京：中国计划出版社，2003.

[21] 钢结构编委会. 钢结构设计手册 [M]. 北京：中国建筑工业出版社，2005.

[22] 崔佳. 钢结构设计规范理解与应用 [M]. 北京：中国建筑工业出版社，2004.

[23] 李国强. 我国高层建筑钢结构发展的主要问题 [J]. 建筑结构学报，1998，19（1）：24-32.

[24] 弓晓芸. 轻钢结构建筑的应用及发展 [J]. 工业建筑，2000，30（5）：53-57.

北京大学出版社土木建筑系列教材(已出版)

序号	书名	主编	定价	序号	书名	主编	定价
1	建筑设备(第2版)	刘源全　张国军	46.00	50	土木工程施工	石海均　马哲	40.00
2	土木工程测量(第2版)	陈久强　刘文生	40.00	51	土木工程制图	张会平	34.00
3	土木工程材料(第2版)	柯国军	45.00	52	土木工程制图习题集	张会平	22.00
4	土木工程计算机绘图	袁果　张渝生	28.00	53	土木工程材料(第2版)	王春阳	50.00
5	工程地质(第2版)	何培玲　张婷	26.00	54	结构抗震设计	祝英杰	30.00
6	建设工程监理概论(第3版)	巩天真　张泽平	40.00	55	土木工程专业英语	霍俊芳　姜丽云	35.00
7	工程经济学(第2版)	冯为民　付晓灵	42.00	56	混凝土结构设计原理(第2版)	邵永健	52.00
8	工程项目管理(第2版)	仲景冰　王红兵	45.00	57	土木工程计量与计价	王翠琴　李春燕	35.00
9	工程造价管理	车春鹂　杜春艳	24.00	58	房地产开发与管理	刘薇	38.00
10	工程招标投标管理(第2版)	刘昌明	30.00	59	土力学	高向阳	32.00
11	工程合同管理	方俊　胡向真	23.00	60	建筑表现技法	冯柯	42.00
12	建筑工程施工组织与管理(第2版)	余群舟　宋会莲	31.00	61	工程招投标与合同管理	吴芳　冯宁	39.00
13	建设法规(第2版)	肖铭　潘安平	32.00	62	工程施工组织	周国恩	28.00
14	建设项目评估	王华	35.00	63	建筑力学	邹建奇	34.00
15	工程量清单的编制与投标报价	刘富勤　陈德方	25.00	64	土力学学习指导与考题精解	高向阳	26.00
16	土木工程概预算与投标报价(第2版)	刘薇　叶良	37.00	65	建筑概论	钱坤	28.00
17	室内装饰工程预算	陈祖建	30.00	66	岩石力学	高玮	35.00
18	力学与结构	徐吉恩　唐小弟	42.00	67	交通工程学	李杰　王富	39.00
19	理论力学(第2版)	张俊彦　赵荣国	40.00	68	房地产策划	王直民	42.00
20	材料力学	金康宁　谢群丹	27.00	69	中国传统建筑构造	李合群	35.00
21	结构力学简明教程	张系斌	20.00	70	房地产开发	石海均　王宏	34.00
22	流体力学(第2版)	章宝华	25.00	71	室内设计原理	冯柯	28.00
23	弹性力学	薛强	22.00	72	建筑结构优化及应用	朱杰江	30.00
24	工程力学(第2版)	罗迎社　喻小明	39.00	73	高层与大跨建筑结构施工	王绍君	45.00
25	土力学	肖仁成　俞晓	18.00	74	工程造价管理	周国恩	42.00
26	基础工程	王协群　章宝华	32.00	75	土建工程制图	张黎骅	29.00
27	有限单元法(第2版)	丁科　殷水平	30.00	76	土建工程制图习题集	张黎骅	26.00
28	土木工程施工	邓寿昌　李晓目	42.00	77	材料力学	章宝华	36.00
29	房屋建筑学(第2版)	聂洪达　郄恩田	48.00	78	土力学教程	孟祥波	30.00
30	混凝土结构设计原理	许成祥　何培玲	28.00	79	土力学	曹卫平	34.00
31	混凝土结构设计	彭刚　蔡江勇	28.00	80	土木工程项目管理	郑文新	41.00
32	钢结构设计原理	石建军　姜袁	32.00	81	工程力学	王明斌　庞永平	37.00
33	结构抗震设计	马成松　苏原	25.00	82	建筑工程造价	郑文新	39.00
34	高层建筑施工	张厚先　陈德方	32.00	83	土力学(中英双语)	郎煜华	38.00
35	高层建筑结构设计	张仲先　王海波	23.00	84	土木建筑CAD实用教程	王文达	30.00
36	工程事故分析与工程安全(第2版)	谢征勋　罗章	38.00	85	工程管理概论	郑文新　李献涛	26.00
37	砌体结构(第2版)	何培玲　尹维新	26.00	86	景观设计	陈玲玲	49.00
38	荷载与结构设计方法(第2版)	许成祥　何培玲	30.00	87	色彩景观基础教程	阮正仪	42.00
39	工程结构检测	周详　刘益虹	20.00	88	工程力学	杨云芳	42.00
40	土木工程课程设计指南	许明　孟苗超	25.00	89	工程设计软件应用	孙香红	39.00
41	桥梁工程(第2版)	周先雁　王解军	37.00	90	城市轨道交通工程建设风险与保险	吴宏建　刘宽亮	75.00
42	房屋建筑学(上:民用建筑)	钱坤　王若竹	32.00	91	混凝土结构设计原理	熊丹安	32.00
43	房屋建筑学(下:工业建筑)	钱坤　吴歌	26.00	92	城市详细规划原理与设计方法	姜云	36.00
44	工程管理专业英语	王竹芳	24.00	93	工程经济学	都沁军	42.00
45	建筑结构CAD教程	崔钦淑	36.00	94	结构力学	边亚东	42.00
46	建设工程招投标与合同管理实务	崔东红	38.00	95	房地产估价	沈良峰	45.00
47	工程地质(第2版)	倪宏革　周建波	30.00	96	土木工程结构试验	叶成杰	39.00
48	工程经济学	张厚钧	36.00	97	土木工程概论	邓友生	34.00
49	工程财务管理	张学英	38.00	98	工程项目管理	邓铁军　杨亚频	48.00

序号	书名	主编	定价	序号	书名	主编	定价
99	误差理论与测量平差基础	胡圣武 肖本林	37.00	118	土质学与土力学	刘红军	36.00
100	房地产估价理论与实务	李 龙	36.00	119	建筑工程施工组织与概预算	钟吉湘	52.00
101	混凝土结构设计	熊丹安	37.00	120	房地产测量	魏德宏	28.00
102	钢结构设计原理	胡习兵	30.00	121	土力学	贾彩虹	38.00
103	钢结构设计	胡习兵 张再华	42.00	122	交通工程基础	王富	24.00
104	土木工程材料	赵志曼	39.00	123	房屋建筑学	宿晓萍 隋艳娥	43.00
105	工程项目投资控制	曲 娜 陈顺良	32.00	124	建筑工程计量与计价	张叶田	50.00
106	建设项目评估	黄明知 尚华艳	38.00	125	工程力学	杨民献	50.00
107	结构力学实用教程	常伏德	47.00	126	建筑工程管理专业英语	杨云会	36.00
108	道路勘测设计	刘文生	43.00	127	土木工程地质	陈文昭	32.00
109	大跨桥梁	王解军 周先雁	30.00	128	暖通空调节能运行	余晓平	30.00
110	工程爆破	段宝福	42.00	129	土工试验原理与操作	高向阳	25.00
111	地基处理	刘起霞	45.00	130	理论力学	欧阳辉	48.00
112	水分析化学	宋吉娜	42.00	131	土木工程材料习题与学习指导	鄢朝勇	35.00
113	基础工程	曹 云	43.00	132	建筑构造原理与设计(上册)	陈玲玲	34.00
114	建筑结构抗震分析与设计	裴星洙	35.00	133	城市生态与城市环境保护	梁彦兰 阎 利	36.00
115	建筑工程安全管理与技术	高向阳	40.00	134	房地产法规	潘安平	45.00
116	土木工程施工与管理	李华锋 徐 芸	65.00	135	水泵与水泵站	张 伟 周书葵	35.00
117	土木工程试验	王吉民	34.00				

相关教学资源如电子课件、电子教材、习题答案等可以登录 www.pup6.com 下载或在线阅读。

扑六知识网(www.pup6.com)有海量的相关教学资源和电子教材供阅读及下载(包括北京大学出版社第六事业部的相关资源)，同时欢迎您将教学课件、视频、教案、素材、习题、试卷、辅导材料、课改成果、设计作品、论文等教学资源上传到 pup6.com，与全国高校师生分享您的教学成就与经验，并可自由设定价格，知识也能创造财富。具体情况请登录网站查询。

如您需要免费纸质样书用于教学，欢迎登陆第六事业部门户网(www.pup6.com)填表申请，并欢迎在线登记选题以到北京大学出版社来出版您的大作，也可下载相关表格填写后发到我们的邮箱，我们将及时与您取得联系并做好全方位的服务。

扑六知识网将打造成全国最大的教育资源共享平台，欢迎您的加入——让知识有价值，让教学无界限，让学习更轻松。

联系方式：010-62750667，donglu2004@163.com，linzhangbo@126.com，欢迎来电来信咨询。

附录 A 第 1 章施工图

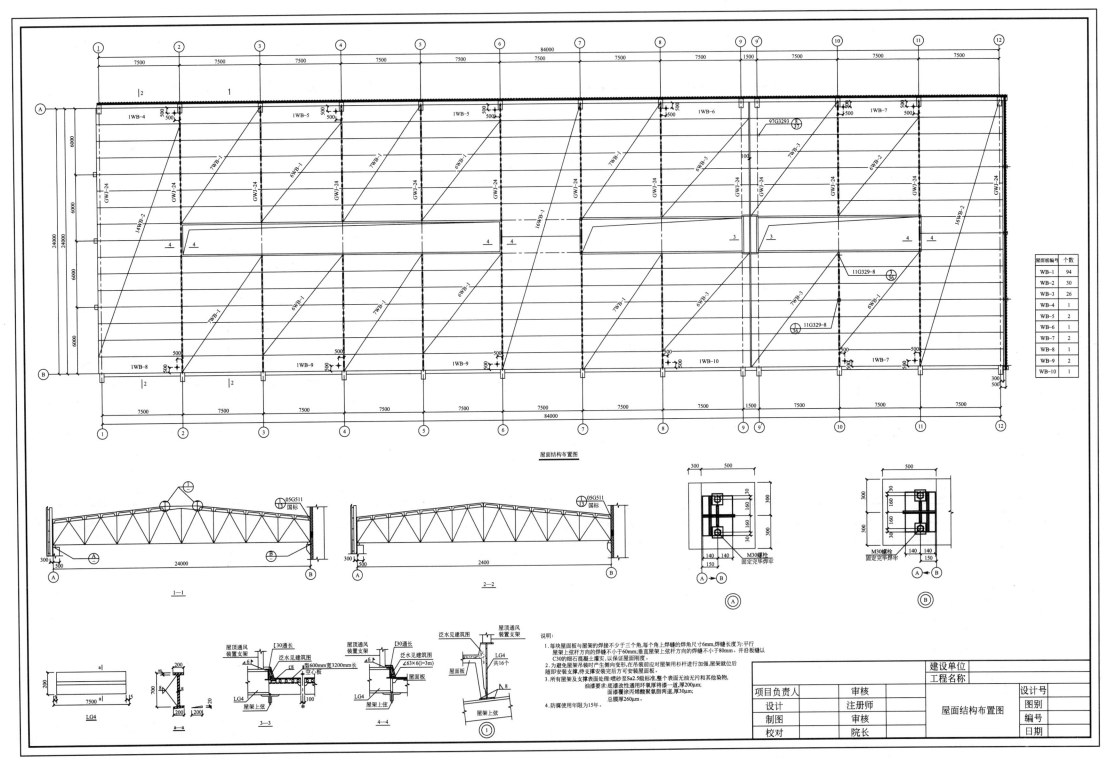

屋面结构布置图

屋面板编号	个数
WB-1	94
WB-2	30
WB-3	26
WB-4	1
WB-5	2
WB-6	1
WB-7	2
WB-8	1
WB-9	2
WB-10	1

说明:
1. 每块屋面板与屋架的焊接不少于三个角,每个角上焊缝的焊角尺寸6mm,焊缝长度为:平行屋架上弦杆方向的焊缝不小于60mm,垂直屋架上弦杆方向的焊缝不小于80mm,并沿板缝以C30的细石混凝土灌实,以保证屋面刚度。
2. 为避免屋架吊装时产生侧向变形,在吊装前应对屋架用杉杆进行加强,屋架就位后随即安装支撑,待支撑安装完后方可安装屋面板。
3. 所有屋架及支撑表面处理:喷砂至Sa2.5级标准,整个表面无油无污和其他染物,油漆要求:底漆涂刷性通用环氧稀将渗一道,厚200μm;面漆覆涂丙烯酸聚脂脂氯磁两道,厚30μm;总膜厚260μm。
4. 防腐使用年限为15年。

建设单位			
工程名称			
项目负责人	审核	屋面结构布置图	设计号
设计	注册师		图别
制图	审核		编号
校对	院长		日期

附图 A.1 施工图(一)

1

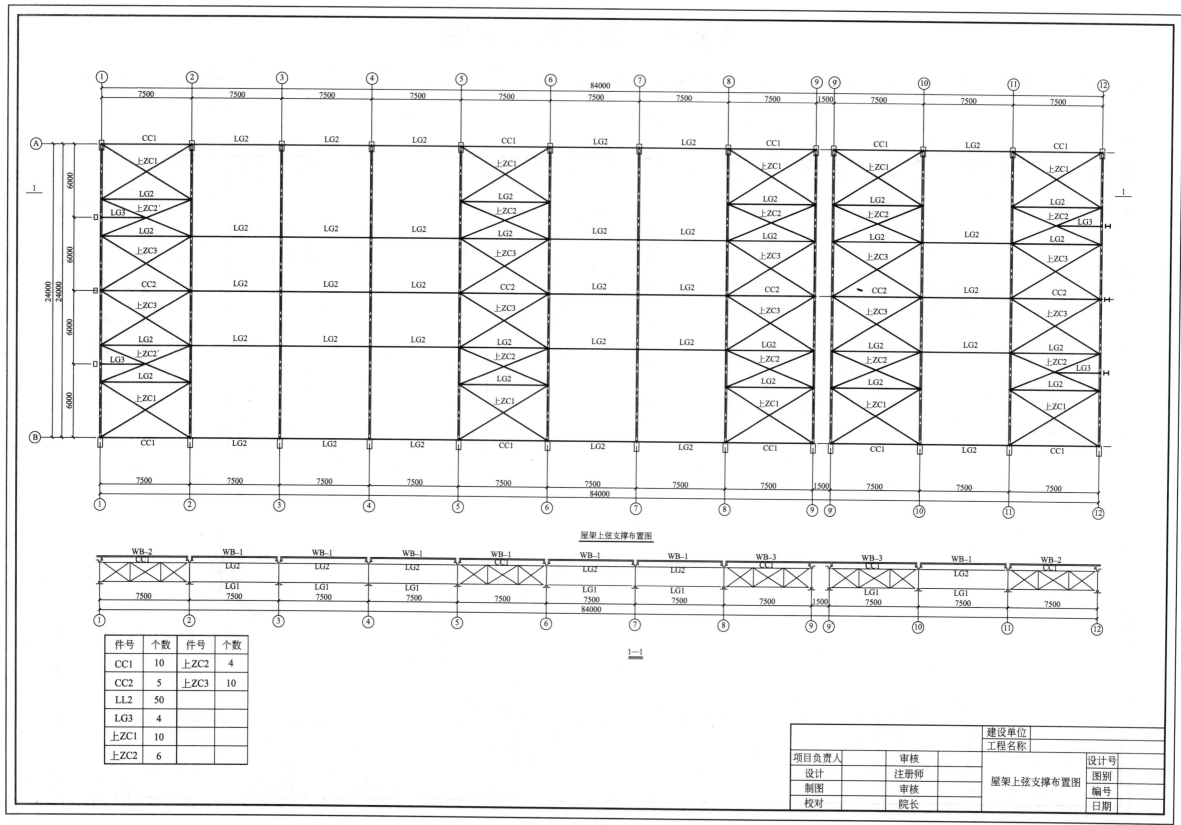

屋架上弦支撑布置图

1—1

件号	个数	件号	个数
CC1	10	上ZC2	4
CC2	5	上ZC3	10
LL2	50		
LG3	4		
上ZC1	10		
上ZC2	6		

附图 A.2 施工图(二)

2

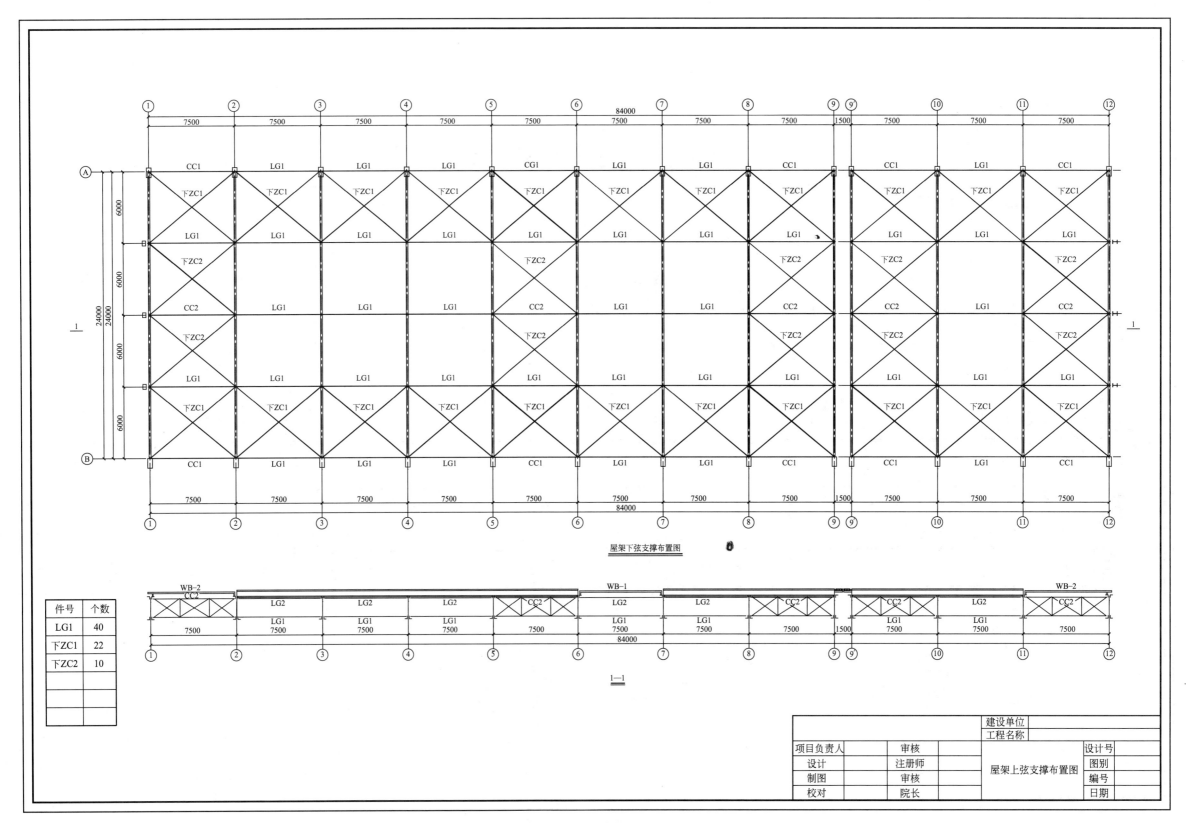

屋架下弦支撑布置图

1—1

件号	个数
LG1	40
下ZC1	22
下ZC2	10

建设单位			
工程名称			
项目负责人	审核		设计号
设计	注册师	屋架上弦支撑布置图	图别
制图	审核		编号
校对	院长		日期

附图 A.3 施工图(三)

3

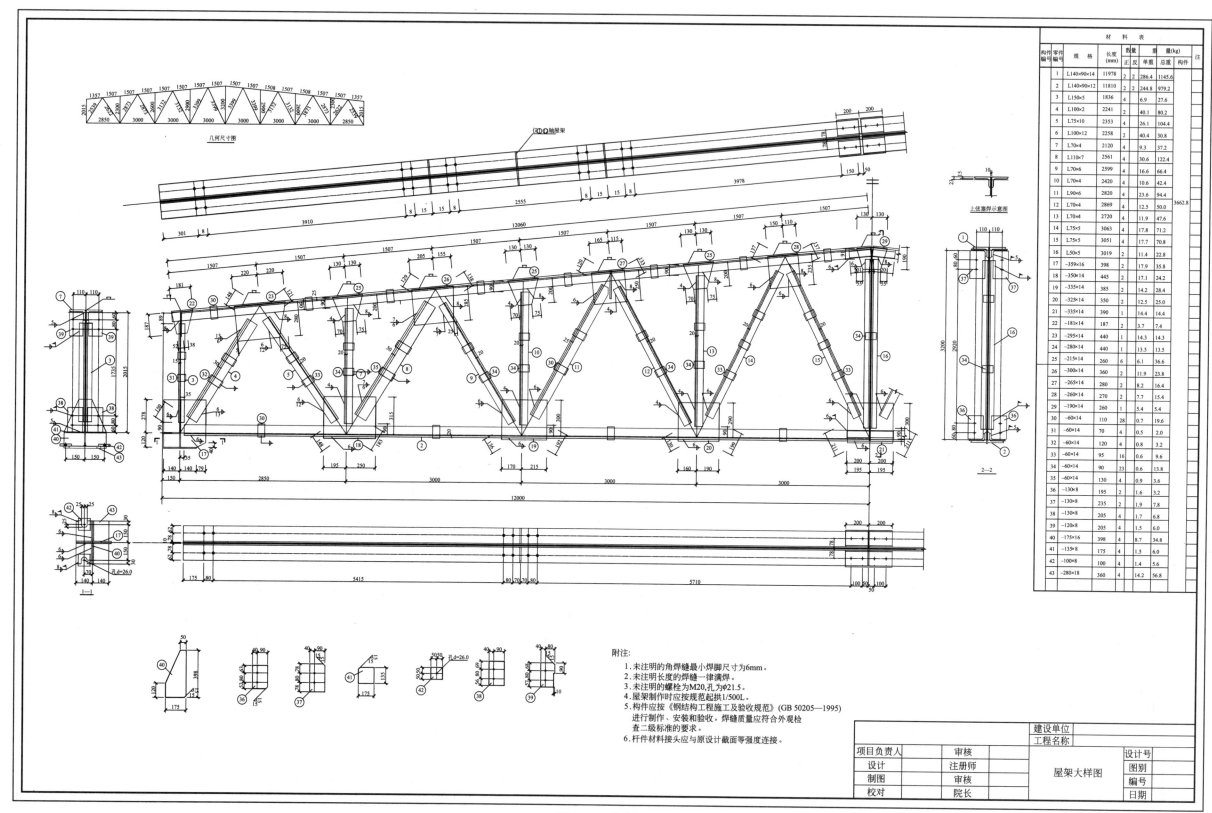

材 料 表

构件编号	零件编号	规格	长度(mm)	数量正	数量反	单重	总重	重量(kg)构件	注
	1	L140×90×14	11978	2	2	286.4	1145.6		
	2	L140×90×12	11810	2	2	244.8	979.2		
	3	L150×5	1836	4		6.9	27.6		
	4	L100×2	2241			40.1	80.2		
	5	L75×10	2353	4		26.1	104.4		
	6	L100×12	2258			40.4	30.8		
	7	L70×4	2120	4		9.3	37.2		
	8	L110×7	2561	4		30.6	122.4		
	9	L70×6	2599	4		16.6	66.4		
	10	L70×4	2420	4		10.6	42.4		
	11	L90×6	2820	4		23.6	94.4		
	12	L70×4	2869	4		12.5	50.0		3662.8
	13	L70×4	2720	4		11.9	47.6		
	14	L75×5	3063	4		17.8	71.2		
	15	L75×5	3051	4		17.7	70.8		
	16	L50×5	3019			11.4	22.8		
	17	−359×16	398	2		17.9	35.8		
	18	−350×14	445			17.1	24.2		
	19	−335×14	385	2		14.2	28.4		
	20	−32×14	350			12.5	25.0		
	21	−335×14	390	1		14.4	14.4		
	22	−181×14	187			3.7	7.4		
	23	−295×14	440	1		14.3	14.3		
	24	−280×14	440			13.5	13.5		
	25	−215×14	260	6		14.4	36.6		
	26	−300×14	360			11.9	23.8		
	27	−265×14	280			8.2	16.4		
	28	−260×14	270			7.7	15.4		
	29	−190×14	260			5.4	5.4		
	30	−60×14	110	28		0.7	19.6		
	31	−60×14	70	4		0.5	2.0		
	32	−60×14	120	4		0.8	3.2		
	33	−60×14	95	16		0.6	9.6		
	34	−60×14	90	23		0.6	13.8		
	35	−60×14	130	4		0.9	3.6		
	36	−130×8	195	2		1.6	3.2		
	37	−130×8	235	4		1.9	7.8		
	38	−130×8	205	4		1.7	6.8		
	39	−120×8	205	4		1.5	6.0		
	40	−175×16	398	4		8.7	34.8		
	41	−135×8	175	4		1.5	6.0		
	42	−100×8	100	4		1.4	5.6		
	43	−280×18	360	4		14.2	56.8		

几何尺寸图

上弦塞焊示意图

2—2

1—1

附注：
1. 未注明的角焊缝最小焊脚尺寸为6mm。
2. 未注明长度的焊缝一律满焊。
3. 未注明的螺栓为M20，孔为φ21.5。
4. 屋架制作时应按规范起拱1/500L。
5. 构件应按《钢结构工程施工及验收规范》(GB 50205—1995)
进行制作、安装和验收。焊缝质量应符合外观检
查二级标准的要求。
6. 杆件材料接头应与原设计截面等强度连接。

建设单位			
工程名称			
项目负责人		审核	
设计		注册师	
制图		审核	
校对		院长	

屋架大样图

设计号	
图别	
编号	
日期	

附图 A.4 施工图(四)

4

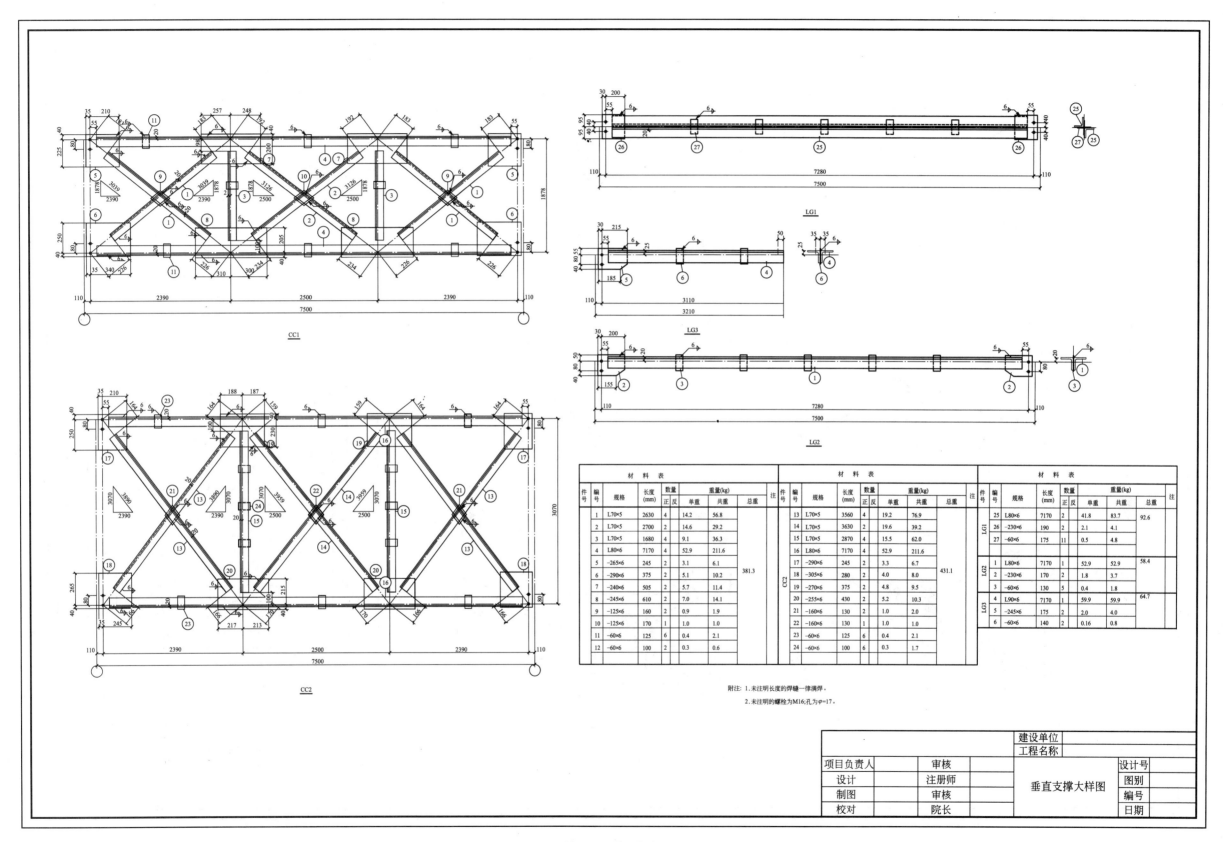

材料表

件号	编号	规格	长度(mm)	数量 正反	重量(kg) 单重	重量(kg) 共重	总重	注
	1	L70×5	2630	4	14.2	56.8		
	2	L70×5	2700	2	14.6	29.2		
	3	L70×5	1680	4	9.1	36.3		
	4	L80×6	7170	4	52.9	211.6		
	5	−265×6	245	2	3.1	6.1	381.3	
	6	−290×6	375	2	5.1	10.2		
	7	−240×6	505	2	5.7	11.4		
	8	−245×6	610	2	7.0	14.1		
	9	−125×6	160	2	0.9	1.9		
	10	−125×6	170	1	1.0	1.0		
	11	−60×6	125	6	0.4	2.1		
	12	−60×6	100	2	0.3	0.6		

材料表

件号	编号	规格	长度(mm)	数量 正反	重量(kg) 单重	重量(kg) 共重	总重	注
CC2	13	L70×5	3560	4	19.2	76.9		
	14	L70×5	3630	2	19.6	39.2		
	15	L70×5	2870	4	15.5	62.0		
	16	L80×6	7170	4	52.9	211.6		
	17	−290×6	245	2	3.3	6.7	431.1	
	18	−305×6	280	2	4.0	8.0		
	19	−240×6	375	2	4.8	9.5		
	20	−255×6	430	2	5.2	10.3		
	21	−160×6	130	2	1.0	2.0		
	22	−160×6	130	1	1.0	1.0		
	23	−60×6	125	6	0.4	2.1		
	24	−60×6	100	6	0.3	1.7		

材料表

件号	编号	规格	长度(mm)	数量 正反	重量(kg) 单重	重量(kg) 共重	总重	注
LG1	25	L80×6	7170	4	41.8	83.7	92.6	
	26	−230×6	190	2	2.1	4.1		
	27	−60×6	175	11	0.5	4.8		
LG2	1	L80×6	7170	1	52.9	52.9	58.4	
	2	−230×6	170	2	1.8	3.7		
	3	−60×6	505	3	0.4	1.8		
LG3	4	L90×6	7170	1	59.9	59.9	64.7	
	5	−245×6	175	2	2.0	4.0		
	6	−60×6	140	5	0.16	0.8		

附注: 1. 未注明长度的焊缝一律满焊。

2. 未注明的螺栓为M16;孔为φ=17。

		建设单位	
		工程名称	
项目负责人	审核		设计号
设计	注册师	垂直支撑大样图	图别
制图	审核		编号
校对	院长		日期

附图 A.5　施工图(五)

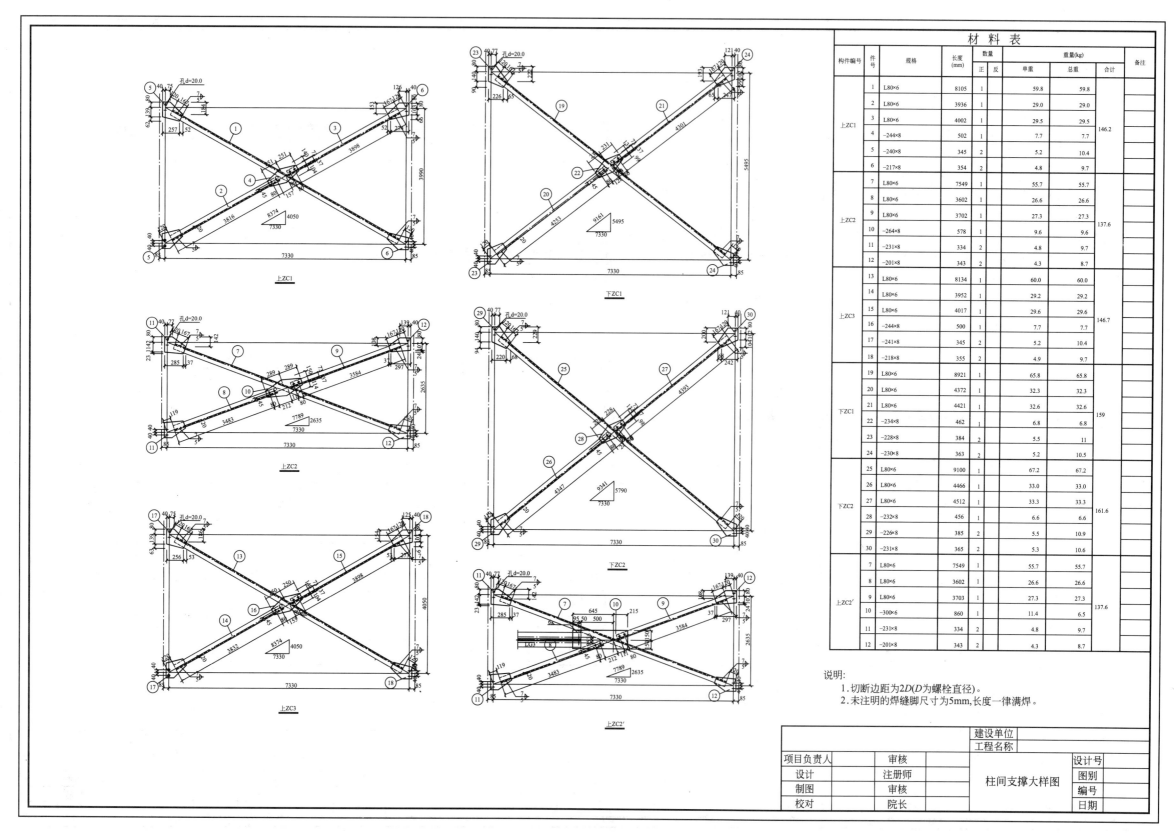

材 料 表

构件编号	件号	规格	长度 (mm)	数量 正	数量 反	重量(kg) 单重	重量(kg) 总重	重量(kg) 合计	备注
上ZC1	1	L80×6	8105	1		59.8	59.8		
	2	L80×6	3936	1		29.0	29.0		
	3	L80×6	4002	1		29.5	29.5	146.2	
	4	−244×8	502	1		7.7	7.7		
	5	−240×8	345	2		5.2	10.4		
	6	−217×8	354	2		4.8	9.7		
上ZC2	7	L80×6	7549	1		55.7	55.7		
	8	L80×6	3602	1		26.6	26.6		
	9	L80×6	3702	1		27.3	27.3	137.6	
	10	−264×8	578	1		9.6	9.6		
	11	−231×8	334	2		4.8	9.7		
	12	−201×8	343	2		4.3	8.7		
上ZC3	13	L80×6	8134	1		60.0	60.0		
	14	L80×6	3952	1		29.2	29.2		
	15	L80×6	4017	1		29.6	29.6	146.7	
	16	−244×8	500	1		7.7	7.7		
	17	−241×8	345	2		5.2	10.4		
	18	−218×8	355	2		4.9	9.7		
下ZC1	19	L80×6	8921	1		65.8	65.8		
	20	L80×6	4372	1		32.3	32.3		
	21	L80×6	4421	1		32.6	32.6	159	
	22	−234×8	462	1		6.8	6.8		
	23	−228×8	384	2		5.5	11		
	24	−230×8	363	2		5.2	10.5		
下ZC2	25	L80×6	9100	1		67.2	67.2		
	26	L80×6	4466	1		33.0	33.0		
	27	L80×6	4512	1		33.3	33.3	161.6	
	28	−232×8	456	1		6.6	6.6		
	29	−226×8	385	2		5.5	10.9		
	30	−231×8	365	2		5.3	10.6		
上ZC2′	7	L80×6	7549	1		55.7	55.7		
	8	L80×6	3602	1		26.6	26.6		
	9	L80×6	3703	1		27.3	27.3	137.6	
	10	−300×6	860	1		11.4	6.5		
	11	−231×8	334	2		4.8	9.7		
	12	−201×8	343	2		4.3	8.7		

上ZC1
下ZC1
上ZC2
下ZC2
上ZC3
上ZC2′

说明:
1. 切断边距为2D(D为螺栓直径)。
2. 未注明的焊缝脚尺寸为5mm,长度一律满焊。

		建设单位		
		工程名称		
项目负责人	审核			设计号
设计	注册师	柱间支撑大样图		图别
制图	审核			编号
校对	院长			日期

附图 A.6　施工图(六)

附录 B 第 2 章施工图

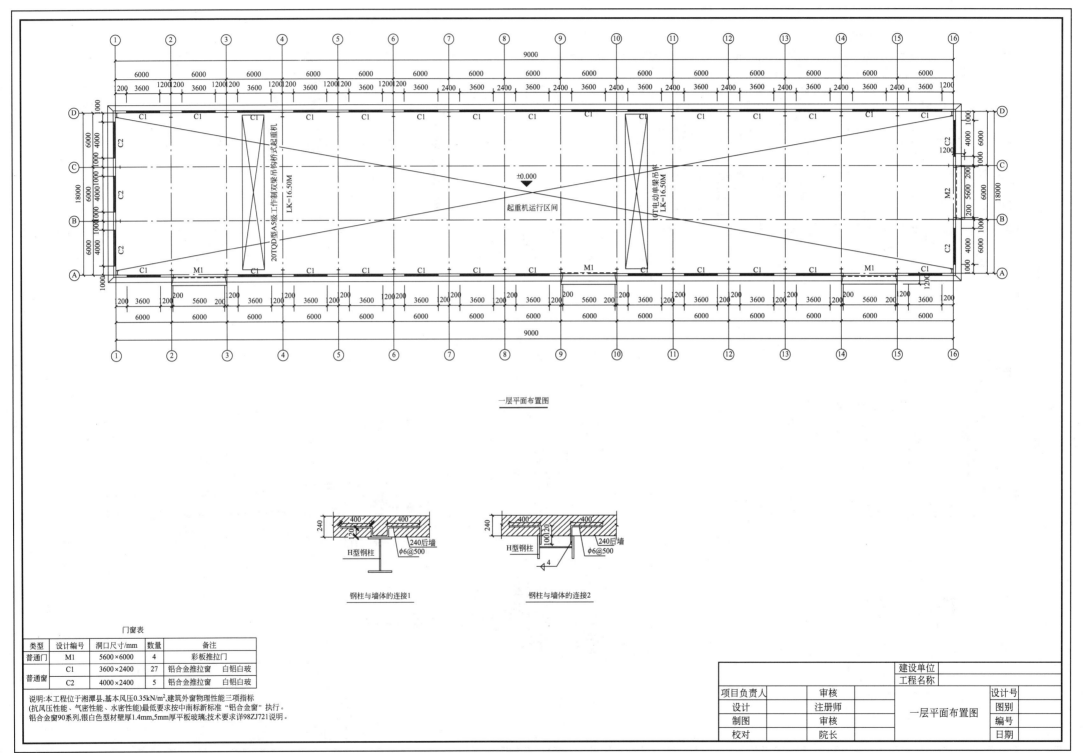

一层平面布置图

钢柱与墙体的连接1

钢柱与墙体的连接2

门窗表

类型	设计编号	洞口尺寸/mm	数量	备注
普通门	M1	5600×6000	4	彩板推拉门
普通窗	C1	3600×2400	27	铝合金推拉窗 白铝白玻
	C2	4000×2400	5	铝合金推拉窗 白铝白玻

说明:本工程位于湘潭县,基本风压0.35kN/m²,建筑外窗物理性能三项指标
(抗风压性能、气密性能、水密性能)最低要求按中南标新标准"铝合金窗"执行。
铝合金窗90系列,银白色型材壁厚1.4mm,5mm厚平板玻璃;技术要求详98ZJ721说明。

	建设单位		
	工程名称		
项目负责人	审核		设计号
设计	注册师	一层平面布置图	图别
制图	审核		编号
校对	院长		日期

附图 B.1 施工图(一)

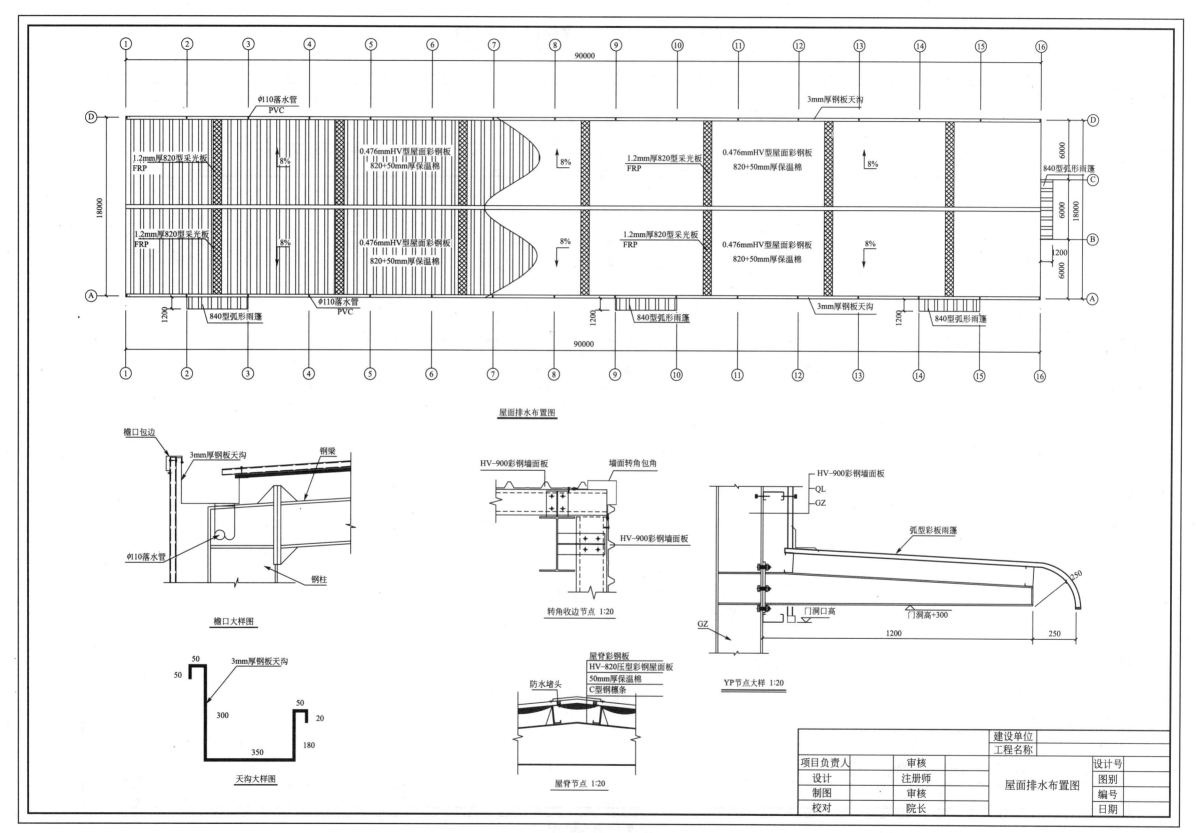

屋面排水布置图

檐口大样图

天沟大样图

转角收边节点 1:20

屋脊节点 1:20

YP节点大样 1:20

建设单位					
工程名称					
项目负责人		审核		设计号	
设计		注册师	屋面排水布置图	图别	
制图		审核		编号	
校对		院长		日期	

附图 B.2 施工图(二)

8

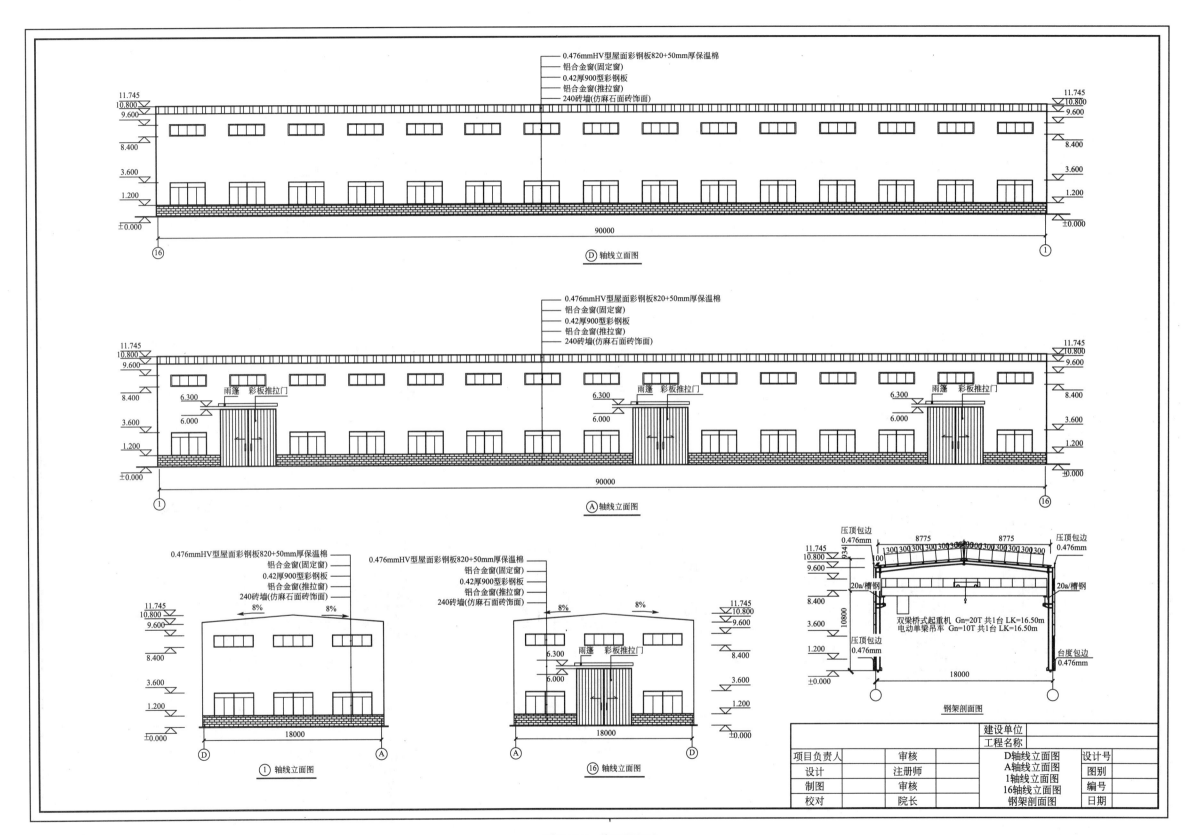

附图 B.3　施工图(三)

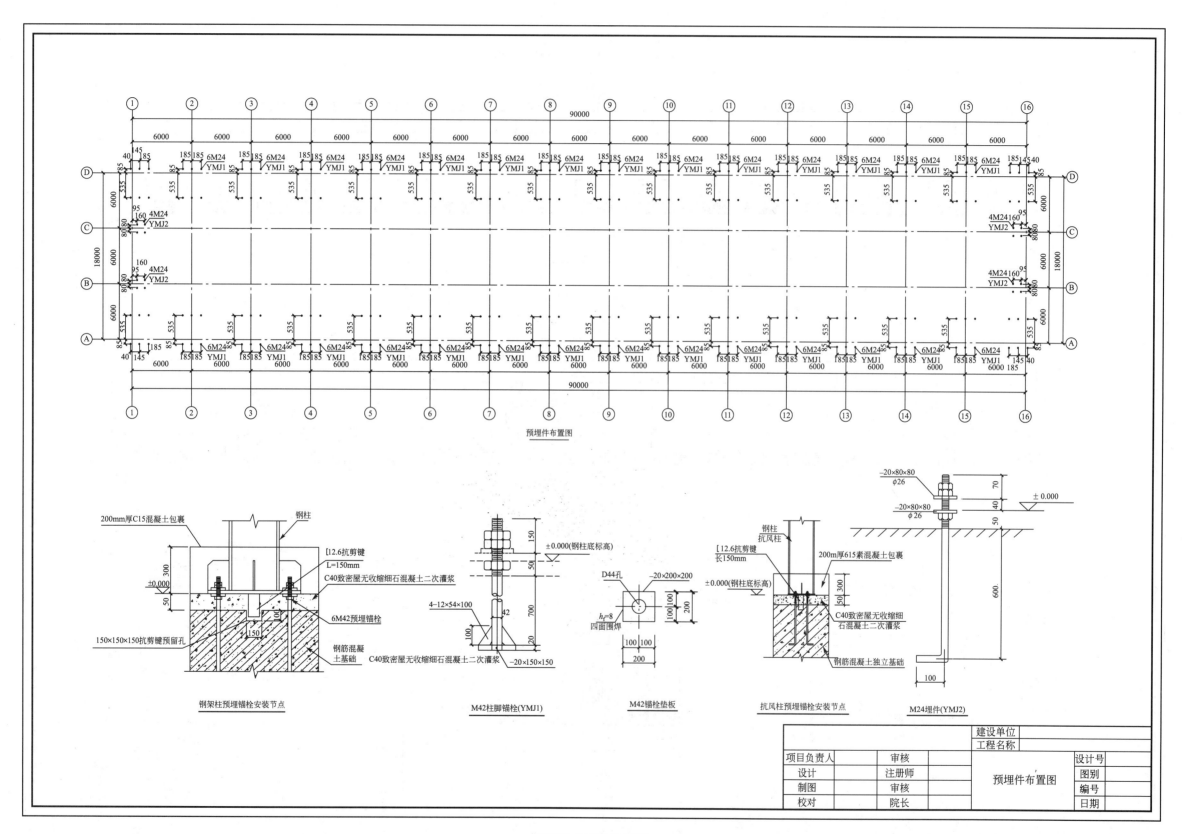

预埋件布置图

钢架柱预埋锚栓安装节点

M42柱脚锚栓(YMJ1)

M42锚栓垫板

抗风柱预埋锚栓安装节点

M24埋件(YMJ2)

建设单位				
工程名称				
项目负责人		审核		设计号
设计		注册师	预埋件布置图	图别
制图		审核		编号
校对		院长		日期

附图 B.4 施工图(四)

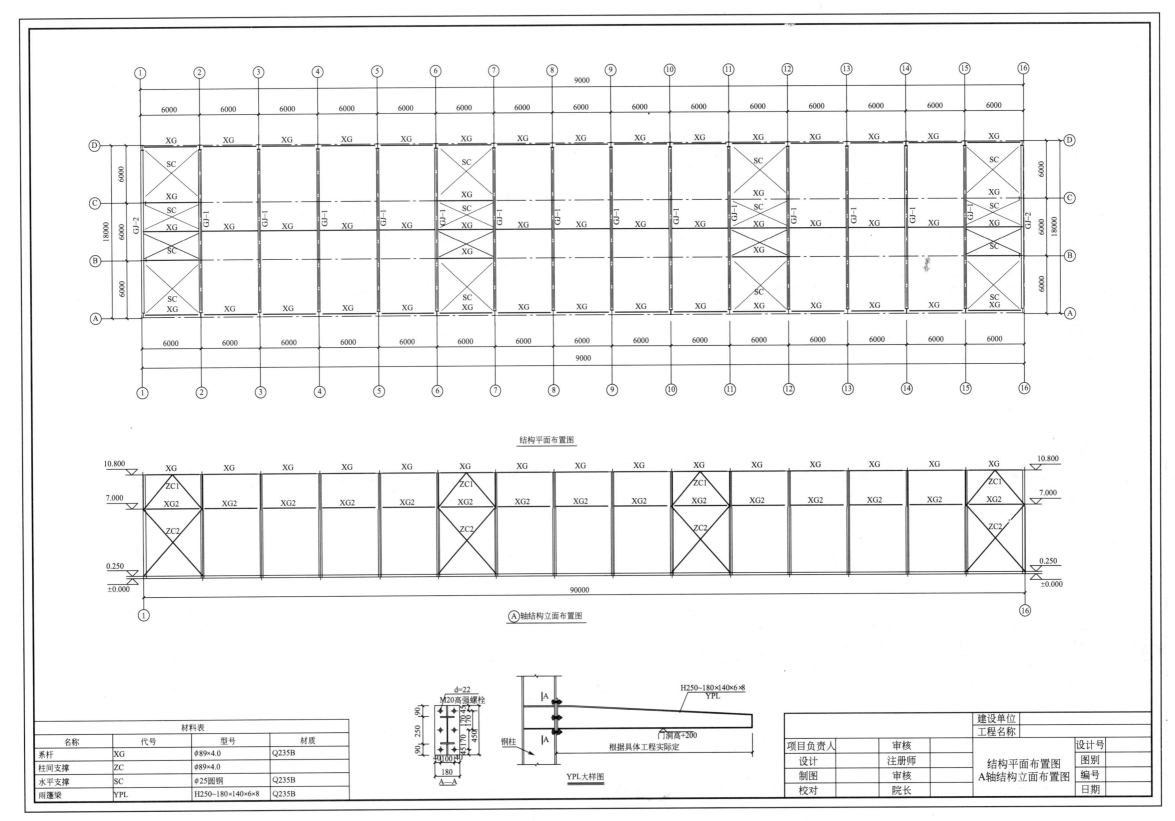

结构平面布置图

A轴结构立面布置图

材料表			
名称	代号	型号	材质
系杆	XG	φ89×4.0	Q235B
柱间支撑	ZC	φ89×4.0	
水平支撑	SC	φ25圆钢	Q235B
雨蓬梁	YPL	H250~180×140×6×8	Q235B

YPL大样图

H250~180×140×6×8
YPL

钢柱

门洞高+200
根据具体工程实际定

d=22
M20高强螺栓

A—A

建设单位			
工程名称			
项目负责人		审核	设计号
设计		注册师	结构平面布置图 图别
制图		审核	A轴结构立面布置图 编号
校对		院长	日期

附图 B.5 施工图(五)

11

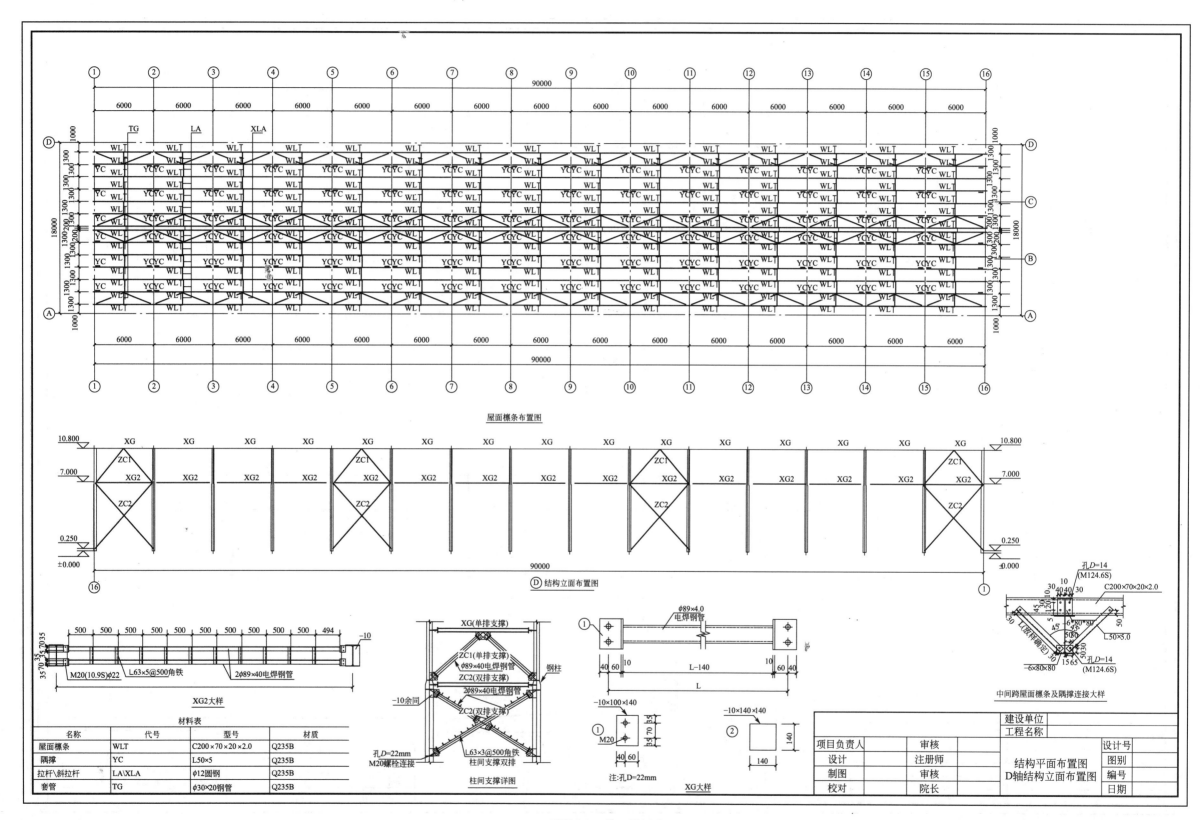

屋面檩条布置图

D 结构立面布置图

XG2大样

柱间支撑详图

XG大样

注:孔D=22mm

中间跨屋面檩条及隔撑连接大样

材料表

名称	代号	型号	材质
屋面檩条	WLT	C200×70×20×2.0	Q235B
隔撑	YC	L50×5	Q235B
拉杆\斜拉杆	LA\XLA	φ12圆钢	Q235B
套管	TG	φ30×20钢管	Q235B

建设单位				
工程名称				
项目负责人		审核		设计号
设计		注册师		图别
制图		审核	结构平面布置图	编号
校对		院长	D轴结构立面布置图	日期

附图 B.6 施工图(六)

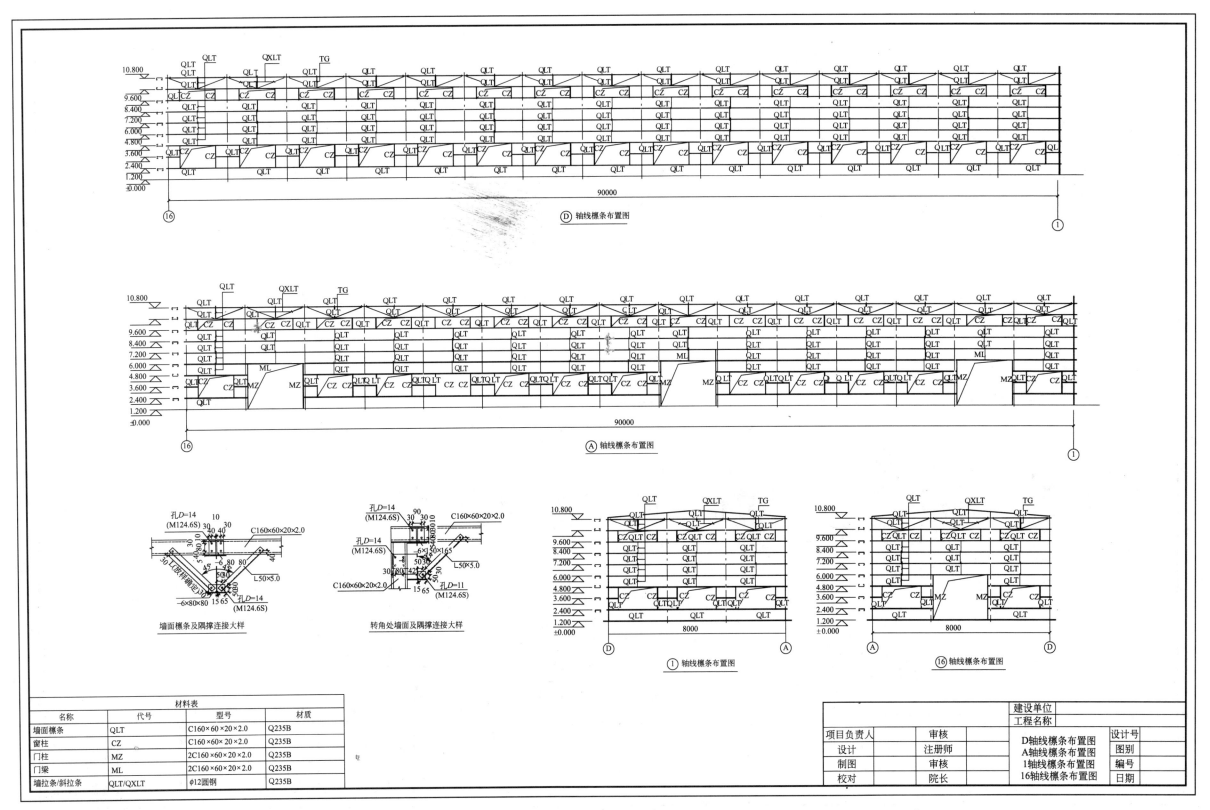

D轴线檩条布置图

A轴线檩条布置图

墙面檩条及隔撑连接大样

转角处墙面及隔撑连接大样

1轴线檩条布置图

16轴线檩条布置图

材料表				
名称	代号	型号	材质	
墙面檩条	QLT	C160×60×20×2.0	Q235B	
窗柱	CZ	C160×60×20×2.0	Q235B	
门柱	MZ	2C160×60×20×2.0	Q235B	
门梁	ML	2C160×60×20×2.0	Q235B	
墙拉条/斜拉条	QLT/QXLT	φ12圆钢	Q235B	

建设单位		
工程名称		
项目负责人	审核	设计号
设计	注册师	图别
制图	审核	编号
校对	院长	日期

D轴线檩条布置图
A轴线檩条布置图
1轴线檩条布置图
16轴线檩条布置图

附图 B.7　施工图(七)

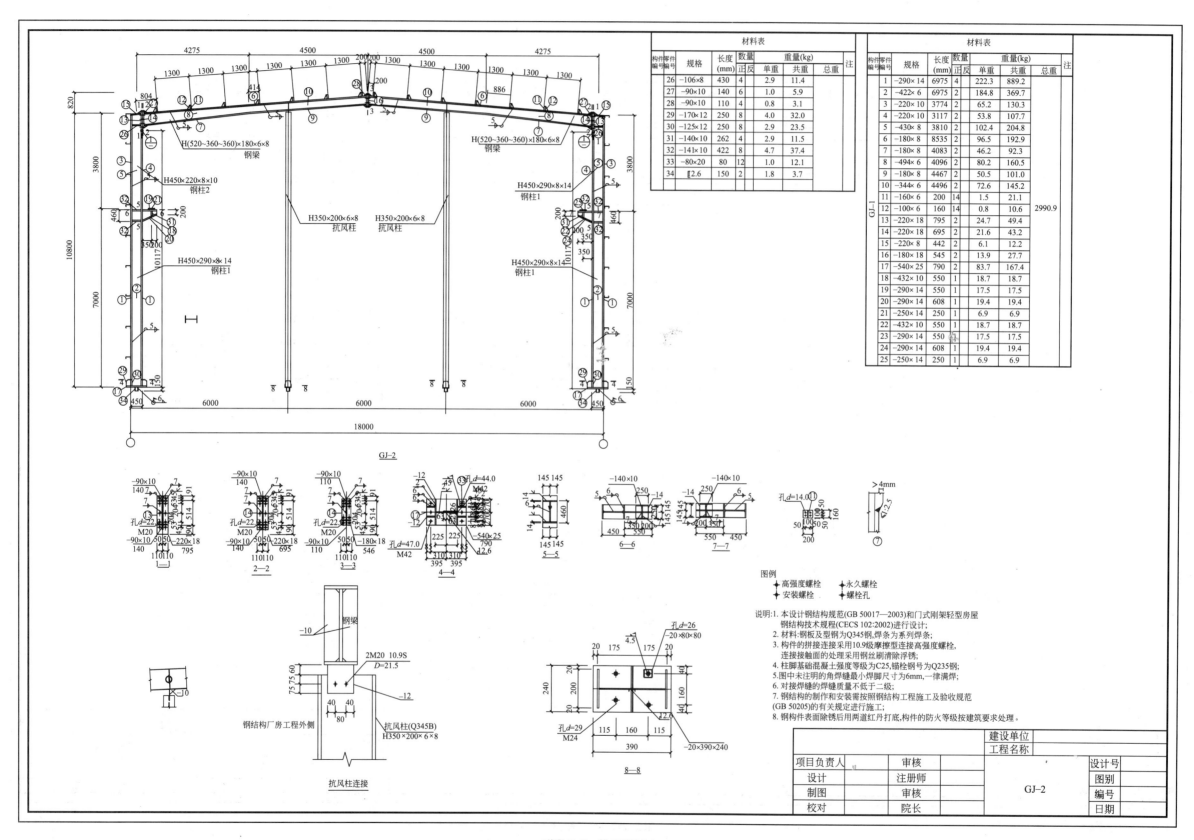

附图 B.8 施工图(八)

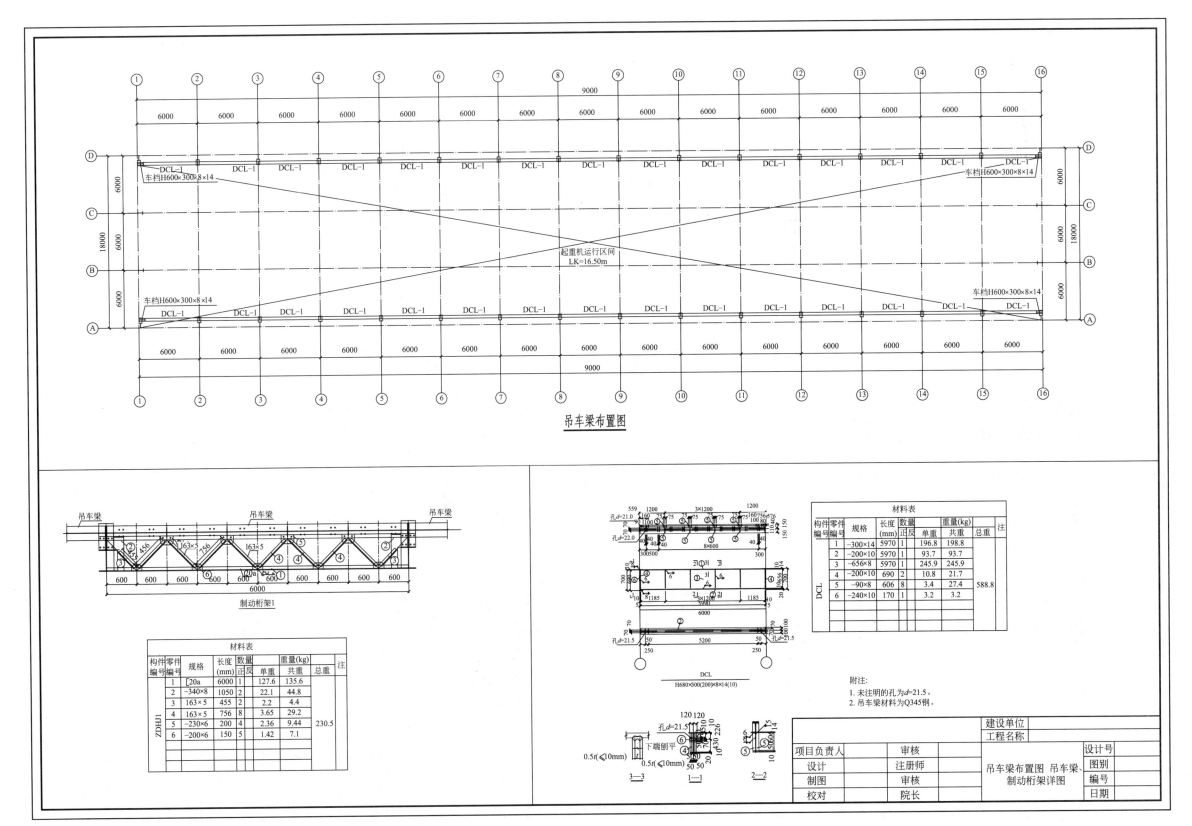

吊车梁布置图

制动桁架1

材料表

构件编号 零件编号	规格	长度(mm)	数量 正反	重量(kg) 单重	重量(kg) 共重	总重	注
ZDHJ1 1	[20a	6000	1	127.6	135.6		
2	−340×8	1050	2	22.1	44.8		
3	163×5	455	2	2.2	4.4		
4	163×5	756	8	3.65	29.2	230.5	
5	−230×6	200	4	2.36	9.44		
6	−200×6	150	5	1.42	7.1		

DCL
H680×300(200)×8×14(10)

材料表

构件编号 零件编号	规格	长度(mm)	数量 正反	重量(kg) 单重	重量(kg) 共重	总重	注
DCL 1	−300×14	5970	1	196.8	198.8		
2	−200×10	5970	1	93.7	93.7		
3	−656×8	5970	1	245.9	245.9	588.8	
4	−200×10	690	2	10.8	21.7		
5	−90×8	606	8	3.4	27.4		
6	−240×10	170	1	3.2	3.2		

3—3   1—1   2—2

附注:
1. 未注明的孔为d=21.5。
2. 吊车梁材料为Q345钢。

建设单位		
工程名称		
项目负责人		审核		设计号
设计		注册师		图别
制图		审核		编号
校对		院长		日期

吊车梁布置图 吊车梁、制动桁架详图

附图 B.9 施工图(九)

15

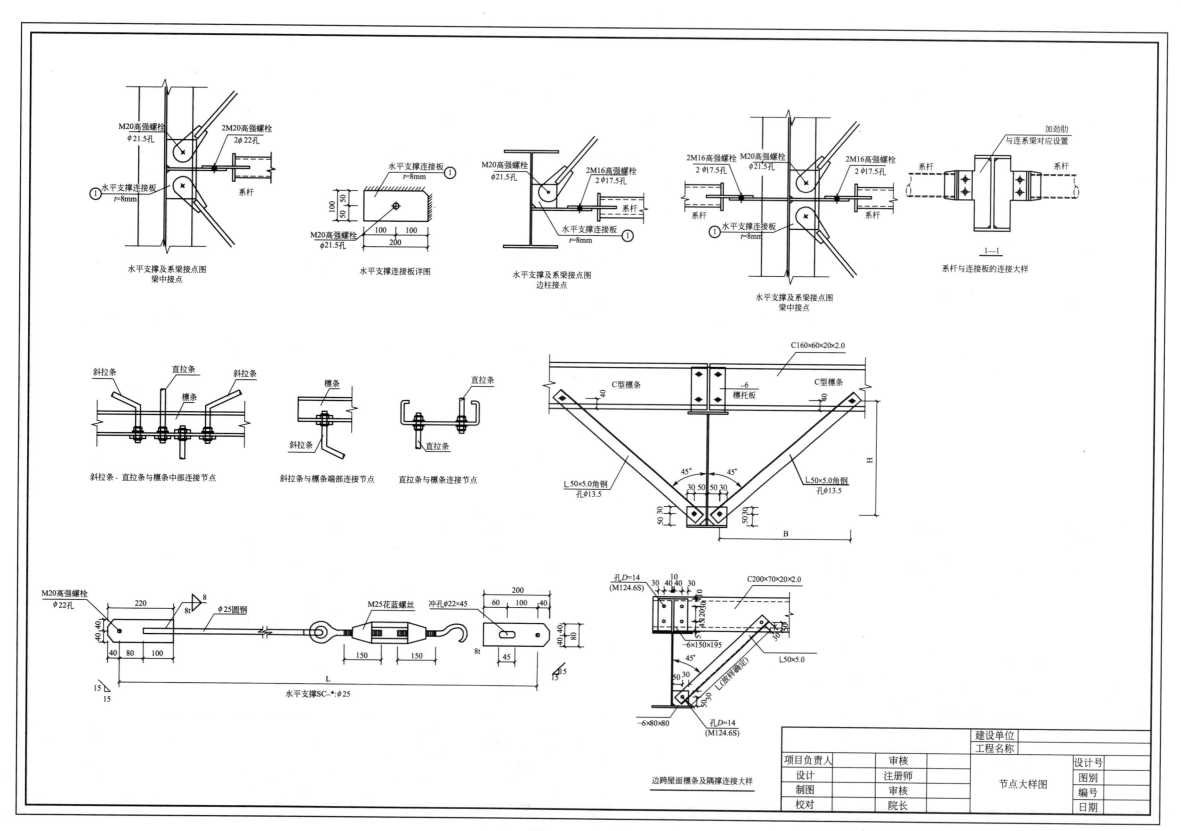

水平支撑及系梁接点图
梁中接点

水平支撑连接板详图

水平支撑及系梁接点图
边柱接点

水平支撑及系梁接点图
梁中接点

系杆与连接板的连接大样

斜拉条、直拉条与檩条中部连接节点

斜拉条与檩条端部连接节点

直拉条与檩条连接节点

水平支撑SC-*:φ25

边跨屋面檩条及隅撑连接大样

		建设单位		
项目负责人		工程名称		设计号
	审核			
设计		注册师	节点大样图	图别
制图		审核		编号
校对		院长		日期

附图 B.10 施工图(十)

附录 C   第 3 章施工图

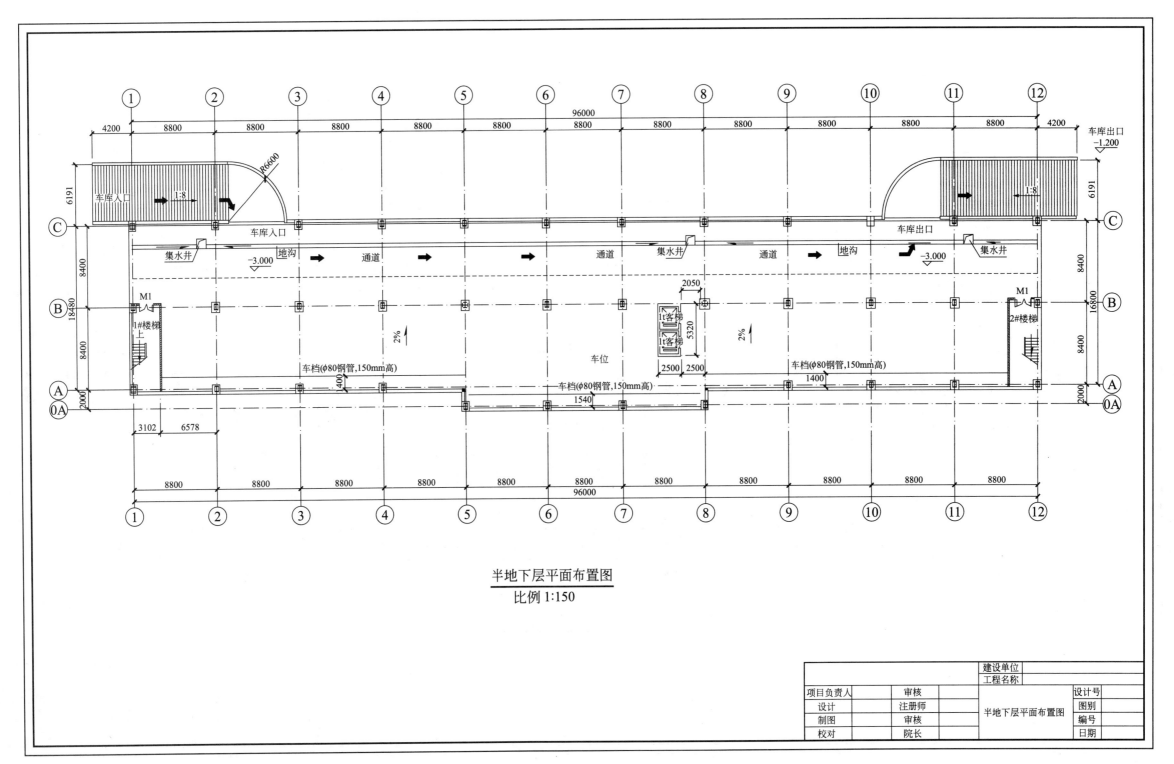

半地下层平面布置图

比例 1:150

项目负责人		审核		建设单位	
设计		注册师		工程名称	
制图		审核		半地下层平面布置图	
校对		院长			

附图 C.1   施工图(一)

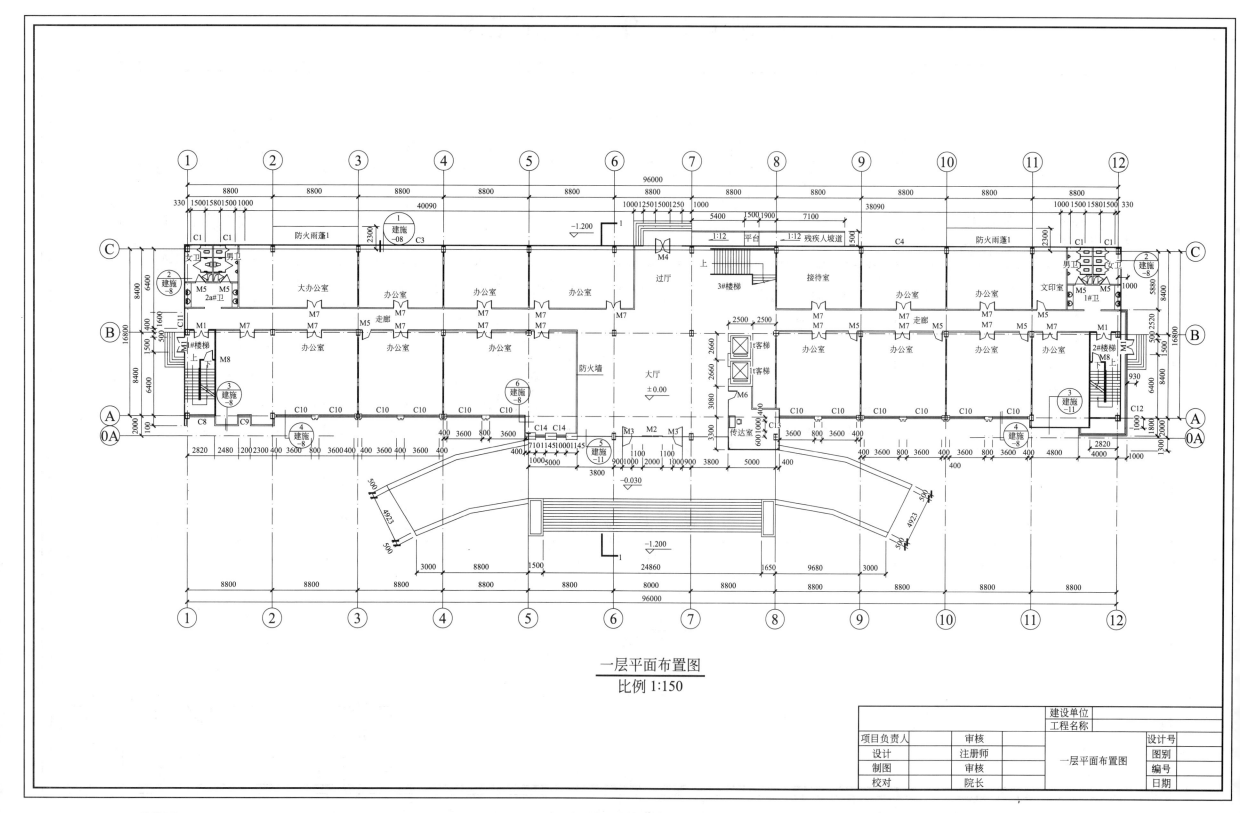

一层平面布置图
比例 1:150

建设单位				
工程名称				
项目负责人	审核		设计号	
设计	注册师	一层平面布置图	图别	
制图	审核		编号	
校对	院长		日期	

附图 C.2　施工图(二)

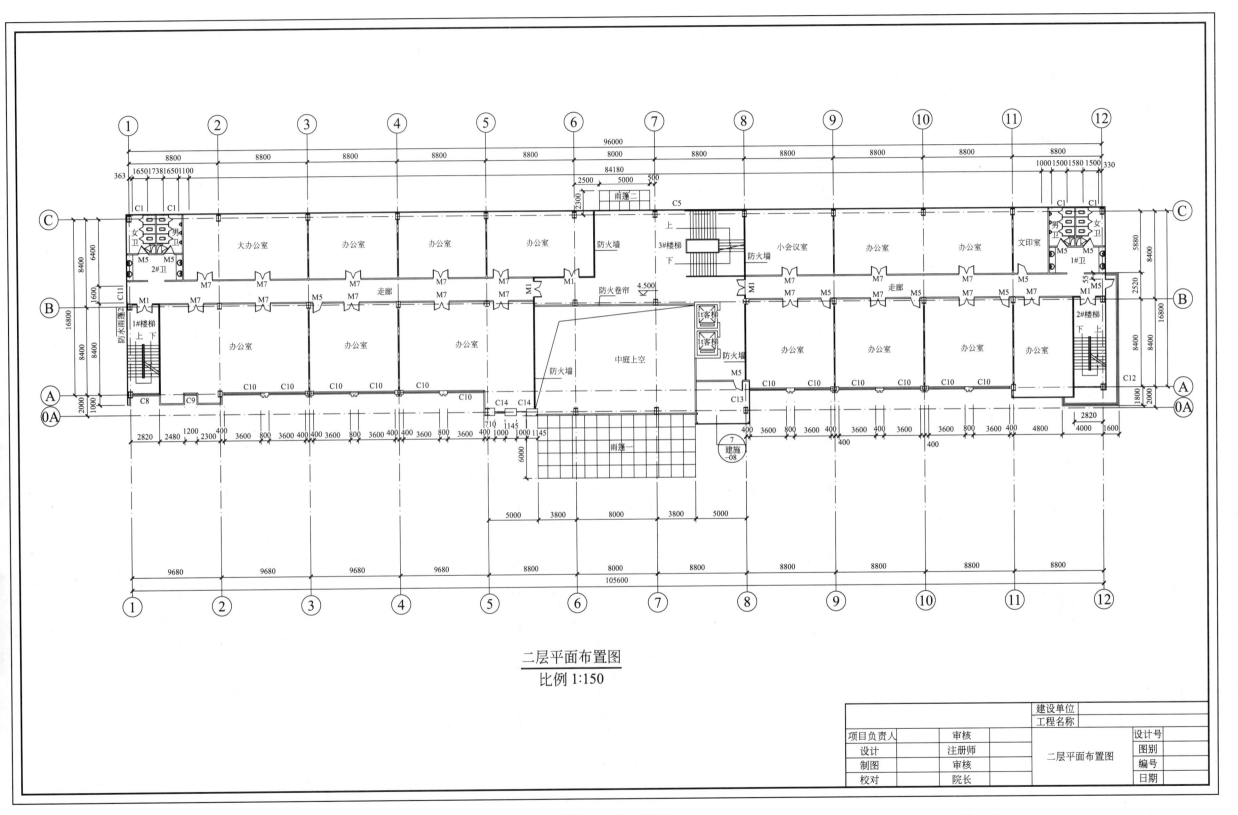

二层平面布置图
比例 1:150

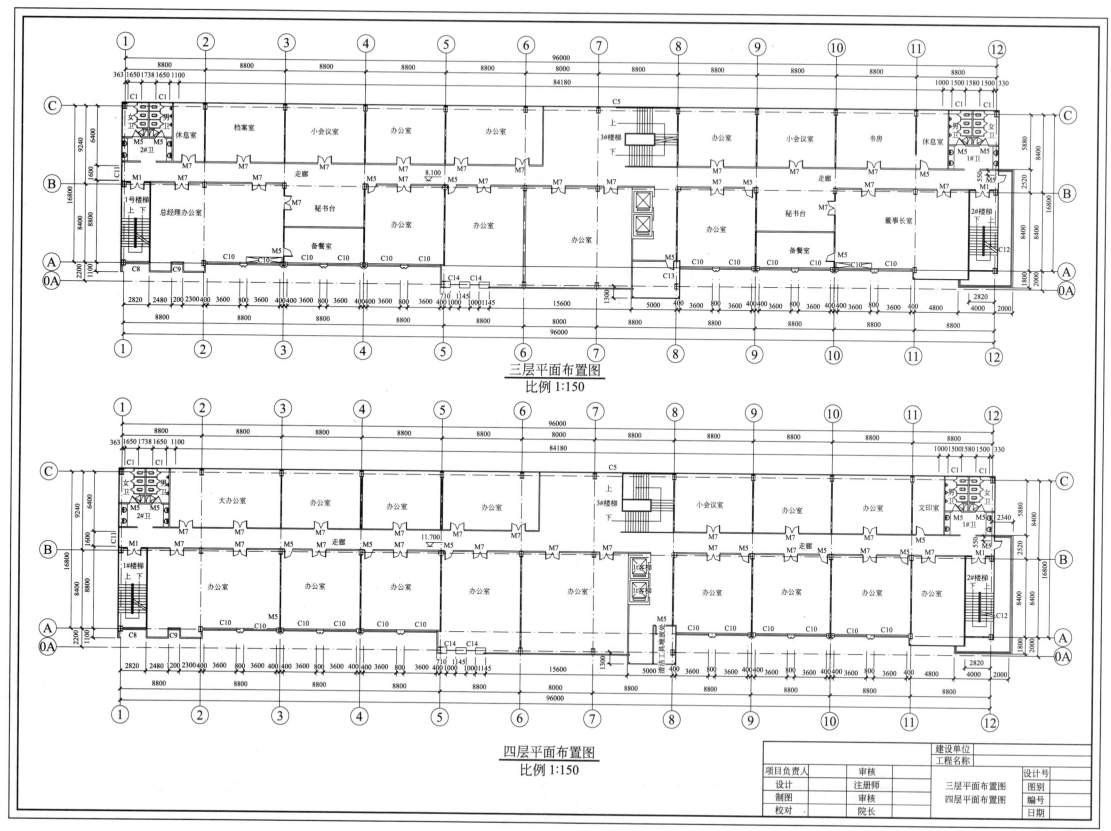

三层平面布置图
比例1:150

四层平面布置图
比例1:150

建设单位		
工程名称		
项目负责人	审核	设计号
设计	注册师	三层平面布置图	图别
制图	审核	四层平面布置图	编号
校对	院长		日期

附图C.4 施工图(四)

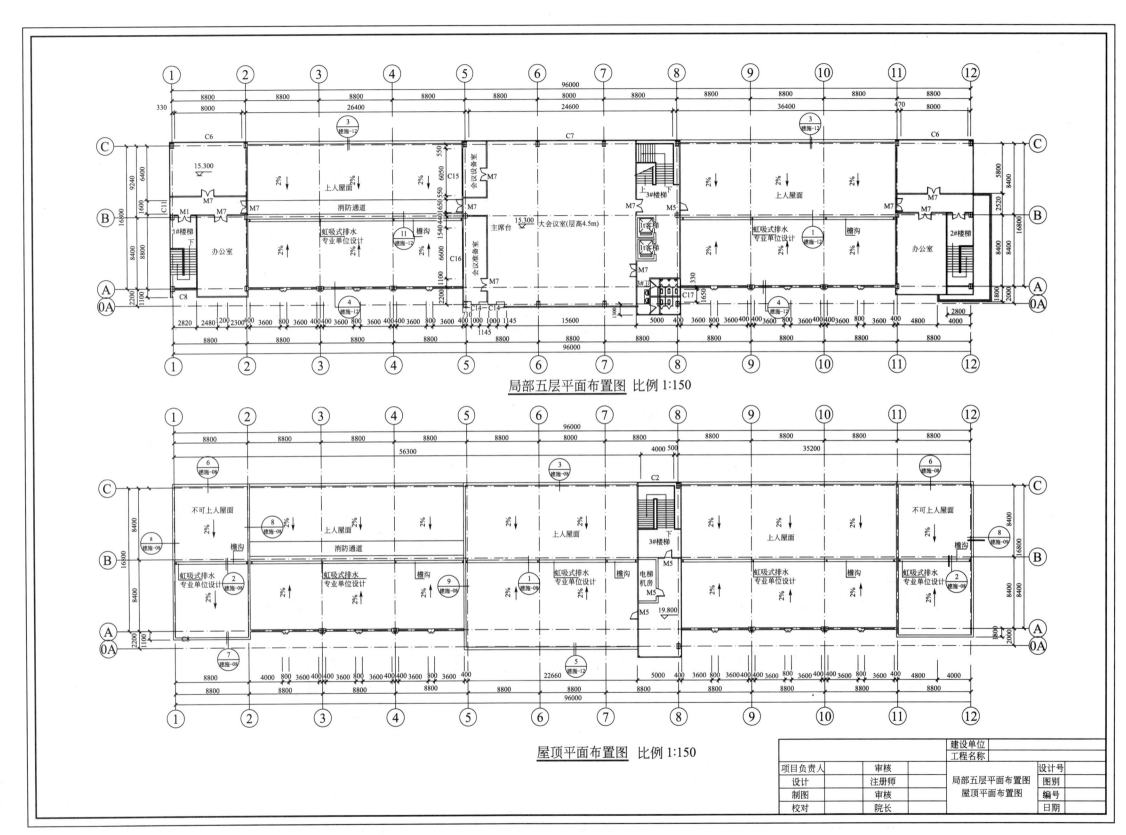

局部五层平面布置图 比例 1:150

屋顶平面布置图 比例 1:150

建设单位			
工程名称			
项目负责人	审核	局部五层平面布置图 屋顶平面布置图	设计号
设计	注册师		图别
制图	审核		编号
校对	院长		日期

附图 C.5 施工图(五)

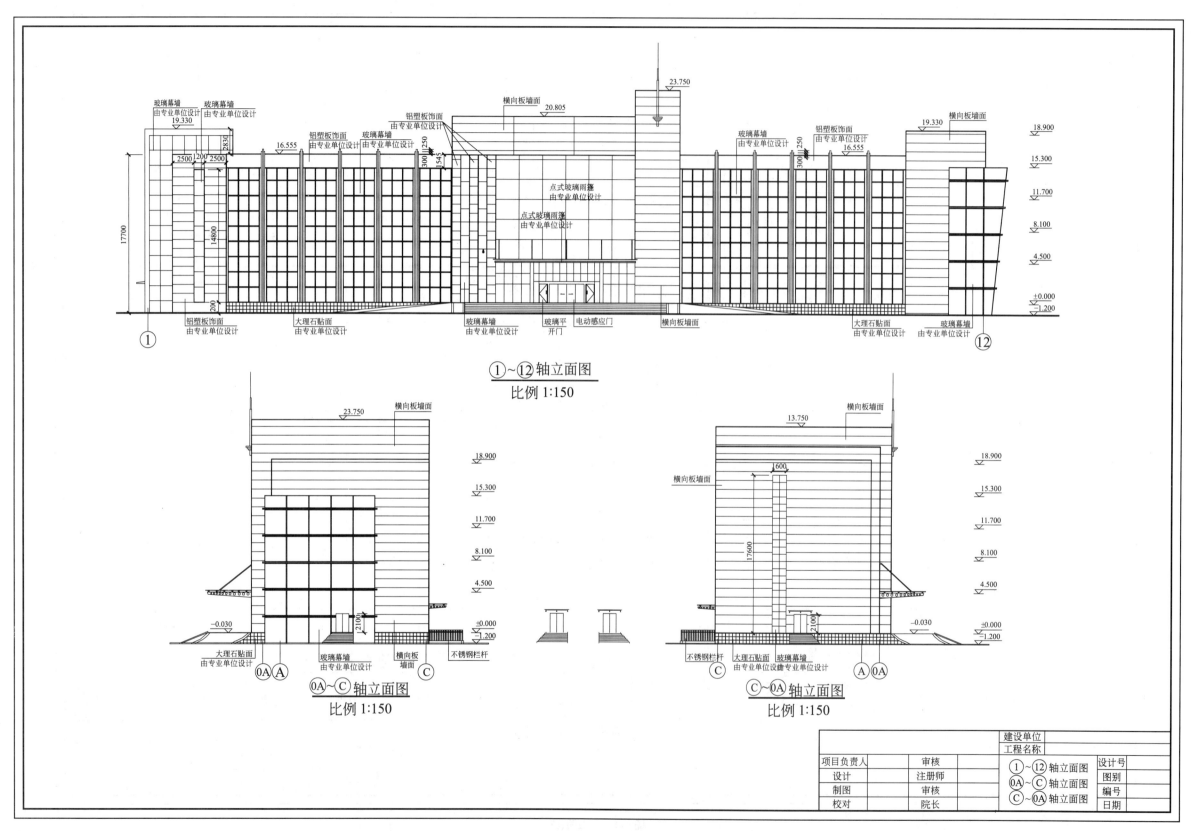

①~⑫轴立面图
比例 1:150

0A~C轴立面图
比例 1:150

C~0A轴立面图
比例 1:150

建设单位					
工程名称					
项目负责人		审核		①~⑫轴立面图	设计号
设计		注册师		0A~C轴立面图	图别
制图		审核			编号
校对		院长		C~0A轴立面图	日期

附图 C.6 施工图(六)

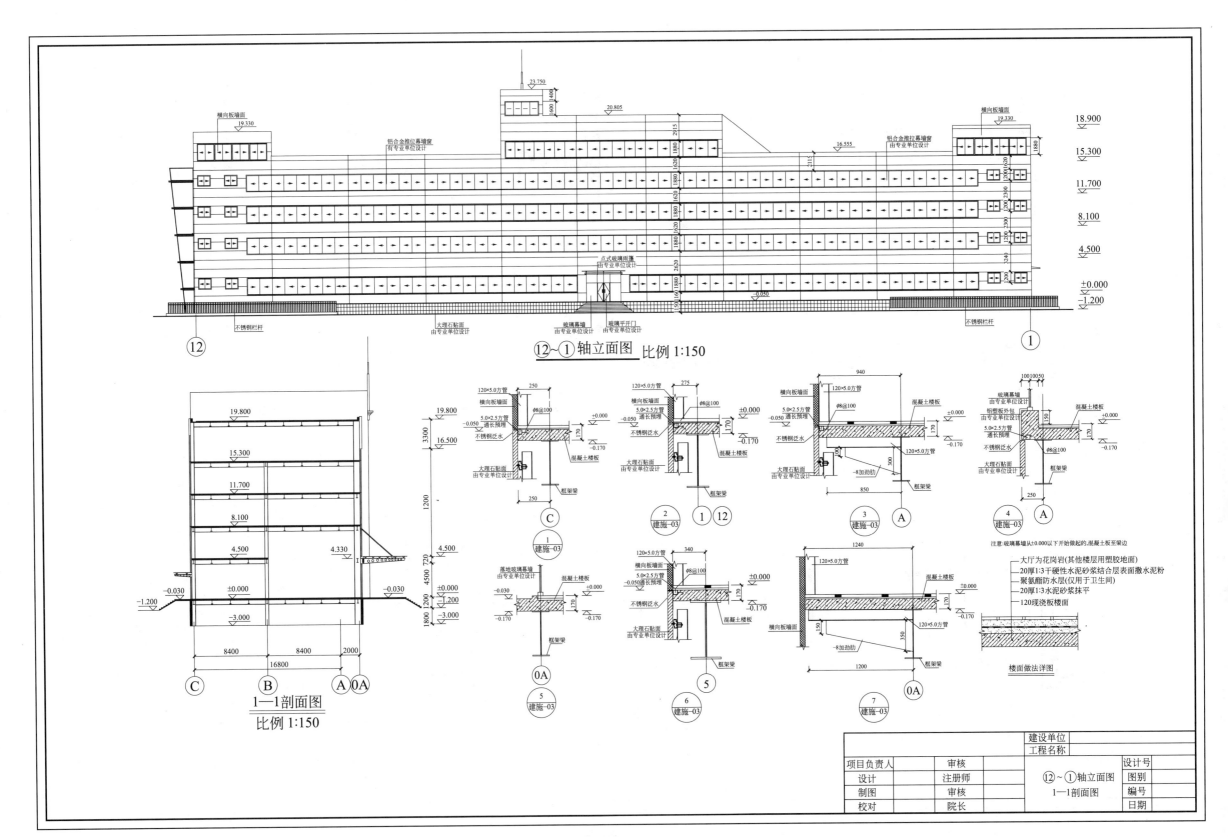

⑫~① 轴立面图 比例 1:150

1—1剖面图
比例 1:150

附图 C.7 施工图(七)

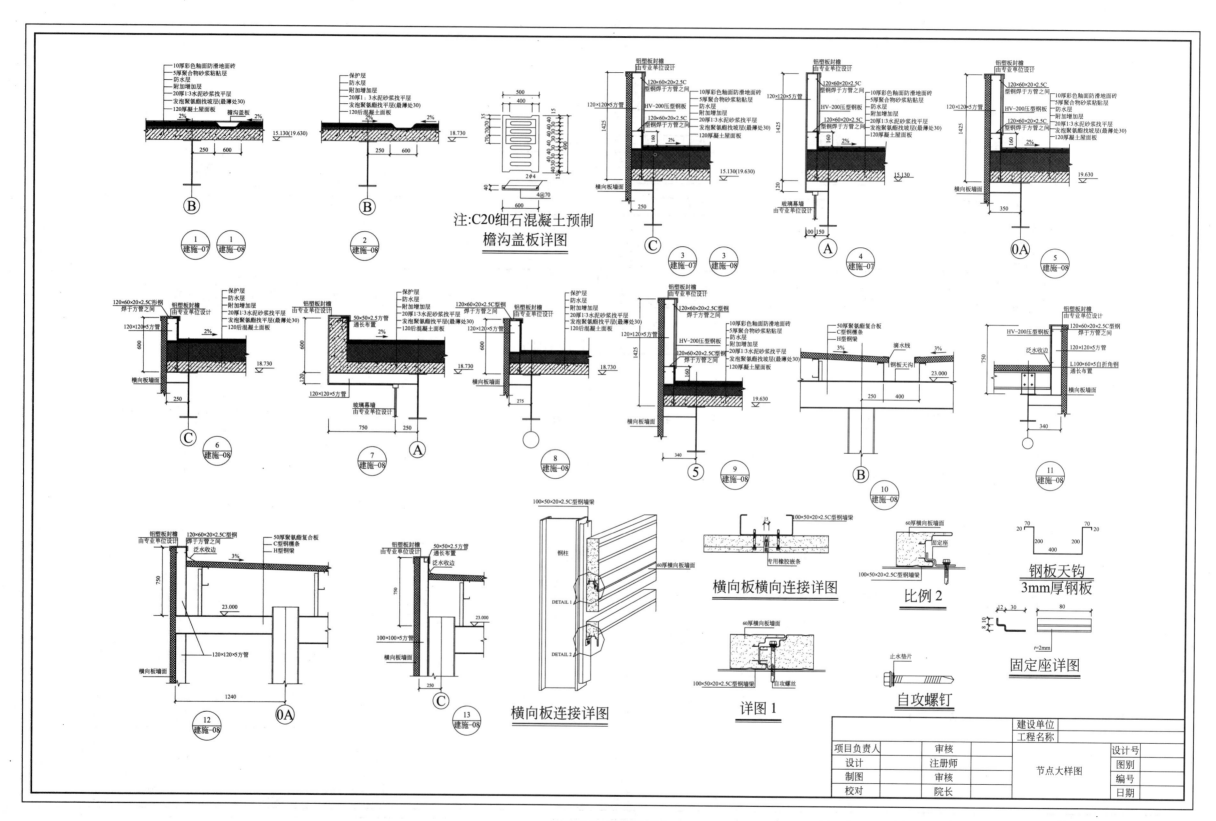

注:C20细石混凝土预制
檐沟盖板详图

横向板横向连接详图

比例2

钢板天钩
3mm厚钢板

横向板连接详图

详图1

自攻螺钉

固定座详图

建设单位				
工程名称				
项目负责人		审核		设计号
设计		注册师	节点大样图	图别
制图		审核		编号
校对		院长		日期

附图C.8 施工图(八)

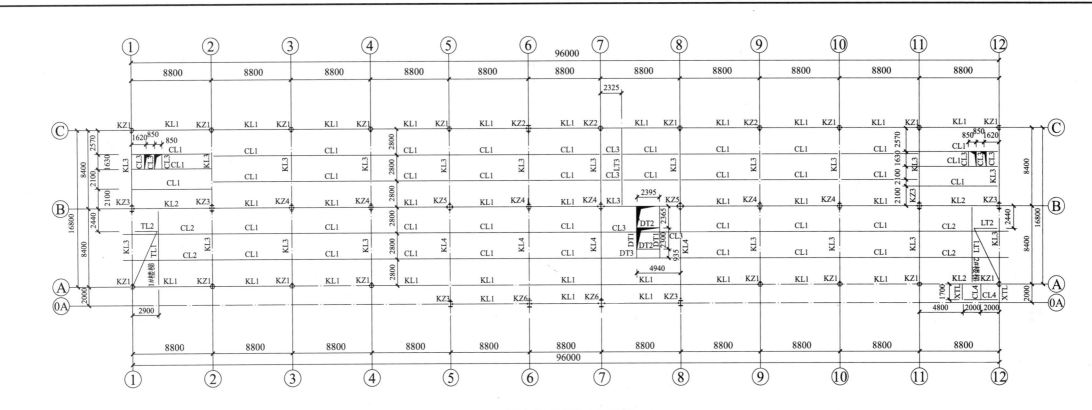

$-0.17m$ 标高结构平面布置图

比例 1:150 标高为梁顶标高

构件材料表：

类型	编号	截面型号	材质	备注	类型	编号	截面型号	材质	备注
柱	KZ1	H400×350×12×16	Q345B		梁	LT2	H400×150×6×8	Q345B	
	KZ2	H650×500×16×28	Q345B			LT3	H500×195×8×10	Q345B	
	KZ3	H600×450×14×20	Q345B			DT1	H200×195×8×10	Q345B	
	KZ4	H500×400×12×20	Q345B			DT2	H200×150×6×8	Q345B	
	KZ5	十字柱550×350×16×20	Q345B			DT3	H500×195×8×10	Q345B	
	KZ6	H800×450×16×20	Q345B			XTL	H300×150×6×8	Q345B	
梁	KL1	H500×150×8×8	Q345B						
	KL2	H500×195×8×10	Q345B						
	KL3	H500×280×10×14	Q345B						
	KL4	H500×350×12×16	Q345B						
	CL1	H500×195×6×10	Q345B						
	CL2	H300×150×6×8	Q345B						
	CL3	H200×150×6×8	Q345B						
	CL4	20#槽钢	Q345B						
	LT1	H500×150×8×8	Q345B						

说明：

1. 梁柱轴线居中(除KZ2、KZ6)。
2. 楼板采用压型钢板(HG-240)混凝土组合楼板。
3. 本层组合楼板需考虑荷载。
   恒载: 自重+轻质隔墙+楼板装饰层+吊挂荷载(0.8kN/m²);
   活载: 2kN/m²(门厅、走廊、档案室、大型会议室为2.5kN/m²);
   疏散楼梯:3.5kN/m²。
4. 梁端 ⊢ 表示刚接; 梁端 ─ 表示铰接。

	建设单位		
	工程名称		
项目负责人	审核		设计号
设计	注册师	−0.17m 标高结	图别
制图	审核	构平面布置图	编号
校对	院长		日期

附图 C.9　施工图(九)

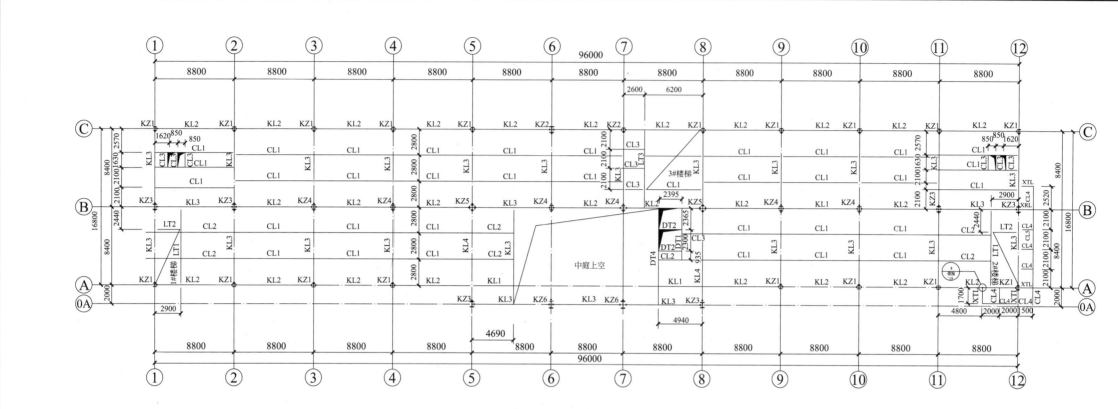

4.33m 标高结构平面布置图
比例 1:150 标高为梁顶标高

构件材料表:

类型	编号	截面型号	材质	备注	类型	编号	截面型号	材质	备注
柱	KZ1	H400×350×12×16	Q345B			LT1	H500×150×8×8	Q345B	
	KZ2	H650×500×16×28	Q345B			LT2	H400×150×6×8	Q345B	
	KZ3	H600×450×14×20	Q345B			DT3	H500×195×8×10	Q345B	
	KZ4	H500×400×14×20	Q345B			DT1	H400×150×6×8	Q345B	
	KZ5	十字柱550×350×16×20	Q345B			DT2	H200×150×6×8	Q345B	
	KZ6	H800×450×16×20	Q345B			DT4	H500×195×10×14	Q345B	
						XTL	H300×150×6×8	Q345B	
梁	KL1	H500×150×8×8	Q345B		梁				
	KL2	H500×195×8×10	Q345B						
	KL3	H500×280×10×14	Q345B						
	KL4	H500×350×12×16	Q345B						
	CL1	H500×195×6×10	Q345B						
	CL2	H300×150×6×8	Q345B						
	CL3	H200×150×6×8	Q345B						
	CL4	20#槽钢	Q235B						
	CT5	H250×150×6×8	Q345B						

说明:
1. 梁柱轴线居中(除KZ2、KZ6)。
2. 楼板采用用压型钢板(HG-240)混凝土组合楼板。
3. 本层组合楼板需考虑荷载。
   恒载:自重+轻质隔墙+楼板装饰层+吊挂荷载(0.8kN/m²);
   活载:2kN/m²(门厅、走廊、档案室、大型会议室为2.5kN/m²);
   疏散楼梯:3.5kN/m²。
4. 梁端 ▬ 表示刚接;梁端 — 表示铰接。

		建设单位	
		工程名称	
项目负责人	审核		设计号
设计	注册师	4.33m标高结	图别
制图	审核	构平面布置图	编号
校对	院长		日期

附图 C.10 施工图(十)

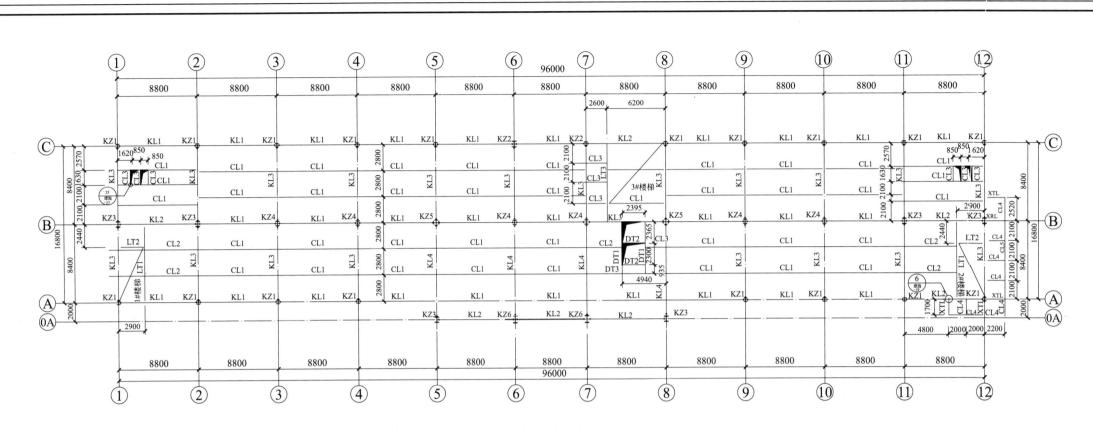

11.53m标高结构平面布置图

比例 1:150　标高为梁顶标高

构件材料表:

类型	编号	截面型号	材质	备注	类型	编号	截面型号	材质	备注
柱	KZ1	H400×350×12×16	Q345B			CL5	H250×150×6×8	Q345B	
	KZ2	H650×500×16×28	Q345B			LT1	H500×150×8×8	Q345B	
	KZ3	H600×450×14×20	Q345B			LT2	H400×150×6×8	Q345B	
	KZ4	H500×400×14×20	Q345B			LT3	H500×195×8×10	Q345B	
	KZ5	十字柱550×350×16×20	Q345B			DT1	H400×195×8×10	Q345B	
	KZ6	H800×450×16×20	Q345B			DT2	H200×150×6×8	Q345B	
	LZ1	H300×300×10×12	Q345B			DT3	H500×195×8×10	Q345B	
						XTL	H300×150×6×8	Q345B	
梁	KL1	H500×150×8×8	Q345B						
	KL2	H500×195×8×10	Q345B						
	KL3	H500×280×10×14	Q345B						
	KL4	H500×350×12×16	Q345B						
	KL5	H650×450×14×25	Q345B						
	CL1	H500×195×6×10	Q345B						
	CL2	H300×150×6×8	Q345B						
	CL3	H200×150×6×8	Q235B						
	CL4	20#槽钢	Q345B						

说明:

1. 梁柱轴线居中(除KZ2、KZ6)。
2. 楼板采用压型钢板(HG-240)混凝土组合楼板。
3. 本层组合楼板需考虑荷载。
   恒载: 自重+轻质隔墙+楼板装饰层+吊挂荷载(0.8kN/m²);
   活载: 2kN/m²(门厅、走廊、档案室、大型会议室为2.5kN/m²);
   疏散楼梯:3.5kN/m²。
4. 梁端■表示刚接; 梁端—表示铰接。

建设单位		
工程名称		
项目负责人	审核	
设计	注册师	设计号
制图	审核	11.53m标高结构平面布置图	图别
校对	院长	编号
		日期

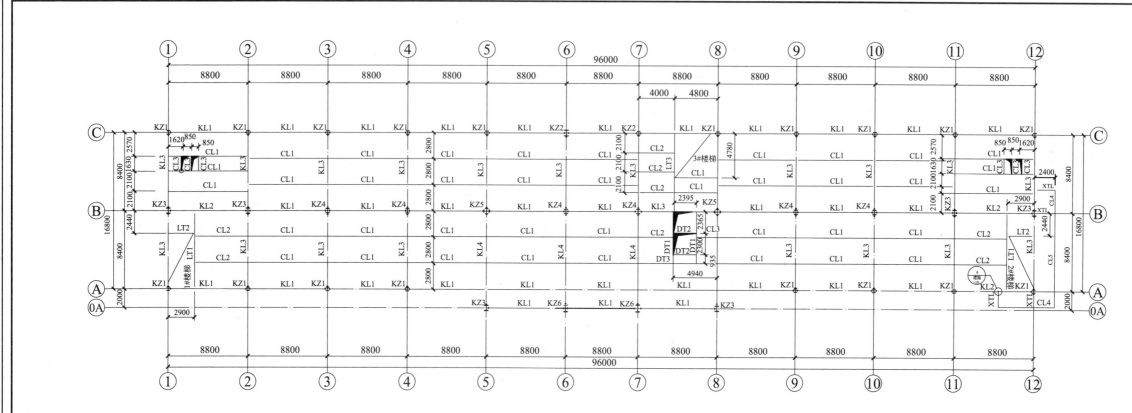

15.13m标高结构平面布置图
比例1:150 标高为梁顶标高

构件材料表:

类型	编号	截面型号	材质	备注	类型	编号	截面型号	材质	备注
柱	KZ1	H400×350×12×16	Q345B			CL5	H250×150×6×8	Q345B	
	KZ2	H650×500×16×28	Q345B			LT1	H500×150×8×8	Q345B	
	KZ3	H600×450×14×20	Q345B			LT2	H400×150×6×8	Q345B	
	KZ4	H500×400×14×20	Q345B			LT3	H500×195×8×10	Q345B	
	KZ5	十字柱550×350×16×20	Q345B			DT1	H400×195×8×10	Q345B	
	KZ6	H800×450×16×20	Q345B			DT2	H200×150×6×8	Q345B	
	KZ1	H300×300×10×12	Q345B			DT3	H500×195×10×14	Q345B	
						XTL	H300×150×6×8	Q345B	
梁	KL1	H500×150×8×8	Q345B						
	KL2	H500×195×8×10	Q345B						
	KL3	H500×280×10×14	Q345B						
	KL4	H500×350×12×16	Q345B						
	KL5	H500×450×14×25	Q345B						
	CL1	H500×195×6×10	Q345B						
	CL2	H300×150×6×8	Q345B						
	CL3	H200×150×6×8	Q235B						
	CL4	20#槽钢	Q345B						

说明:
1. 梁柱轴线居中(除KZ2、KZ6)。
2. 楼板采用压型钢板(HG-240)混凝土组合楼板。
3. 本层组合楼板需考虑荷载。
   恒载: 自重+轻质隔墙+楼板装饰层+吊挂荷载(0.8kN/m²);
   活载: 2kN/m²(门厅、走廊、档案室、大型会议室为2.5kN/m²);
   疏散楼梯: 3.5kN/m²。
4. 梁端 ⊢表示刚接; 梁端 —表示铰接。

		建设单位			
		工程名称			
项目负责人		审核			设计号
设计		注册师		15.13m标高结	图别
制图		审核		构平面布置图	编号
校对		院长			日期

附图 C.12 施工图(十二)

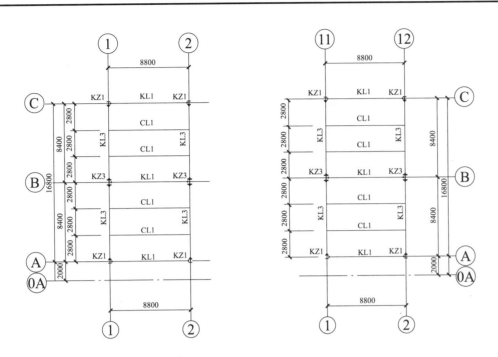

18.73m标高结构平面布置图
比例 1:150 标高为梁顶标高

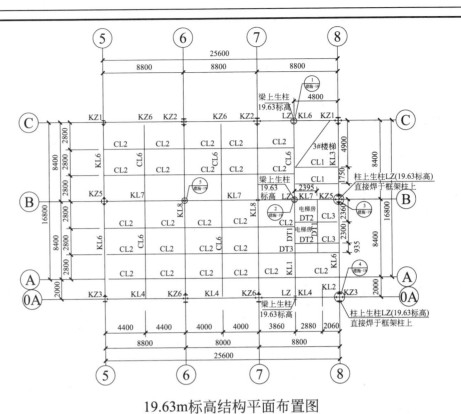

19.63m标高结构平面布置图
比例 1:150 标高为梁顶标高

构件材料表:

类型	编号	截面型号	材质	备注	类型	编号	截面型号	材质	备注
柱	KZ1	H400×350×12×16	Q345B		梁	CL6	H500×220×10×14	Q345B	
	KZ2	H650×500×16×28	Q345B			LT2	H400×150×6×8	Q345B	
	KZ3	H600×450×14×20	Q345B			LT3	H500×195×8×10	Q345B	
	KZ4	H500×400×14×20	Q345B			DT1	H400×195×8×10	Q345B	
	KZ5	十字柱550×350×16×20	Q345B			DT2	H200×150×6×8	Q345B	
	KZ6	H800×450×16×20	Q345B			DT3	H500×195×8×10	Q345B	
	LZ	H300×175×8×10	Q345B			XTL	H300×150×6×8	Q345B	
梁	KL1	H500×150×8×8	Q345B						
	KL3	H500×280×10×14	Q345B						
	KL4	H500×350×12×16	Q345B						
	KL6	H500×220×10×14	Q345B						
	KL7	H500×350×16×26	Q345B						
	KL8	H500×400×24×32	Q345B						
	CL1	H500×195×6×10	Q345B						
	CL2	H300×150×6×8	Q235B						
	CL3	H200×150×6×8	Q345B						

说明:
1. 梁柱轴线居中(除KZ2、KZ6)。
2. 楼板采用压型钢板(HG-240)混凝土组合楼板。
3. 本层组合楼板需考虑荷载。
   恒载: 自重+轻质隔墙+楼板装饰层+吊挂荷载(0.8kN/m²);
   活载: 2kN/m²(门厅、走廊、档案室、大型会议室为2.5kN/m²);
   疏散楼梯: 3.5kN/m²。
4. 梁端 ▬ 表示刚接; 梁端 ─ 表示铰接。

	建设单位		
	工程名称		
项目负责人	审核	18.73m标高结构平面布置图 19.63m标高结构平面布置图	设计号
设计	注册师		图别
制图	审核		编号
校对	院长		日期

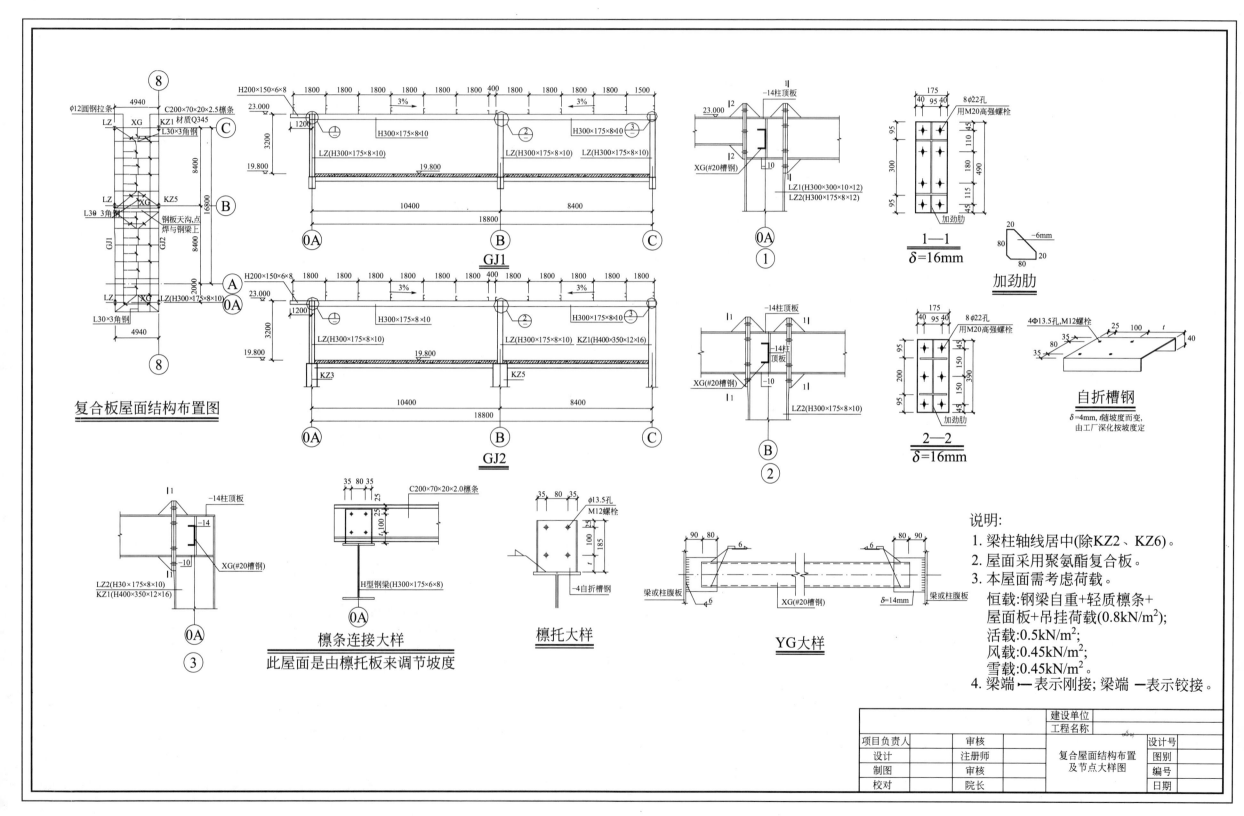

复合板屋面结构布置图

GJ1

GJ2

1-1
δ=16mm

2-2
δ=16mm

加劲肋

自折槽钢
δ=4mm,t随坡度而变,
由工厂深化按坡度定

檩条连接大样
此屋面是由檩托板来调节坡度

③

檩托大样

YG大样

说明:
1. 梁柱轴线居中(除KZ2、KZ6)。
2. 屋面采用聚氨酯复合板。
3. 本屋面需考虑荷载。
   恒载:钢梁自重+轻质檩条+
   屋面板+吊挂荷载(0.8kN/m²);
   活载:0.5kN/m²;
   风载:0.45kN/m²;
   雪载:0.45kN/m²。
4. 梁端▬表示刚接;梁端▬表示铰接。

建设单位			
	工程名称		设计号
项目负责人	审核	复合屋面结构布置	图别
设计	注册师	及节点大样图	编号
制图	审核		
校对	院长		日期

附图 C.14 施工图(十四)

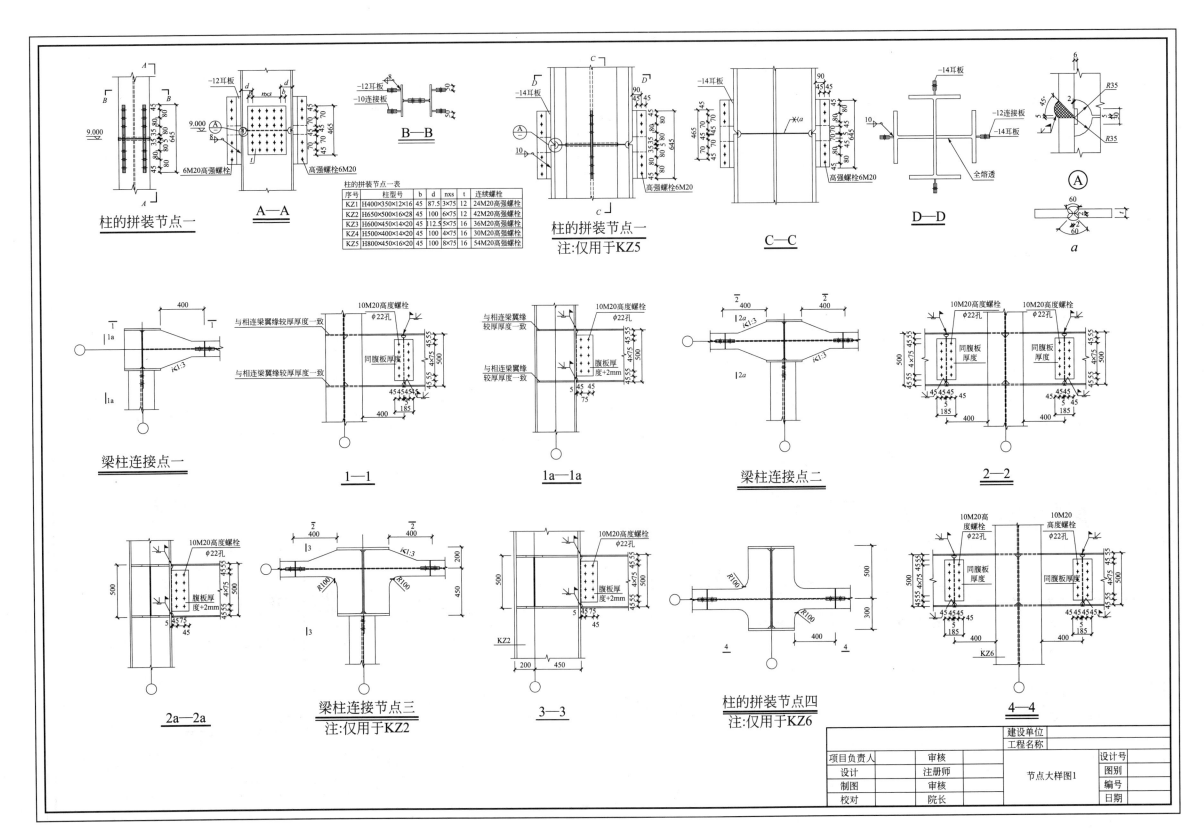

柱的拼装节点一

A—A

柱的拼装节点一表

序号	柱型号	b	d	nxs	t	连续螺栓
KZ1	H400×350×12×16	45	87.5	3×75	12	24M20高强螺栓
KZ2	H650×500×16×28	45	100	6×75	12	42M20高强螺栓
KZ3	H600×450×14×20	45	112.5	5×75	16	36M20高强螺栓
KZ4	H500×400×14×20	45	100	4×75	16	30M20高强螺栓
KZ5	H800×450×16×20	45	100	8×75	16	54M20高强螺栓

B—B

柱的拼装节点一
注:仅用于KZ5

C—C

D—D

a

梁柱连接点一

1—1

1a—1a

梁柱连接点二

2—2

2a—2a

梁柱连接节点三
注:仅用于KZ2

3—3

柱的拼装节点四
注:仅用于KZ6

4—4

建设单位			
工程名称			
项目负责人		审核		设计号	
设计		注册师	节点大样图1	图别	
制图		审核		编号	
校对		院长		日期	

附图 C.15 施工图(十五)

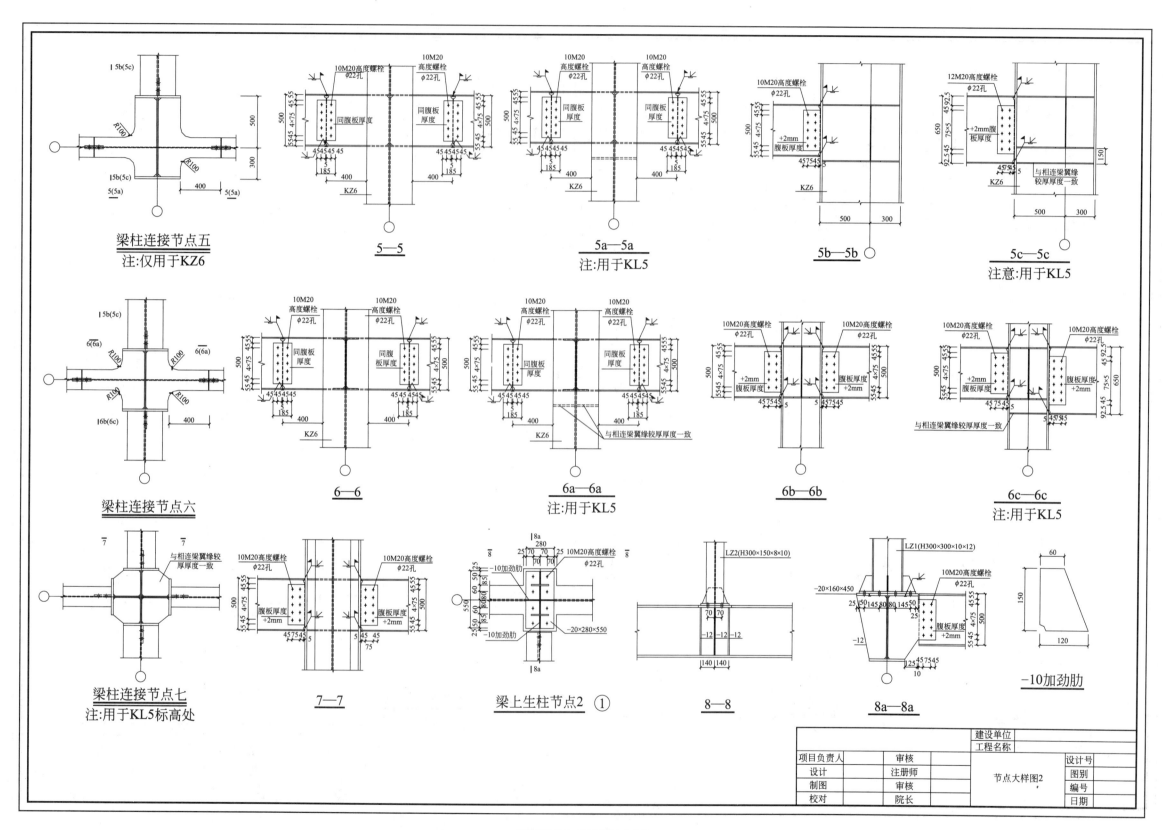

梁柱连接节点五
注:仅用于KZ6

5—5

5a—5a
注:用于KL5

5b—5b

5c—5c
注意:用于KL5

梁柱连接节点六

6—6

6a—6a
注:用于KL5

6b—6b

6c—6c
注:用于KL5

梁柱连接节点七
注:用于KL5标高处

7—7

梁上生柱节点2 ①

8—8

8a—8a

−10加劲肋

建设单位		
工程名称		
项目负责人	审核	设计号
设计	注册师	图别
制图	审核	编号
校对	院长	日期

节点大样图2

附图 C.16 施工图(十六)

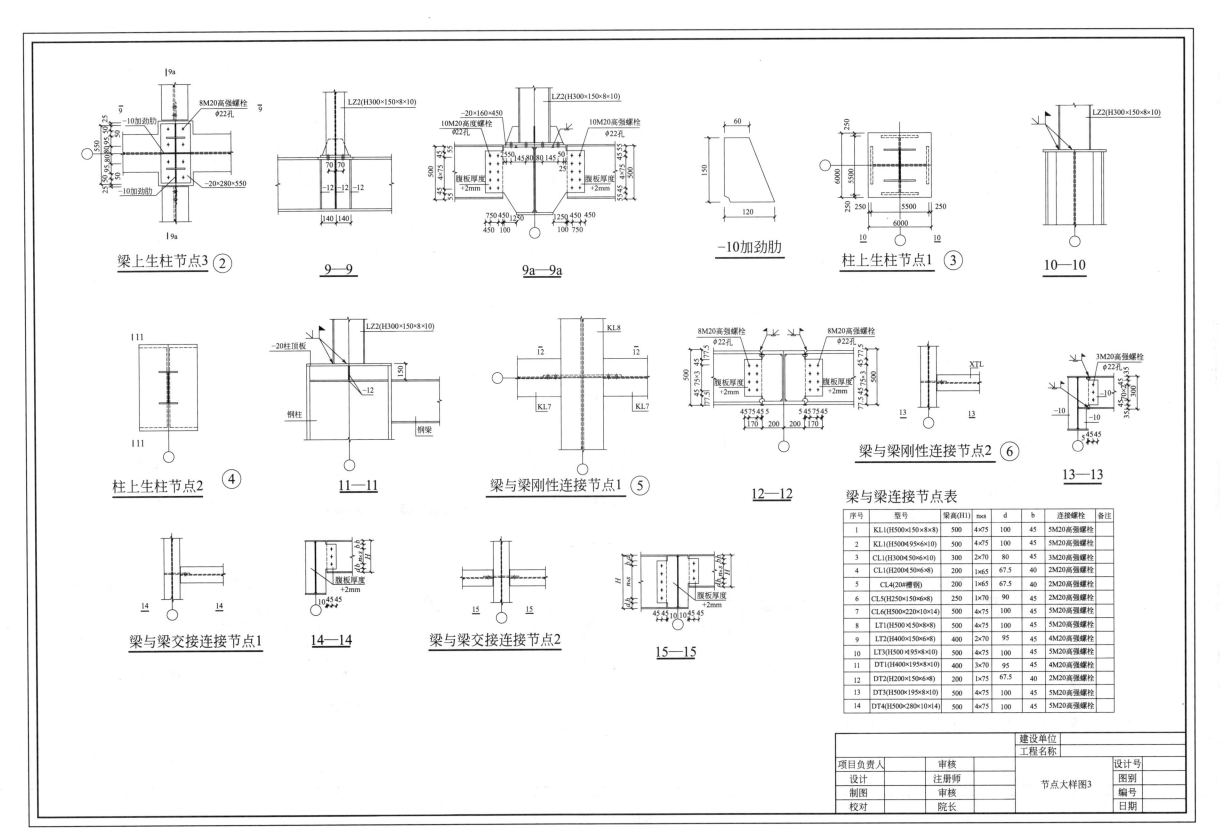

梁上生柱节点3 ②

9—9

9a—9a

−10加劲肋

柱上生柱节点1 ③

10—10

柱上生柱节点2 ④

11—11

梁与梁刚性连接节点1 ⑤

12—12

梁与梁刚性连接节点2 ⑥

13—13

梁与梁交接连接节点1

14—14

梁与梁交接连接节点2

15—15

梁与梁连接节点表

序号	型号	梁高(H1)	n×s	d	b	连接螺栓	备注
1	KL1(H500×150×8×8)	500	4×75	100	45	5M20高强螺栓	
2	KL1(H500×195×6×10)	500	4×75	100	45	5M20高强螺栓	
3	CL1(H300×150×6×10)	300	2×70	80	45	3M20高强螺栓	
4	CL1(H200×150×6×8)	200	1×65	67.5	40	2M20高强螺栓	
5	CL4(20#槽钢)	200	1×65	67.5	40	2M20高强螺栓	
6	CL5(H250×150×6×8)	250	1×70	90	45	2M20高强螺栓	
7	CL6(H500×220×10×14)	500	4×75	100	45	5M20高强螺栓	
8	LT1(H500×150×8×8)	500	4×75	100	45	5M20高强螺栓	
9	LT2(H400×150×6×8)	400	2×70	95	45	4M20高强螺栓	
10	LT3(H500×195×8×10)	500	4×75	100	45	5M20高强螺栓	
11	DT1(H400×195×8×10)	400	3×70	95	45	4M20高强螺栓	
12	DT2(H200×150×6×8)	200	1×75	67.5	40	2M20高强螺栓	
13	DT3(H500×195×8×10)	500	4×75	100	45	5M20高强螺栓	
14	DT4(H500×280×10×14)	500	4×75	100	45	5M20高强螺栓	

		建设单位	
		工程名称	
项目负责人	审核		设计号
设计	注册师	节点大样图3	图别
制图	审核		编号
校对	院长		日期

附图 C.17 施工图(十七)

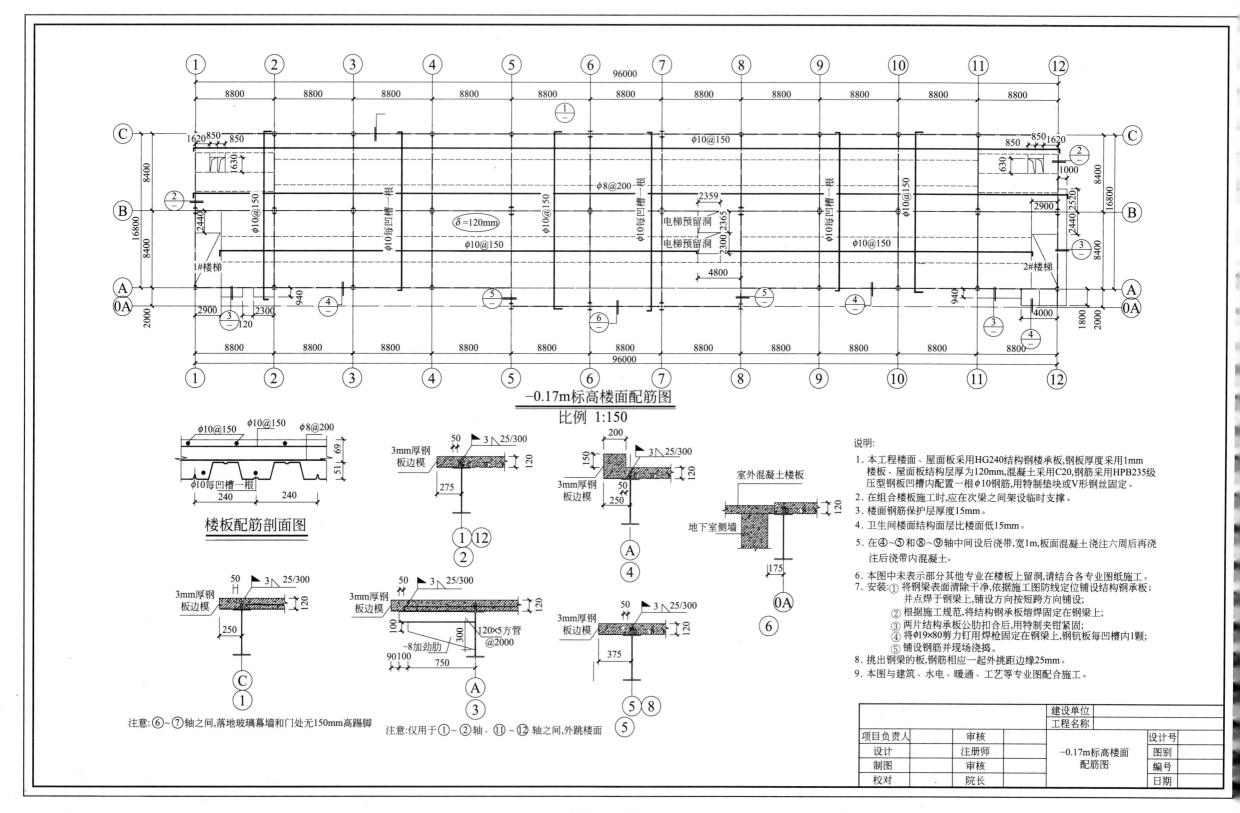

-0.17m标高楼面配筋图
比例 1:150

楼板配筋剖面图

说明:
1. 本工程楼面、屋面板采用HG240结构钢楼承板,钢板厚度采用1mm楼板、屋面板结构层厚为120mm,混凝土采用C20,钢筋采用HPB235级压型钢板凹槽内配置一根φ10钢筋,用特制垫块或V形钢丝固定。
2. 在组合楼板施工时,应在次梁之间架设临时支撑。
3. 楼面钢筋保护层厚度15mm。
4. 卫生间楼面结构面层比楼面低15mm。
5. 在④~⑤和⑧~⑨轴中间设后浇带,宽1m,板面混凝土浇注六周后再浇注后浇带内混凝土。
6. 本图中未表示部分其他专业在楼板上留洞,请结合各专业图纸施工。
7. 安装:① 将钢梁表面清除干净,依据施工图防线定位铺设结构钢承板;并点焊于钢梁上,铺设方向按短跨方向铺设;
② 根据施工规范,将结构钢承板熔焊固定在钢梁上;
③ 两片结构承板公肋扣合后,用特制夹钳紧固;
④ 将φ19×80剪力钉用焊枪固定在钢梁上,钢锚板每凹槽内1颗;
⑤ 铺设钢筋并现场浇捣。
8. 挑出钢梁的板,钢筋相应一起外挑距边缘25mm。
9. 本图与建筑、水电、暖通、工艺等专业图配合施工。

注意:⑥~⑦轴之间,落地玻璃幕墙和门处无150mm高踢脚

注意:仅用于①~②轴、⑪~⑫轴之间,外跳楼面

建设单位			
工程名称			
项目负责人		审核		设计号
设计		注册师	-0.17m标高楼面	图别
制图		审核	配筋图	编号
校对		院长		日期

附图 C.18　施工图(十八)

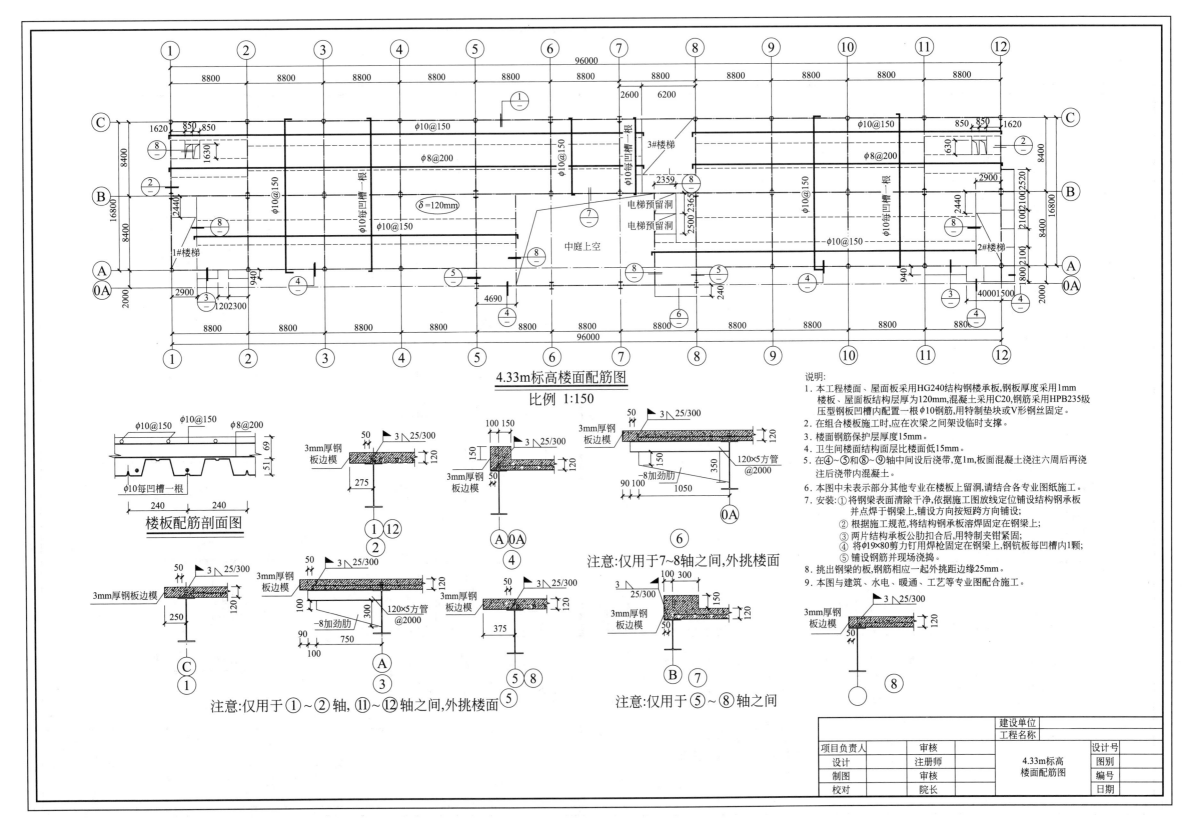

4.33m标高楼面配筋图
比例 1:150

楼板配筋剖面图

注意:仅用于①~②轴,⑪~⑫轴之间,外挑楼面

注意:仅用于⑤~⑧轴之间

注意:仅用于7~8轴之间,外挑楼面

说明:
1. 本工程楼面、屋面板采用HG240结构钢楼承板,钢板厚度采用1mm楼板、屋面板结构层厚为120mm,混凝土采用C20,钢筋采用HPB235级压型钢板凹槽内配置一根φ10钢筋,用特制垫块或V形钢丝固定。
2. 在组合楼板施工时,应在次梁之间架设临时支撑。
3. 楼面钢筋保护层厚度15mm。
4. 卫生间楼面结构面层比楼面低15mm。
5. 在④~⑤和⑧~⑨轴中间设后浇带,宽1m,板面混凝土浇注六周后再浇注后浇带内混凝土。
6. 本图中未表示部分其他专业在楼板上留洞,请结合各专业图纸施工。
7. 安装:①将钢梁表面清除干净,依据施工图放线定位铺设结构钢承板并点焊于钢梁上,铺设方向按短跨方向铺设;
②根据施工规范,将结构钢承板溶焊固定在钢梁上;
③两片结构承板公肋扣合后,用特制夹钳紧固;
④将Φ19×80剪力钉用焊枪固定在钢梁上,钢钪板每凹槽内1颗;
⑤铺设钢筋并现场浇捣。
8. 挑出钢梁的板,钢筋相应一起外挑边缘25mm。
9. 本图与建筑、水电、暖通、工艺等专业图配合施工。

建设单位			
	工程名称		
项目负责人	审核		设计号
设计	注册师	4.33m标高	图别
制图	审核	楼面配筋图	编号
校对	院长		日期

附图 C.19 施工图(十九)

附录 D   第 4 章施工图

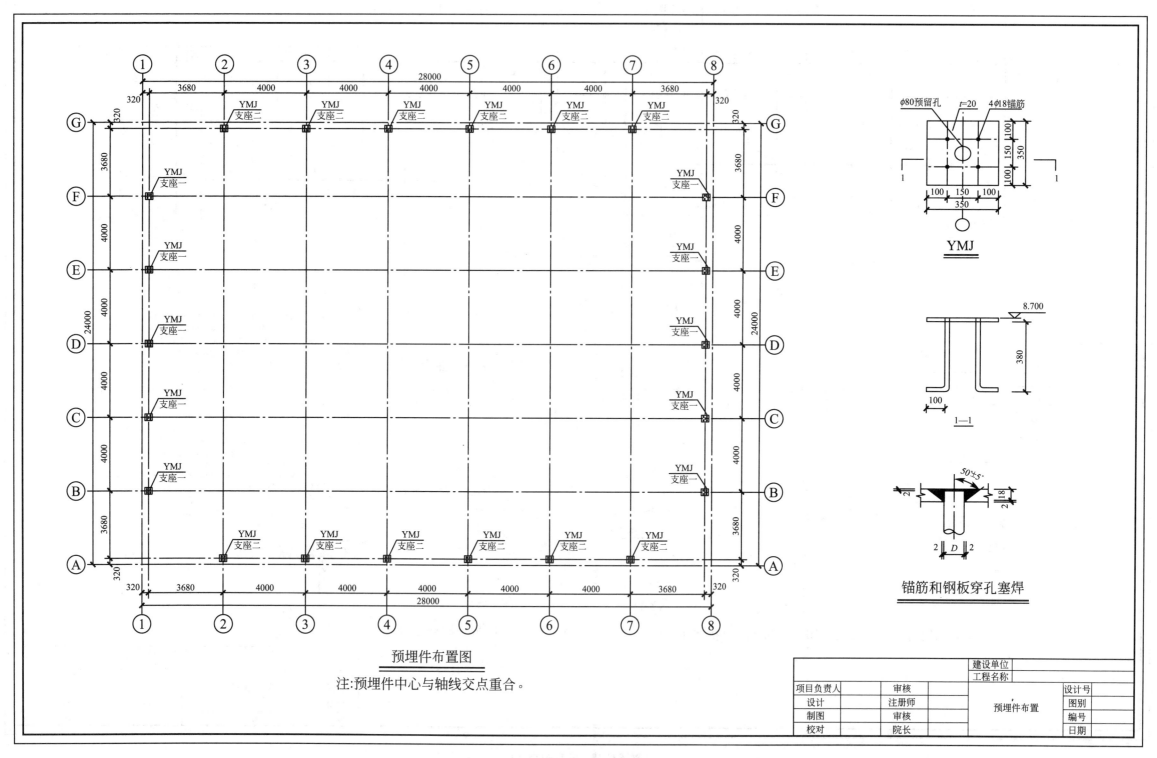

预埋件布置图

注:预埋件中心与轴线交点重合。

附图 D.1   施工图(一)

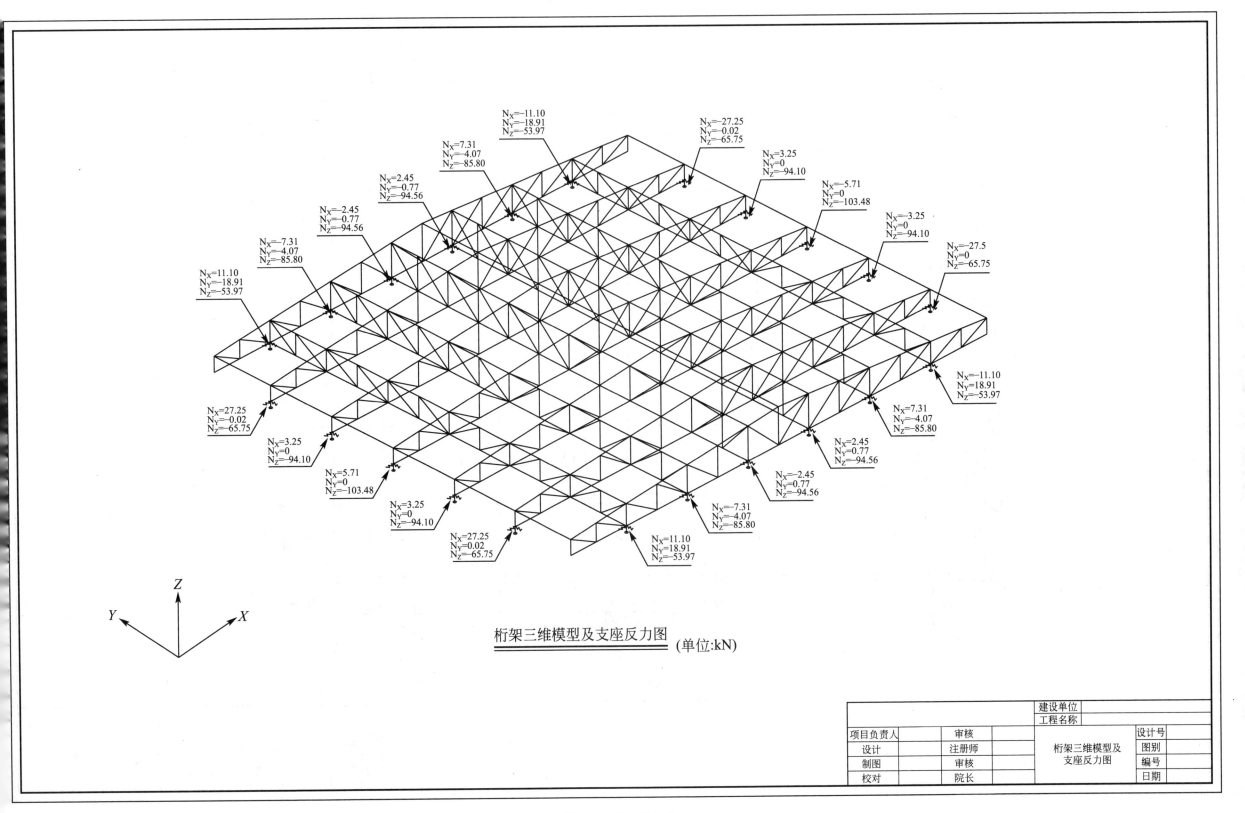

桁架三维模型及支座反力图 (单位:kN)

	建设单位			
	工程名称			
项目负责人	审核		桁架三维模型及 支座反力图	设计号
设计	注册师			图别
制图	审核			编号
校对	院长			日期

附图 D.2 施工图(二)

37

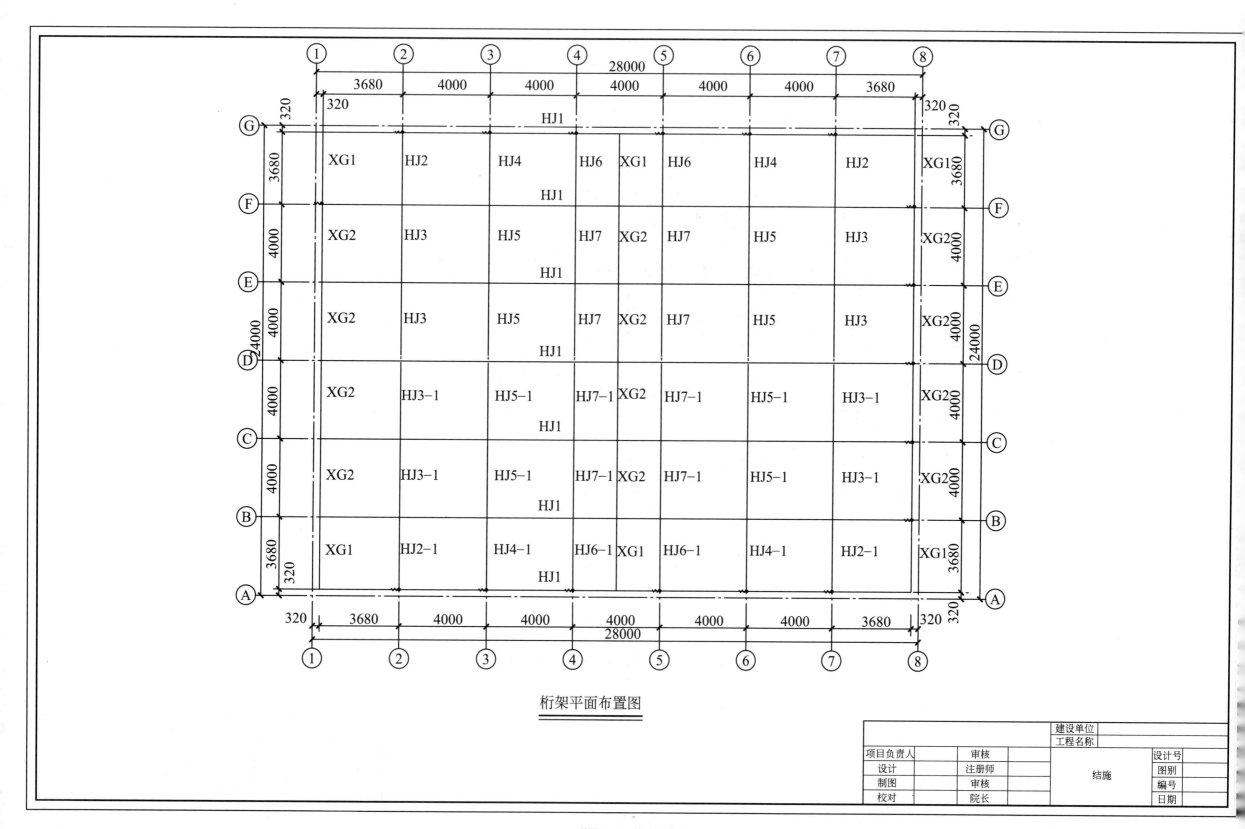

桁架平面布置图

	建设单位		
	工程名称		
项目负责人	审核		设计号
设计	注册师	结施	图别
制图	审核		编号
校对	院长		日期

附图 D.3　施工图(三)

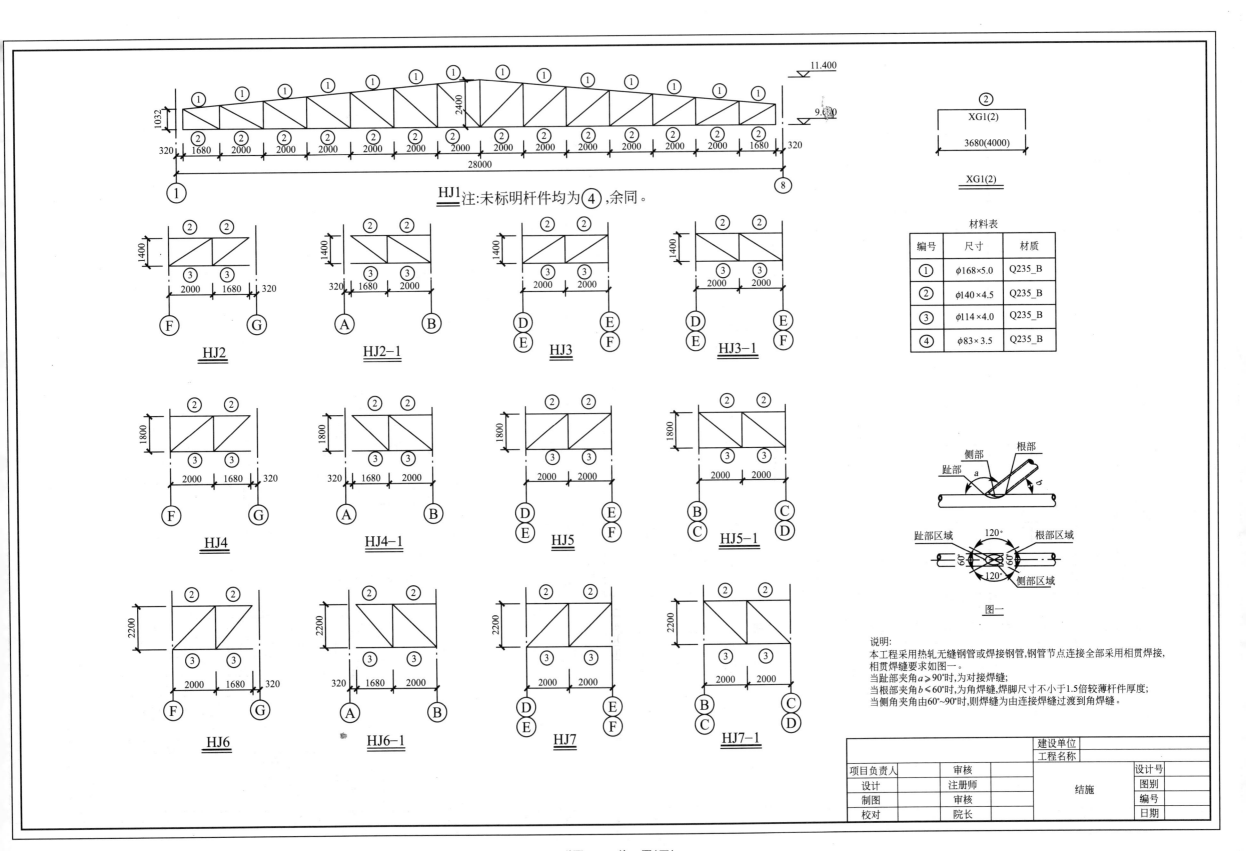

HJ1 注:未标明杆件均为④,余同。

HJ2　　HJ2-1　　HJ3　　HJ3-1

HJ4　　HJ4-1　　HJ5　　HJ5-1

HJ6　　HJ6-1　　HJ7　　HJ7-1

XG1(2)

3680(4000)

XG1(2)

材料表

编号	尺寸	材质
①	φ168×5.0	Q235_B
②	φ140×4.5	Q235_B
③	φ114×4.0	Q235_B
④	φ83×3.5	Q235_B

图一

说明:
本工程采用热轧无缝钢管或焊接钢管,钢管节点连接全部采用相贯焊接,相贯焊缝要求如图一。
当趾部夹角 a≥90°时,为对接焊缝;
当根部夹角 b≤60°时,为角焊缝,焊脚尺寸不小于1.5倍较薄杆件厚度;
当侧角夹角由60°~90°时,则焊缝为由连接焊缝过渡到角焊缝。

建设单位				
工程名称				
项目负责人		审核		设计号
设计		注册师	结施	图别
制图		审核		编号
校对		院长		日期

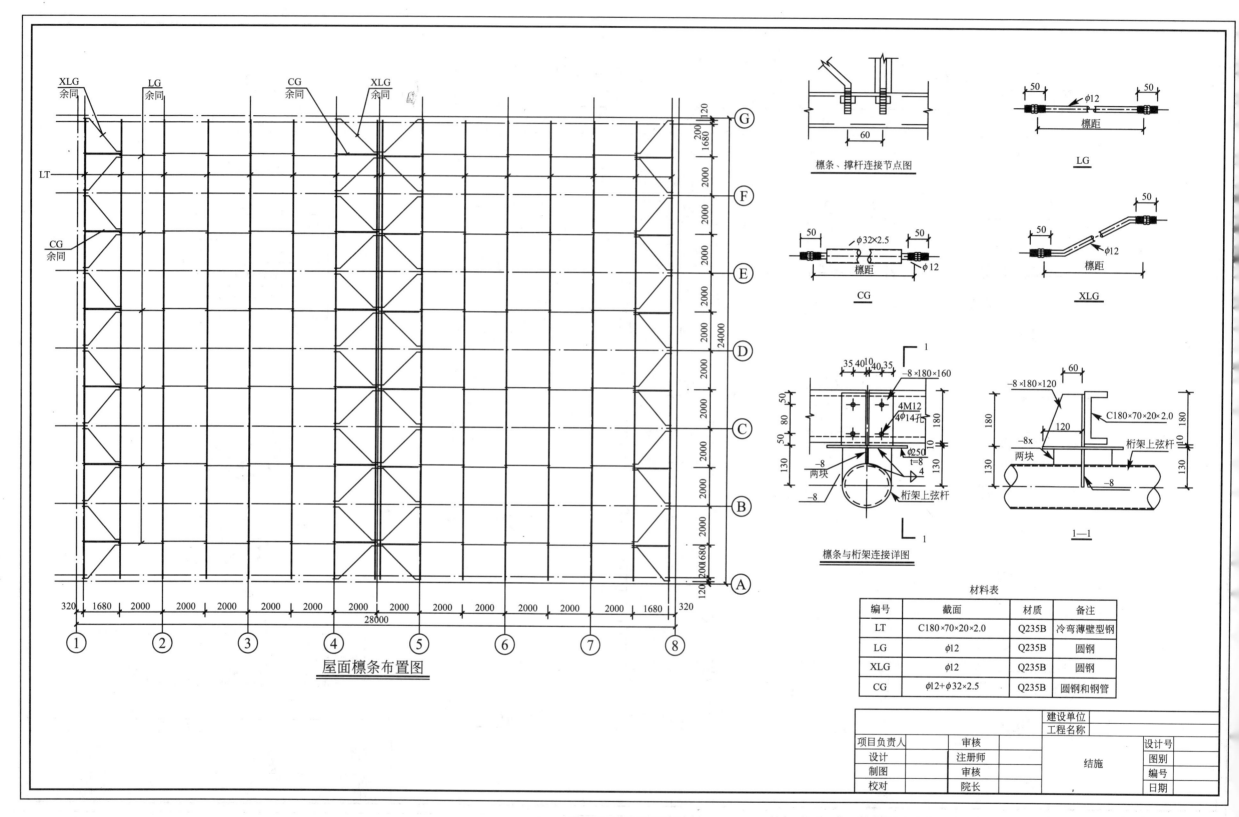

屋面檩条布置图

檩条、撑杆连接节点图

LG

CG

XLG

檩条与桁架连接详图

1—1

材料表

编号	截面	材质	备注
LT	C180×70×20×2.0	Q235B	冷弯薄壁型钢
LG	φ12	Q235B	圆钢
XLG	φ12	Q235B	圆钢
CG	φ12+φ32×2.5	Q235B	圆钢和钢管

建设单位				
工程名称				
项目负责人		审核		设计号
设计		注册师	结施	图别
制图		审核		编号
校对		院长		日期

附图 D.5　施工图(五)

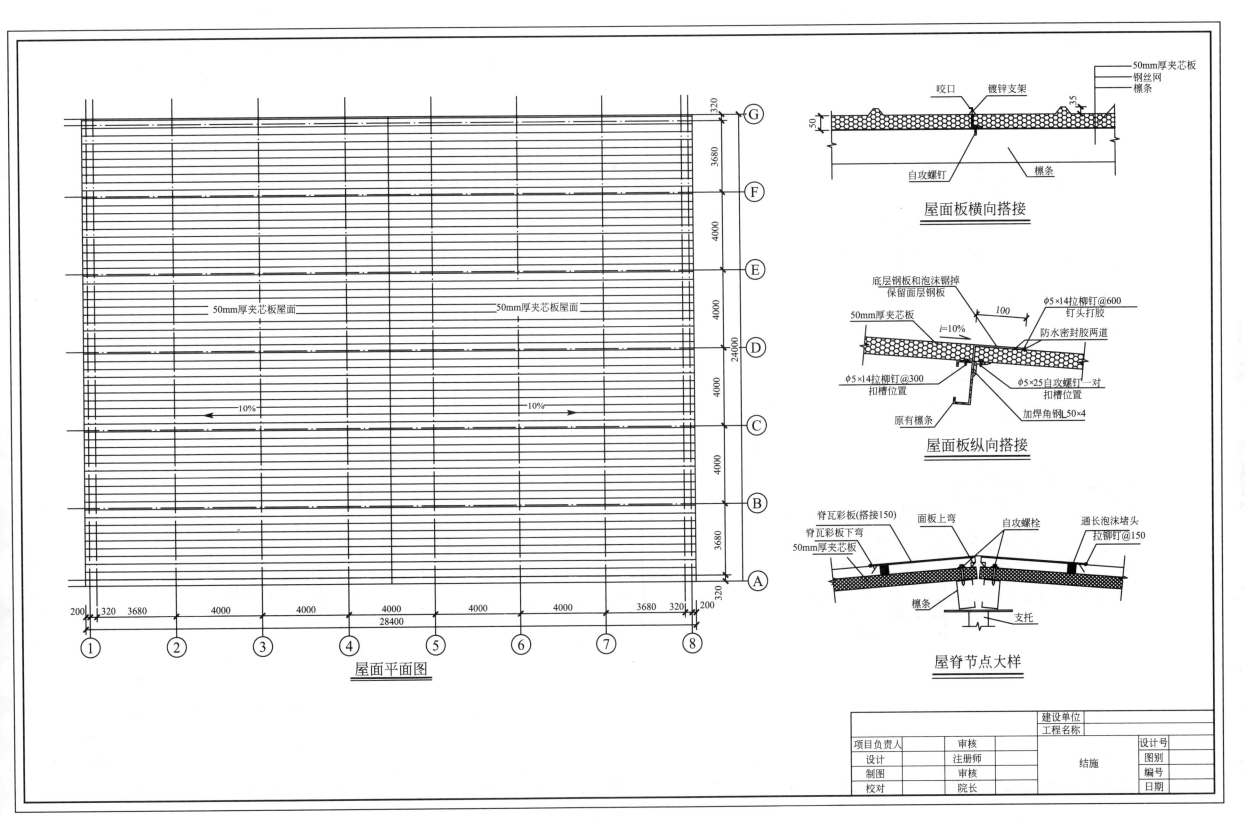

屋面平面图

屋面板横向搭接

50mm厚夹芯板
钢丝网
檩条

咬口　镀锌支架

自攻螺钉　檩条

屋面板纵向搭接

底层钢板和泡沫锯掉保留面层钢板
50mm厚夹芯板
$i=10\%$
100
φ5×14拉柳钉@600 钉头打胶
防水密封胶两道
φ5×14拉柳钉@300 扣槽位置
原有檩条
φ5×25自攻螺钉一对 扣槽位置
加焊角钢L50×4

屋脊节点大样

脊瓦彩板(搭接150)
脊瓦彩板下弯
50mm厚夹芯板
面板上弯
自攻螺栓
通长泡沫堵头 拉铆钉@150
檩条
支托

50mm厚夹芯板屋面   50mm厚夹芯板屋面

钢丝网
檩条

	建设单位	
	工程名称	
项目负责人	审核	设计号
设计	注册师	图别
制图	审核	结施	编号
校对	院长	日期

附图 D.6　施工图(六)

41

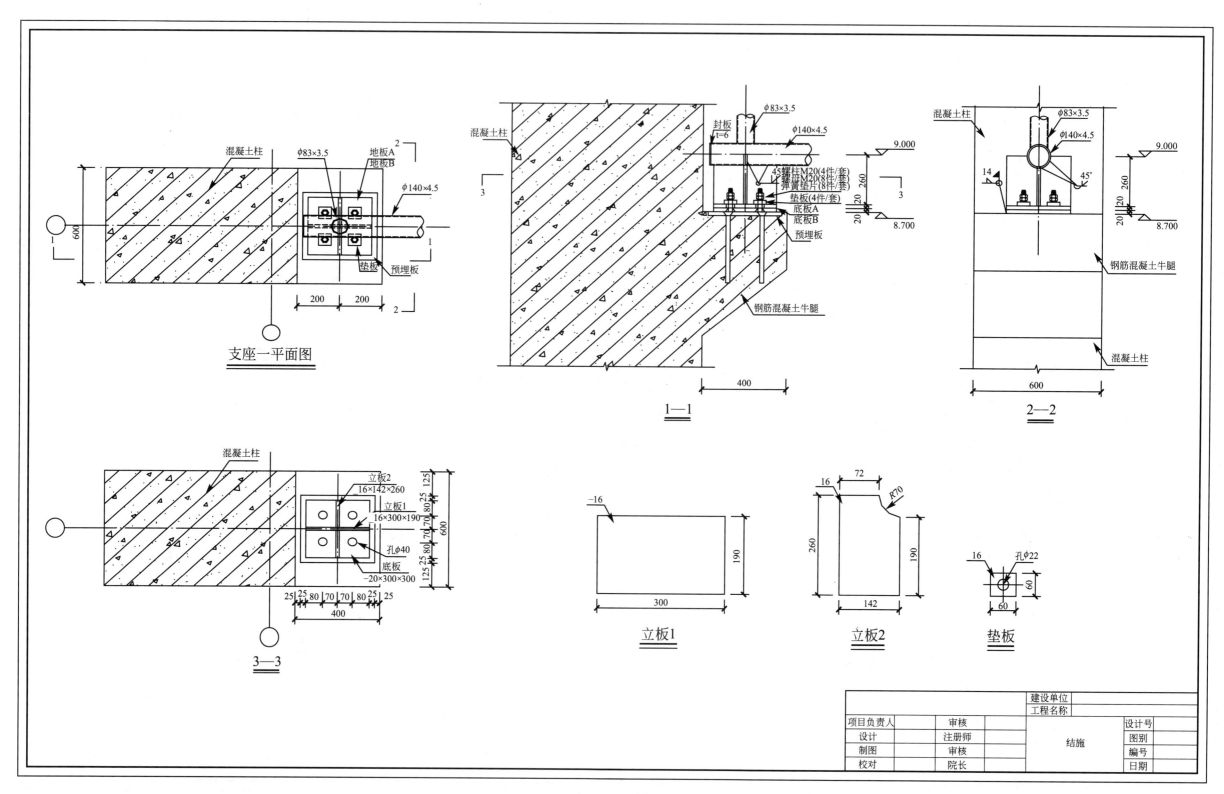

支座一平面图

1—1

2—2

3—3

立板1

立板2

垫板

	建设单位		
	工程名称		
项目负责人	审核	结施	设计号
设计	注册师		图别
制图	审核		编号
校对	院长		日期

附图 D.7 施工图(七)

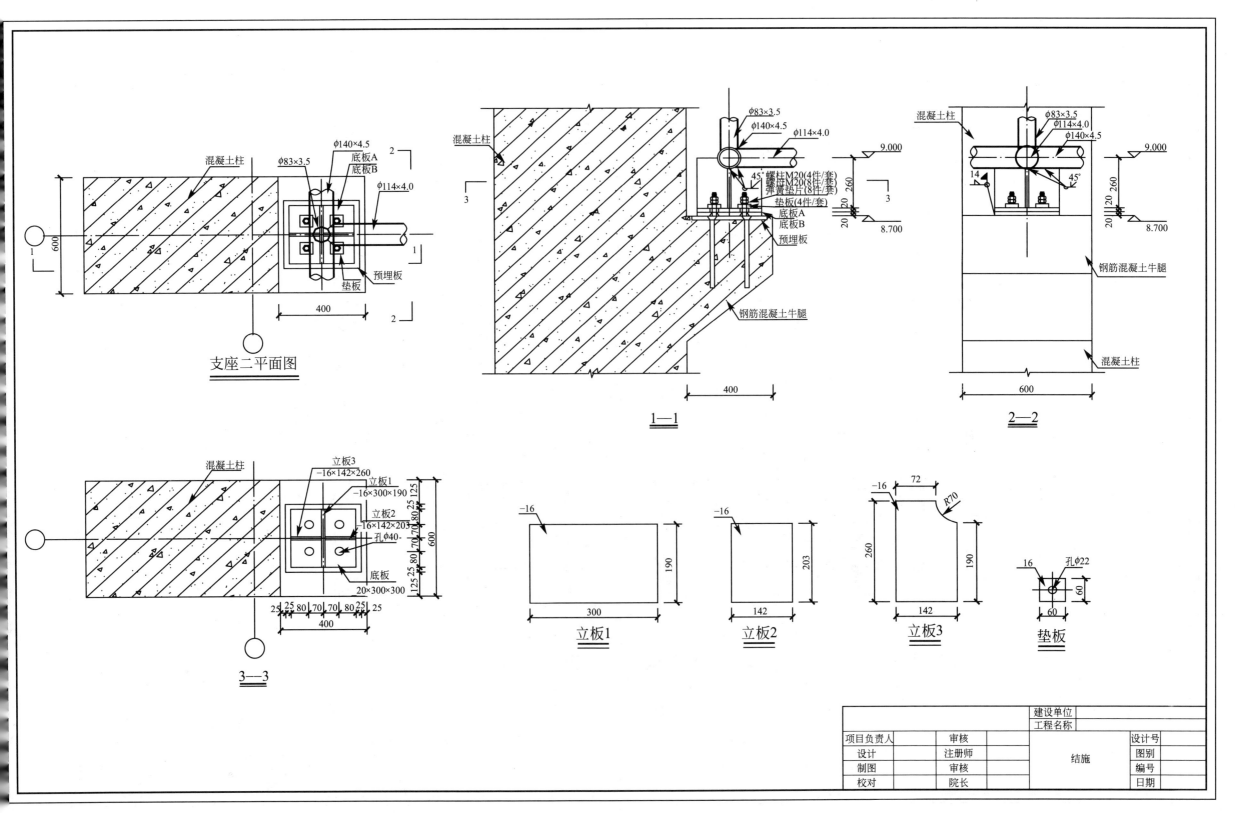

支座二平面图

混凝土柱
φ140×4.5
φ83×3.5
底板A
底板B
φ114×4.0
预埋板
垫板
600
400

1—1

混凝土柱
φ83×3.5
φ140×4.5
φ114×4.0
9.000
260
螺柱M20(4件/套)
螺母M20(8件/套)
弹簧垫片(8件/套)
垫板(4件/套)
底板A
底板B
预埋板
20 20
8.700
钢筋混凝土牛腿
400

2—2

混凝土柱
φ83×3.5
φ114×4.0
φ140×4.5
9.000
45°
260
14
45°
20 20
8.700
钢筋混凝土牛腿
混凝土柱
600

立板3 —16×142×260
立板1 —16×300×190
立板2 —16×142×203
孔φ40
底板 20×300×300
混凝土柱
600
125 25 80 70 70 80 25 125
25 25 80 70 70 80 25 25
400

3—3

立板1
—16
300
190

立板2
—16
142
203

立板3
—16
72
R70
260
142
190

垫板
16
孔φ22
60
60

	建设单位		
	工程名称		
项目负责人	审核		设计号
设计	注册师	结施	图别
制图	审核		编号
校对	院长		日期

附图 D.8 施工图(八)

附录 E　第 5 章施工图

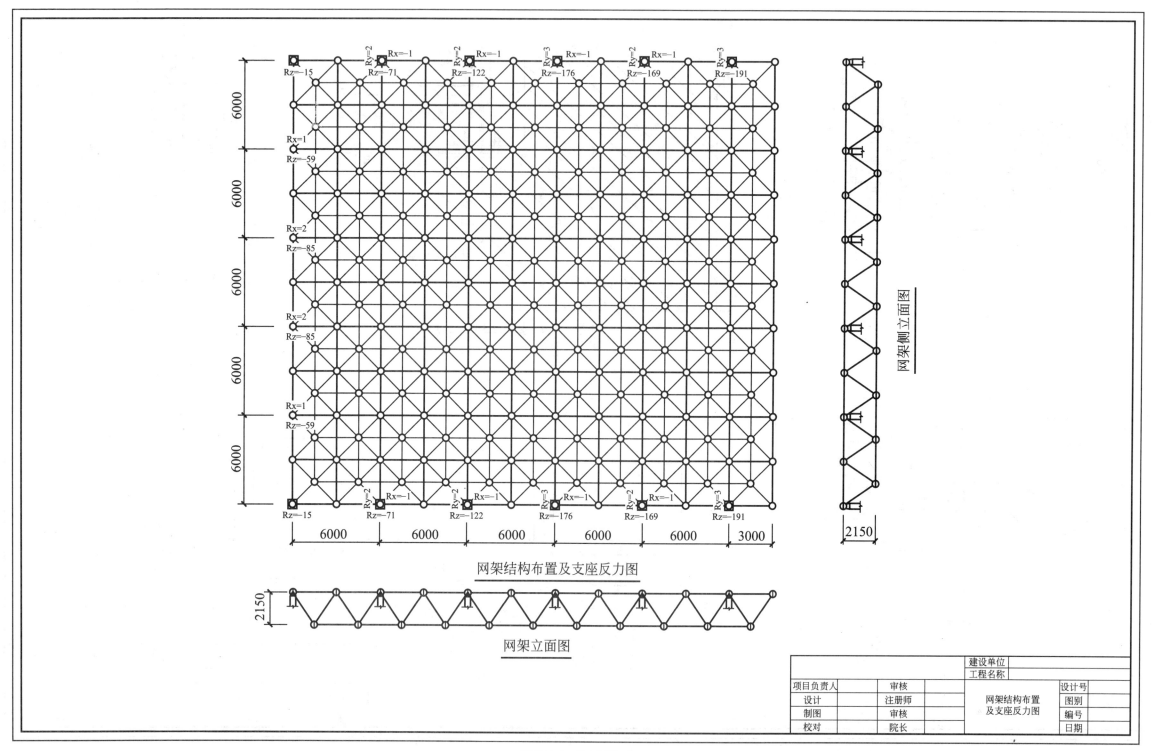

网架结构布置及支座反力图

网架立面图

网架侧立面图

项目负责人	审核		建设单位		设计号	
设计	注册师		工程名称		图别	
制图	审核	网架结构布置			编号	
校对	院长	及支座反力图			日期	

附图 E.1　施工图(一)

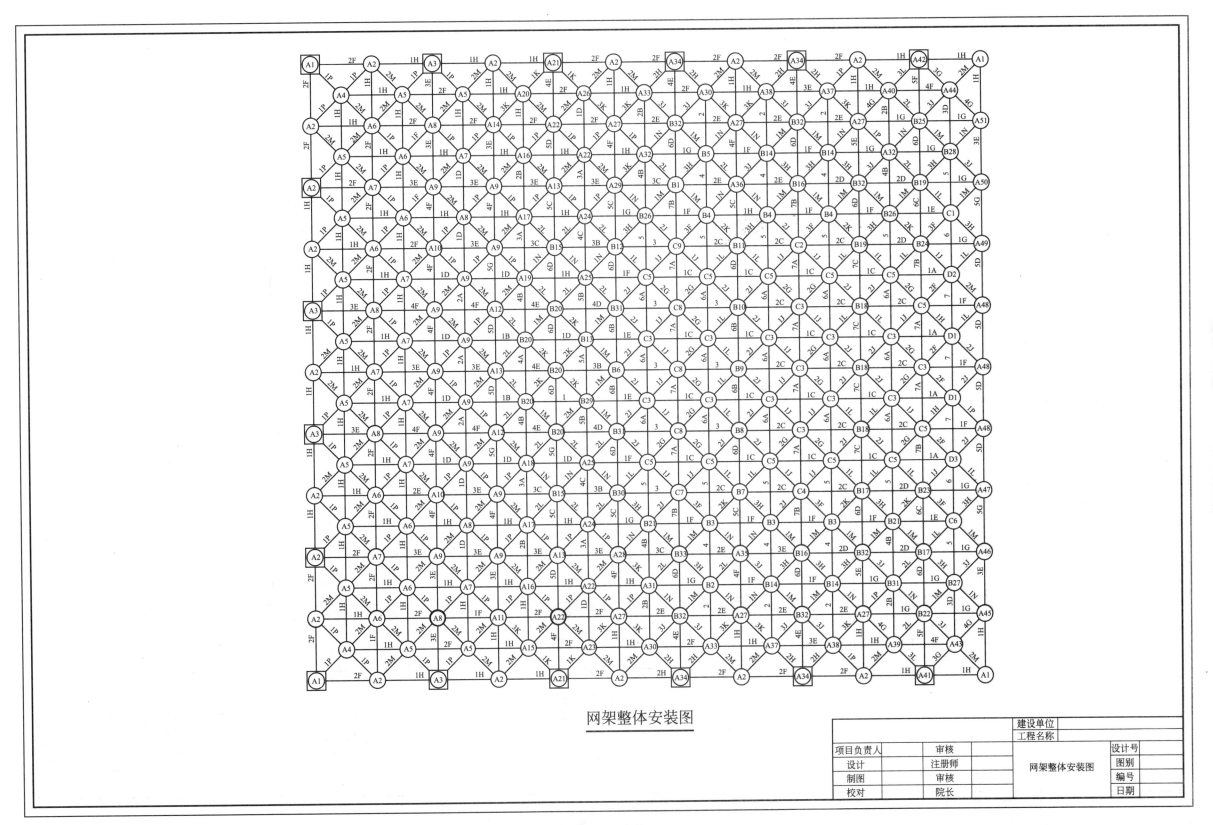

网架整体安装图

建设单位			
工程名称			
项目负责人	审核		设计号
设计	注册师	网架整体安装图	图别
制图	审核		编号
校对	院长		日期

附图 E.2 施工图(二)

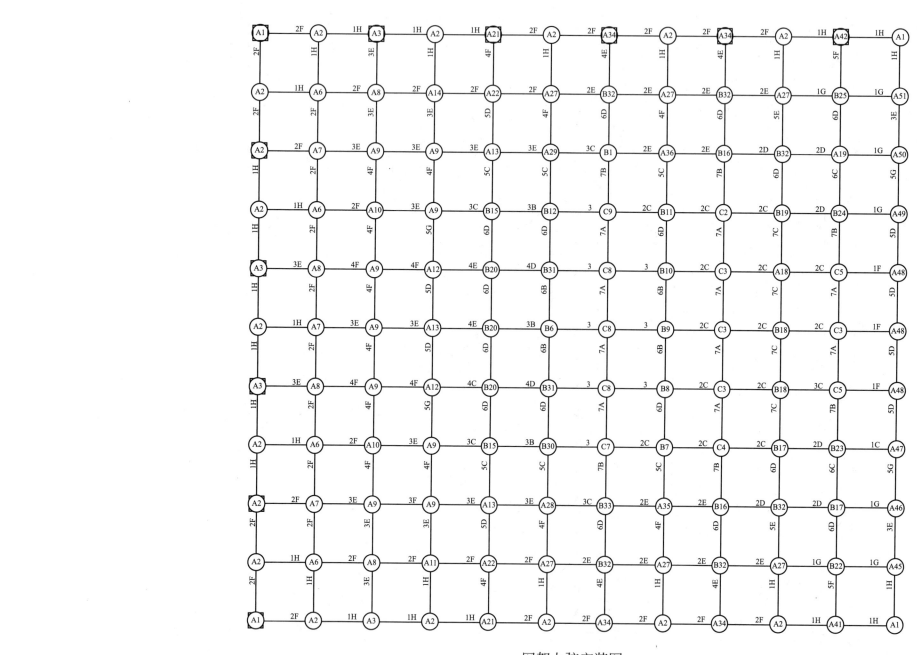

网架上弦安装图

项目负责人		审核	
设计		注册师	
制图		审核	
校对		院长	

建设单位

工程名称

网架上弦安装图

设计号

图别

编号

日期

附图 E.3　施工图(三)

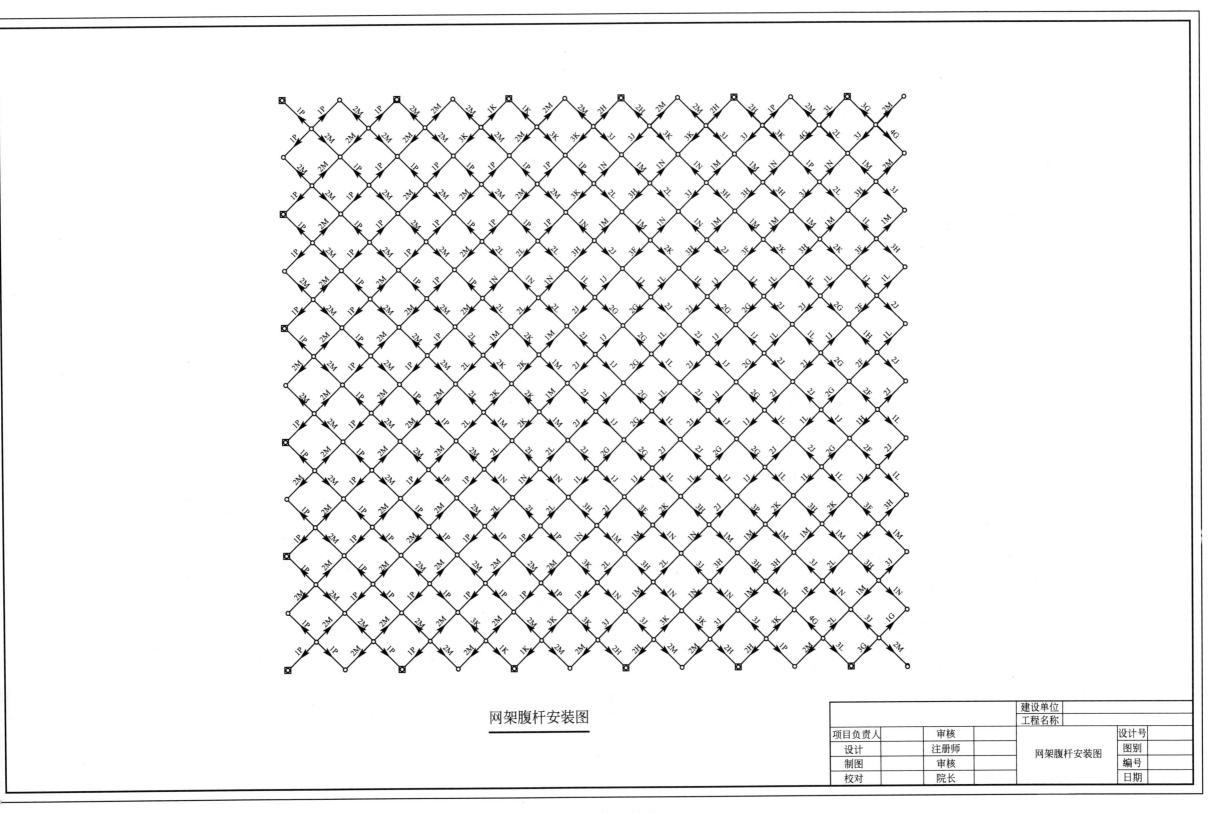

网架腹杆安装图

	建设单位		
	工程名称		
项目负责人	审核		设计号
设计	注册师	网架腹杆安装图	图别
制图	审核		编号
校对	院长		日期

附图 E.4　施工图(四)

一.杆件

序号	杆件编号	杆件规格	下料长度(mm)	焊接长度(mm)	数量	螺栓	螺母对边/长度	封板或锥头	单重(kg)	合重(kg)	备注
1	1	φ18·3.5	2806	2830	2	M20	34/35	48·16	10.78	21.6	
2	1A		2808	2828	4	M16	27/30	48·14	10.79	43.1	
3	1B		2810	2834	2	M20	34/35	48·16	10.79	21.6	
4	1C		2812	2832	16	M16	27/30	48·14	10.80	172.8	
5	1D		2814	2838	12	M20	34/35	48·16	10.81	129.7	
6	1E		2816	2836	4	M16	27/30	48·14	10.82	43.3	
7	1F		2820	2840	17				10.83	184.1	
8	1G		2824	2844	16				10.85	173.6	
9	1H		2828	2848	91				10.86	988.5	
10	1J		2832	2852	22				10.88	239.3	
11	1K		2834	2858	4	M20	34/35	48·16	10.89	43.5	
12	1L		2836	2856	26	M16	27/30	48·14	10.89	283.2	
13	1M		2840	2860	30				10.91	327.3	
14	1N		2844	2864	24				10.92	262.2	
15	1P		2848	2868	80				10.94	875.1	
16	2	φ60·3.5	2810	2834	6	M22	36/35	60·16	13.70	82.2	
17	2A		2814	2838	3	M20	34/35	60·16	13.72	41.2	
18	2B		2814	2838	6	M22	36/35	60·16	13.72	82.3	
19	2C		2816	2836	15	M16	27/30	60·14	13.73	206.0	
20	2D		2820	2840	6				13.75	82.5	
21	2E		2824	2844	12				13.77	165.3	
22	2F		2828	2848	46				13.79	634.4	
23	2G		2832	2852	18				13.81	248.6	
24	2H		2834	2858	8	M22	36/35	60·16	13.82	110.6	
25	2J		2836	2856	30	M16	37/30	60·16	13.83	414.9	
26	2K		2840	2860	12				13.85	166.2	
27	2L		2844	2864	24				13.87	332.9	
28	2M		2848	2868	94				13.89	1305.6	
29	3	φ75.5·3.75	2714	2826	8	M20	34/35	76·60·16	18.01	144.1	
30	3A		2716	2828	4	M24	41/40	76·60·16	18.02	72.1	
31	3B		2718	2830	3	M20	34/35	76·60·16	18.04	54.1	
32	3C		2722	2834	4				18.06	72.2	
33	3D		2722	2834	2	M22	36/38	76·60·16	18.06	36.1	
34	3E		2726	2838	24	M20	34/35	76·60·16	18.09	434.1	
35	3F		2734	2846	6				18.14	108.8	
36	3G		2736	2848	2	M24	41/40	76·60·16	18.15	36.3	
37	3H		2738	2850	18	M20	34/35	76·60·16	18.17	327.0	
38	3J		2742	2854	16				18.19	291.1	
39	3K		2746	2858	14				18.22	255.1	
40	3L		2746	2858	2	M22	36/35	76·60·16	18.22	36.4	
41	4	φ88.5·4	2678	2810	6	M30	50/45	89·70·20	22.32	133.9	
42	4A		2688	2820	1	M27	46/40	89·70·20	22.41	22.4	
43	4B		2692	2824	6				22.44	134.6	
44	4C		2696	2828	2				22.47	44.9	
45	4D		2698	2830	2	M20	34/35	89·70·16	22.49	45.0	
46	4E		2702	2834	7				22.52	157.7	
47	4F.		2706	2838	20				22.56	451.1	
48	4G		2726	2858	4				22.72	90.9	
49	5	φ114·4	2674	2806	12	M33	55/45	114·70·20	29.02	348.2	
50	5A		2678	2810	1				29.06	29.1	
51	5B		2682	2814	2	M30	50/45	114·70·16	29.10	58.2	
52	5C		2692	2824	6	M24	41/40	114·70·16	29.21	175.3	
53	5D		2696	2828	8				29.25	234.0	
54	5E		2702	2834	2	M20	34/35	114·70·16	29.32	58.6	
55	5F		2702	2834	2	M22	36/35	114·70·16	29.32	58.6	
56	5G		2706	2838	4	M20	34/35	114·70·16	29.36	117.5	
57	6	φ140·4	2608	2778	2	M36	60/55	114·90·30	34.99	70.0	
58	6A		2612	2782	15				35.04	525.6	
59	6B		2640	2810	4	M30	50/45	140·90·20	35.42	141.7	
60	6C		2640	2810	2	M33	55/45	140·90·16	35.42	70.8	
61	6D		2650	2820	16	M27	46/40	140·90·20	35.55	568.8	
62	7	φ159·6	2544	2774	3	M39	65/55	159·120·30	57.59	172.8	
63	7A		2552	2782	10	M36	60/55	159·120·30	57.78	577.8	
64	7B		2576	2806	6	M33	55/45	159·120·20	58.32	349.9	
65	7C		2580	2810	4				58.41	277.6	
					880					14470	

二.螺栓 螺母 顶丝

序号	螺栓	数量	单重(kg)	合重(kg)	螺母对边/孔径	长度(mm)	数量	单重(kg)	合重(kg)	顶丝	数量	单重(kg)	合重(kg)
1	M16	1174	0.14	164.4	27/17	30	1174	0.15	174.6	M5·10	1174	0.0015	1.8
2	M20	310	0.25	77.5	34/21	35	310	0.28	85.3	M6·12	402	0.0024	1.0
3	M22	52	0.32	16.6	36/23	35	52	0.31	16.0	M8·15	124	0.0060	1.7
4	M24	40	0.41	16.4	41/25	40	40	0.46	18.3	M10·18	54	0.00110	0.6
5	M27	50	0.58	29.0	36/28	40	50	0.58	28.8	M10·20	6	0.00120	0.1
6	M30	24	0.80	19.2	50/31	45	24	0.76	18.4				
7	M33	50	0.00	50.0	55/34	45	50	0.93	46.3				
8	M36	54	0.43	77.2	60/37	55	54	1.35	72.7				
9	M39	6	1.80	10.8	65/40	55	6	1.58	9.5				
		1760		461.			1760		470.		1760		4.1

三.螺栓球

编号	规格(mm)	数量	孔别	M20 每件	合计	M16 每件	合计	M20 每件	合计	M22 每件	合计	M24 每件	合计	M27 每件	合计	M30 每件	合计	M33 每件	合计	M36 每件	合计	M39 每件	合计	单重	合重
A1	100	4	4	1	4	3	12																	4.11	16.4
A2		17	6	1	17	5	85																		69.9
A3		4	6	4	16	1	4																		16.4
A4		2	7	1	2	6	12																		8.2
A5		12	8	1	12	7	84																		49.3
A6		8	9	1	8	8	64																		32.9
A7		9	9	1	9	7	63	1	9																37.0
A8		6	9	1	6	6	36	2	12																24.7
A9		13	9	1	13	4	52	4	52																53.4
A10		2	9	1	2	5	10	3	6																8.2
A11		1	9	1	1	6	6	2	2																4.1
A12		2	9	1	2	4	8	3	6			1	2												8.2
A13		3	9	1	3	4	12	6	2	6															12.3
A14		1	9	1	1	6	6	2	2																4.1
A15		1	8	1	1	5	5	3	3																4.1
A16		2	9	1	2	4	8					1	2												8.2
A17		2	9	1	2	6	12					1	2	1	2										8.2
A18		1	9	1	1	5	5	1	1			1	1			1	1								4.1
A19		1	9	1	1	5	5	1	1			1	1												4.1
A20		1	8	1	1	5	5	2	2																4.1
A21		2	6	1	2	2	4	3	6																4.1
A22		2	9	1	2	4	8	4	4	1	4			1	4										8.2
A23		1	8	1	1	4	4	3	3																16.4
A24		1	9	1	1	3	3					1	2	1	2	1	2								4.1
A25		2	9	1	2	6	12									1	2	1	2	1	2	1	2		8.2
A27		6	9	1	6	5	30	3	18																24.7
A28		1	9	1	1	3	3	4	4																4.1
A29		1	9	1	1	3	3	4	4			1	1												4.1
A30		1	9	1	1	5	5	2	2			1	1												4.1
A31		2	9	1	2	5	10	1	2	1	2			1	2										8.2
A32		2	9	1	2	5	10	1	2	1	2	1	2												8.2
A33		2	8	1	2	6	12	1	2	1	2	1	2												8.2
A34		1	9	1	1	5	5	1	2			1	2	1	2	1	2								16.4
A35		1	9	1	1	5	5	1	2	1	2			1	2										4.1
A37		2	9	1	2	4	8	3	6	2	4														4.1
A38		1	8	1	1	3	3	2	2	2	2														8.2
A39		1	8	1	1	3	3	2	2	2	2	2	2												4.1
A40		1	8	1	1	4	4	2	2	2	2														4.1
A41		1	6	1	1	2	2	2	2	2	2														4.1
A42		1	6	1	1	2	2	2	2	2	2														4.1
A43		1	7	1	1	1	1	3	3	3	3														4.1
A44		1	7	1	1	1	1	3	3	3	3														4.1
A45		1	6	1	1	3	3	2	2	2	2														4.1
A46		1	6	1	1	2	2	2	2	2	2			1	1										4.1
A47		1	6	1	1	2	2	2	2	2	2	1	1												4.1
A48		3	9	1	3	3	9							2	6	1	1								12.3
A49		1	6	1	1	1	2	2	2	2	2														4.1
A50		1	6	1	1	2	2	2	2	2	2														4.1

四.封板 锥头

封板序号	外径·厚度	内孔	单重(kg)	合重(kg)	锥头序号	外径 长度/底厚	内孔	数量	单重(kg)	合重(kg)
1	48·14	17	660	0.25	165.0	1	76·60·16	21	186	1.50	279.0
2	48·16	21	40	0.25	10.0	2	76·60·16	23	8	1.50	12.0
3	60·14	17	514	0.36	185.0	3	76·60·16	25	12	1.50	18.0
4	60·16	21	6	0.36	2.2	4	89·70·16	21	66	2.20	145.2
5	80·16	23	40	0.36	14.4	5	89·70·16	23	18	2.20	39.6
						6	89·70·20	31	12	2.20	26.4
						7	114·70·16	23	12	3.20	38.4
						8	114·70·16	23	4	3.20	12.8
						9	114·70·16	25	28	3.20	89.6
						10	114·70·20	31	4	3.20	12.8
						11	114·70·20	34	26	3.20	83.2
						18	159·120/30	40	6	10.50	63.0
			1260		377.				500		1661.

五.支座

编号	焊螺栓球	数量	板厚(mm)	单重(kg)	合重(kg)
J-A1	A1	2	8	15.00	30.0
J-A2	A2	2	8	15.00	30.0
J-A3	A3	4	8	15.00	30.0
J-A21	A21	2	8	15.00	30.0
J-A34	A34	4	8	15.00	60.0
J-A41	A41	1	8	15.00	15.0
J-A42	A42	1	8	15.00	15.0
		16			240.

六.支托

编号	P-1	P-7A	P-8	P-14A	P-15	P-21A	P-22A	P-23	P-30	P-30	P-30	P-30	P-30	P-30
长度	55	1.99	205	349	355	493	499	505	643	649	655	793	799	805
数量	24	6	18	8	52	10	10	4	10	3	4	5		132
单重	4.39	5.31	5.35	6.26	6.30	7.18	7.22	7.26	8.14	8.17	8.21	9.09	9.13	9.17
合重	105.4	31.8	96.2	50.1	100.8	28.7	72.2	72.2	48.8	65.4	82.1	27.3	36.5	45.8	864.

七.垫板

	数量	单重	合重
过度板	16	0.07	97.1
M24螺母	32	0.21	6.7
小方垫	32	0.31	9.9
	80		114.

建设单位	
工程名称	

项目负责人		审核		设计号	
设计		注册师		图别	
制图		审核		编号	
校对		院长		日期	

材料表

附图 E.5 施工图（五）

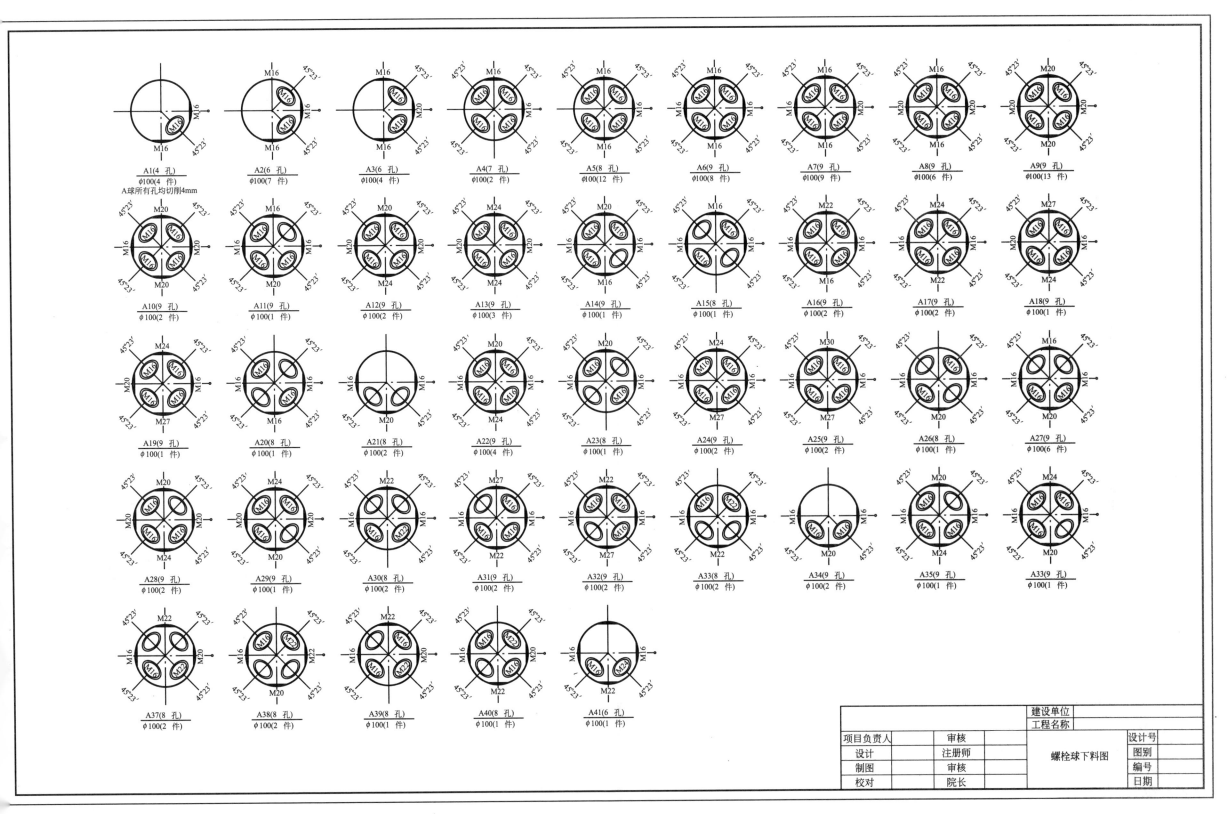

A1(4 孔)
φ100(4 件)
A球所有孔均切削4mm

A2(6 孔)
φ100(7 件)

A3(6 孔)
φ100(4 件)

A4(7 孔)
φ100(2 件)

A5(8 孔)
φ100(12 件)

A6(9 孔)
φ100(8 件)

A7(9 孔)
φ100(9 件)

A8(9 孔)
φ100(6 件)

A9(9 孔)
φ100(13 件)

A10(9 孔)
φ100(2 件)

A11(9 孔)
φ100(1 件)

A12(9 孔)
φ100(2 件)

A13(9 孔)
φ100(3 件)

A14(9 孔)
φ100(1 件)

A15(8 孔)
φ100(1 件)

A16(9 孔)
φ100(2 件)

A17(9 孔)
φ100(2 件)

A18(9 孔)
φ100(1 件)

A19(9 孔)
φ100(1 件)

A20(8 孔)
φ100(1 件)

A21(8 孔)
φ100(2 件)

A22(9 孔)
φ100(4 件)

A23(8 孔)
φ100(1 件)

A24(9 孔)
φ100(2 件)

A25(9 孔)
φ100(2 件)

A26(8 孔)
φ100(1 件)

A27(9 孔)
φ100(6 件)

A28(9 孔)
φ100(2 件)

A29(9 孔)
φ100(1 件)

A30(8 孔)
φ100(2 件)

A31(9 孔)
φ100(2 件)

A32(9 孔)
φ100(2 件)

A33(8 孔)
φ100(2 件)

A34(9 孔)
φ100(2 件)

A35(9 孔)
φ100(1 件)

A33(9 孔)
φ100(1 件)

A37(8 孔)
φ100(2 件)

A38(8 孔)
φ100(2 件)

A39(8 孔)
φ100(1 件)

A40(8 孔)
φ100(1 件)

A41(6 孔)
φ100(1 件)

建设单位			
工程名称			
项目负责人	审核	螺栓球下料图	设计号
设计	注册师		图别
制图	审核		编号
校对	院长		日期

附图 E.6　施工图(六)

49